地球温暖化で人類は絶滅しない

環境危機を警告する人たちが見過ごしていること

マイケル・シェレンバーガー 著
藤倉 良
安達一郎
桂井太郎 訳

APOCALYPSE NEVER

WHY ENVIRONMENTAL ALARMISM HURTS US ALL

化学同人

ホアキンとケストレルへ

APOCALYPSE NEVER

Why Environmental Alarmism Hurts Us All

Michael Shellenberger

Published by arrangement with Harper, an imprint of HarperCollins Publishers,
through Japan UNI Agency, Inc., Tokyo

日本語版に寄せて

私は一〇年以上前から日本を訪れ、日本の政策決定者に証言もしてきた。私は日本の文化と産業を尊敬している。日本の読者は、本書が原子力エネルギーの全般と福島の原子力発電所事故について、科学的事実とＳＦとを分けて論じていることに気がつくだろう。

環境アラーミズムは直接的にも間接的にも日本に害を与えている。黙示録的な空想にとらわれた活動家たちは、中国など他の国々と競争する日本の能力を損なってきた。原子力に対する不合理な恐怖心を植えつけてきた。そして、エネルギーや食糧の生産コストを上げようとして、日本国民に直接的な被害を与えている。

懸念し、行動すべき深刻な環境問題はまだある。大気汚染は寿命を縮める。熱帯地域の農業拡大は絶滅危惧種の生息地を破壊する。そして魚介類の消費増加は生物多様性を脅かす。

しかも環境アラーミズムは、これらの問題をさらに悪化させる。原子力発電所を早急に閉鎖すると、大気汚染が進む。「環境に優しい」という農業は、より多くの土地を必要とするので、生息地の喪失につながる。海洋生物を守る最重要手段は天然魚を養殖魚に置き換えることだが、不合理な環境主義者は陸上での養殖に反対する。

環境アラーミズムは第二次世界大戦後に高まった。アメリカ、ドイツ、イギリスを中心とした豊かな国のエリートたちは、貧しい国の経済発展を妨げようとした。純粋に環境問題を心配する人もいるが、過激な思想に駆られ、人々を落ち込ませたいと思う者もいる。

アラーミストたちは、原子力に対する大衆の不安を利用する。核兵器と原子力発電所を意図的に混同させようとした。しかし、多くのアラーミストが原子力を嫌悪したのは、豊富な電力を供給することが環境破壊や貧困につながると考えたからだ。

第二次世界大戦から七五年以上が経過して、人類の力が向上し、それが環境の保護と回復に結びつくことが明らかになった。より少ない土地で、より多くの食糧を生産するためにはエネルギーが必要であり、それが中央アフリカのマウンテンゴリラのような絶滅危惧種の生息地として、より多くの自然を確保するための鍵となる。都市には力を与え、技術革新を推進し、人口を集中させて自然への圧力を減らすためにも、より多くのエネルギーが必要だ。

本書は、エネルギーと環境との関係について警鐘を鳴らしている人々が、どれほど誤解しているかを示した。エネルギーは天然資源の代わりになる。安価で豊富なエネルギーは、水や材料のリサイクルに使うことができる。自然から採取するものを減らすこともできる。出力密度の高い工場、農場、都市は、出力密度の低い工場、農場、都市より材料の使用量が少なくて済む。太陽光発電所は天然ガスや原子力発電所の三〇〇倍の土地を必要とし、三〇〇倍の廃棄物を出す。

本書が出版されてから二年が経ち、そこに示された調査結果の多くが正しかったことが確認されてきた。アメリカでは石炭から天然ガスに転換されて、二〇〇五年以降、二酸化炭素の排出量が二二％減少した。プラスチック廃棄物を焼却したり埋め立てたりするのではなく、リサイクルしようとした結果、それが貧しい国に運ばれ、最終的には海に流れ込んでしまった。コロナウイルスの大流行によって、人類がずっと多くの危険なリスクに直面しているのにもかかわらず、気候アラーミズムの恐怖と目くらましのために、それを無視してしまうリスクがあるのを知ることにもなった。

私はこれからも日本を何度も訪問し、偉大な二カ国の関係を深めていきたいと思う。中国の新たな主義主張は、第二次世界大戦後に築かれた日米関係をさらに深化させる必要があることを意味するのかもしれない。すべての人々が貧困から救われ、技術進歩の受け入れを約束することから始まる自然環境保護ビジョンを、日米両国が共有することが、その一つの機会となるだろう。

マイケル・シェレンバーガー

目次

注は、化学同人ウェブサイトに掲載されています。
https://www.kagakudojin.co.jp/book/b605895.html

はじめに

二〇一九年一〇月初めのことだ。イギリスのテレビ番組「スカイニュース」の記者が二人の気候変動運動家にインタビューした。「絶滅の反乱（エクスティンクション・レビリオン）」が彼らのグループ名だ。気候変動対策が進まないことに抗議するために、ロンドンをはじめとする世界の各都市で、市民による二週間の不服従運動を始めようとしていた。

絶滅の反乱を組織したのは科学者と大学教授の二人だ。二〇一八年春には、わざと逮捕されながら、イギリス中から環境保護運動家を募集して回った。その年の秋、六〇〇〇人を超える絶滅の反乱の運動家たちが、人々の通勤や帰宅を妨害しようと、ロンドンのテムズ川に架かる五つの大きな橋を封鎖した(1)。

彼らの広報担当者は全国放送のテレビで危機を訴える。「何十億人も死にます」、「地球の生命は滅びつつあります」、そして「政府は手をこまねいているだけです(2)」

絶滅の反乱は二〇一九年までに、俳優のベネディクト・カンバーバッチやスティーブン・フライ、ポップスターのエリー・ゴールディング、トム・ヨーク、二〇一九年オスカー受賞女優のオリヴィア・コールマン、ライヴエイドのプロデューサーだったボブ・ゲルドフ、スパイス・ガールズのメル・Bなど、一流セレブたちの支持を集めていた。

彼らがあらゆる環境保護主義者を代表するグループというわけではないが、世論調査によれば、イギリ

ス人のほぼ半数の支持を集めていた。(3)

イギリスだけではない。二〇一九年九月に世界の三万人を対象に行われた調査によれば、回答者の四八％が気候変動で人類は絶滅するだろうと答えている。(4)

けれども、その年の秋になると、ジャーナリストだけでなく、一般市民の絶滅の反乱への支持は急速に衰えていった。

「家族がどうなってもいいのですか?」スカイニュースのキャスターが絶滅の反乱の広報担当であるサラ・ルノンに尋ねる。「七月にはブリストルでお父さんの死に目に会えなくなった人もいましたよ」(5)

「本当に、本当に残念なことです」彼女は胸に右手を当てた。「本当に…」

ルノンが広報担当に選ばれた理由は明らかだった。彼女が謝罪する姿を見れば、本気でそう思っていると私にも思える。

「でも、しっかり考えれば、みなさんだってとても怖くなりますよ」ルノンは話題を変えてスカイニュースに語りかける。「その人がお父様の死に目に間に合わなかったことの痛みと苦しみがとても深いことはよくわかります。私たちも子供たちの将来を考えて同じような痛みと苦しみを味わっていますから。本当につらいのです」

このインタビューの三日前、絶滅の反乱は中古の消防車に「気候の死を招く予算を止めろ」と記した横断幕を掲げて、ロンドンの財務省前に乗りつけた。

運動家たちはホースを取り出し、血液に似せたビートの赤いジュースを建物に吹きかけた。ところがたちまち、ホースを押さえきれなくなって、歩道と少なくとも一人の見物人にジュースを浴びせてしまう。(6)

スカイニュースのインタビューから一一日後、ルノンはイギリスで人気の朝のテレビニュース番組「ディス・モーニング」に出演したが、その数時間前に地下鉄のホームで騒ぎが起こっていた。絶滅の反乱の運動家たちが車両の屋根に登り、列車を停めて乗客を降ろしてしまい、二〇〇〇人近くが逮捕されたのだ。「どうして地下鉄でそんなことをするんでしょうね」キャスターの一人が不愉快そうに尋ねる。「ロンドンを横断する交通手段としては最もクリーンだと思いますけど?」地下鉄は電力で駆動するが、イギリスでの発電から排出される炭素は、二〇〇〇年の時点に比べると半分以下になっている。(7)

二人が車両の屋根に登り、「このまま変化なし・イコール・死」と黒地に白文字で書かれた横断幕を広げているところがテレビに映し出される。(8)

「こうした運動を行うのは」ルノンが言う。「今のシステムが脆弱であることを訴えるためです。交通システムは脆弱で――」

「そんなことは毎日の生活の中で、みなさんとっくにご存じのことじゃないですか」いらついたキャスターが割り込む。「停電があれば脆弱だということはわかります。わかっていますから。ここであなたにわざわざ証明してもらうことではない。あなた方のしていることは、市民の通勤妨害です。乗客の中には時給で家族を支えている人もいるんじゃないですか」

空《から》の車両の上で得意げに立っている運動家に向かって、何百人もの人々がホームから罵倒している様子が画面に映し出される。乗客が二人の若者に降りてこいと怒鳴る。「仕事に行くんだよっ!」もう一人も言う。「家族を食べさせなきゃいけないんだ!」(9)

現場は混乱した。コーヒーカップやガラス瓶のような物が投げつけられ、粉々に壊れる。女性が泣き出す。人々は避難する場所を探す。「怖かった。とても怯えている人もいた」現場のレポーターは語る。(10)

ディス・モーニングのキャスターによれば、九五%の人が、絶滅の反乱の活動は彼らの目的にそぐわないと考えている。いったい何を考えているのか？[11]

カメラは、さらに乗客の一人が車両によじ登って運動家を取り押さえようとする様子をとらえた。運動家は、乗客の顔と胸を蹴って応戦する。乗客は、運動家の足をつかんで地面に引きずり下ろす。怒った乗客たちが彼を取り囲んで蹴り始めた。

ルノンはスタジオで主張する。気候変動がもたらす混乱を、この画面が示していると。「交通機関だけではありません。電力や食料にも影響します。スーパーの棚が空になるでしょう。電力システムが停止します。交通システムも混乱するでしょう」

駅では、怒った通勤客が暴力に訴えている。別の画面には、絶滅の反乱の運動をビデオ撮影している男を乗客が殴り倒し、蹴りつけているところが映し出されていた。[12] 駅の外で乗客がレポーターに話す。「女性が赤いジャケットの男に乱暴をやめるように言ったら、そいつに顔を殴られたんだ」

ところがおかしなことに、番組が終わりに近づくと、キャスターたちはサラ・ルノンの気候変動についての発言に同意し始めたようなのだ。

「私たちはとても心配しています。あなたを支持したい」一人がそう言うと、もう一人も「大変な危機があることは間違いないですね」

ちょっと待って！　キャスターたちの言う意味がわからない。気候変動がとても大変で、「何十億人が死ぬ」ということなら、どうして通勤者が遅刻することに苛立ったのか？

スカイニュースのキャスターも同様だ。「深刻でないとは言いません」さらに続ける。「環境ですよ。ただ、お父さんの死に目に間に合わなかったこと。それとこれが比較できるとは、その人も思わないんじゃないですか」

それでは、一人の男の失望は「大量死、大量飢饉、飢餓」と同じくらい深刻だと考えるのか？「地球の生命が滅びつつある」のなら、誰かがちょっとビートジュースをかぶったくらいのことが、どうして気になるのか？

気候変動が数十億人ではなく、数百万の人々を殺すだけだったとしても、絶滅の反乱の行動から導き出される唯一の合理的な結論は、彼らはもっと過激にやるべきだったということになる。

公平に言えば、ディス・モーニングとスカイニュースのキャスターは、ルノンの過激な発言に同意したわけではない。単に、ルノンが気候変動について抱いている心配を理解できると言っただけだ。

それではキャスターたちは、どういうつもりで気候変動が「重大な危機である」と言ったのか。気候変動が人類、少なくとも文明が直面している現実の脅威ではないとしたら、いったいどのような危機だというのか？

運動家やビデオカメラマンが死ぬかもしれなかった抗議行動を見て、思い知らされた。結局、こうした疑問に対しては誰も良い答えを示すことができないのだ。

私がこの本を書こうと思ったのは、気候変動と環境についての議論が、まるでビートジュースをまき散らした運動家の消防ホースのように、ここ数年の間に制御不能に陥ってしまったからだ。

私は三〇年間、環境運動家として活動し、そのうちの二〇年は気候変動などの環境問題について調査し、執筆活動をしてきた。こんな仕事をしているのは、自然環境を守るためだけでなく、すべての人がみな豊かに暮らすという目標を達成することが、自分に与えられた重大な使命だと思っているからだ。

私は事実と科学的な正しさを伝えることに気をつけている。環境科学者、ジャーナリスト、運動家には、環境問題を正直かつ正確に記述する義務がある。そうすることで、ニュースとしての価値や大衆への影響力がかえって失われるとしてもだ。

気候など環境について言われていることの多くは間違っている。私はそれを全力で正すことにした。誇張、脅し、過剰な話は、前向きで人間味ある合理的環境主義の敵だ。そんなことにうんざりして、私はこの本を書くことを決心した。

ここに書いたすべての事実、主張、議論は、権威ある気候変動に関する政府間パネル（ＩＰＣＣ）、国連食糧農業機関（ＦＡＯ）などの学術団体に評価されたベストの科学に基づいている。本書は、政治的な右派や左派に属して主流の科学を否定する人たちから科学を擁護する。

環境問題は重要だが解決可能だ。それなのに、どうして多くの人々がそれを世界の終わりとみなすようになったのか。環境問題の最善かつ明白な解決策に、最も悲観的な人々がなぜ反対するようになってしまったのか。本書ではそうしたことを探りたい。

そうすることで、人は自然をただ破壊しているだけではなく、どのように救っているのかがわかるだろう。世界各地の人々の話や、人々が救出した生物や環境の話を通して、環境、エネルギー、経済の進歩が、現実の世界ではどのように一つのプロセスになっているのかを知るだろう。

つまるところ、本書は倫理学の本流を支持する。終末論的環境主義の反ヒューマニズムに反対し、世俗的であり宗教的でもあるヒューマニズムのために道徳的な主張を行う。

気候変動やその他の環境問題について、混乱してごちゃごちゃになった議論があちこちで行われている。そのような状況で、科学的事実をＳＦから切り離したい、人類の前向きな能力を理解したいという人々の願いがある。その願いを満たすために私はこの本を書いた。

第1章　世界は終わらない

1　終末はすぐそこ

二〇一八年一〇月七日に世界で最も多く読まれている新聞二社のサイトを見た人は、世界の終わりが近いと震え上がったかもしれない。ニューヨーク・タイムズ紙の見出しは「二〇四〇年までに重大危機。主要な気候報告書が指摘」だ。太字の見出しの下には、六歳の少年が動物の骨で遊んでいる写真がある(1)。同日のワシントン・ポスト紙の見出しは「気候変動の制御まで世界は一〇年を残すのみ。国連の科学者は語る(2)」

ニューヨーク・タイムズ紙、ワシントン・ポスト紙をはじめ全世界のメディアに掲載された記事は、気候変動の科学研究を評価する世界各国の科学者一九五人などで構成された国連機関のＩＰＣＣが出した特別報告書を基にしていた。

翌二〇一九年には新たに二編のＩＰＣＣ報告書が発表された。両者とも悲惨な結末を警告する。自然災害の悪化、海面上昇、砂漠化、土地の劣化。摂氏一・五度という中程度の温暖化が「長期的または不可逆的な」被害をもたらし、気候変動は食糧生産や景観に深刻な影響を及ぼす可能性があると報告する。ニューヨーク・タイムズ紙はこう報じる。地球温暖化が資源不足を悪化させ、「洪水、干ばつ、暴風雨などの異常気象は、世界の食糧供給を乱し、長期的には縮小させてしまう恐れがある」。(3)

ＮＡＳＡの科学者は、複数の大陸で食糧システムが同時に崩壊すると予測する。「複数の食糧供給システムが崩壊する潜在的リスクが高まっています」と、その科学者はニューヨーク・タイムズ紙に語る。「こうしたことが全部同時に起こります」

五二カ国一〇〇人以上の専門家が作成し、二〇一九年八月に発表された気候変動と土地に関するＩＰＣＣ報告書は警告する。「脅威に対処するための窓が急速に閉ざされつつあり」、「形成される速度の一〇倍から一〇〇倍の速さで土壌が失われつつある」(4)

農家は人類を支えるのに十分な食糧を育てられなくなると、科学者たちは警告する。「八〇億人をどう支えるのか。半分でも難しいかもしれません」と農学者は言う。(5)

「ある時点までは、この問題に対処できます」ＩＰＣＣ報告書の執筆協力者であるプリンストン大学のマイケル・オッペンハイマーは語る。「けれども、それがいつまでかは、温室効果ガスの排出をどこまで強力に減らせるかによります」もしも二〇五〇年まで排出量が増加し続けたら、二一〇〇年までに海面上昇は二フィート九インチ（八八センチ）を超える可能性が高い。そうなると「対処するには大きくなりすぎて……手に負えない問題になるでしょうね」(6)

温暖化が進みすぎると、後戻りできない転換点を次々と超えてしまう可能性があると、専門家は言う。たとえば、海面上昇は大西洋の海水循環を弱らせて、表面温度を変えてしまう可能性がある。(7) オーストラリアとほぼ同じ面積の北極の永久凍土が融けて、一四〇〇ギガトン（一兆四〇〇〇万トン）の炭素が大気中に放出される可能性がある。(8) 南極大陸の氷河が崩壊し、それによって海面が一三フィート（四メートル）上昇する可能性もある。[9]

科学者たちが警告するように、大気中の二酸化炭素濃度が上昇を続ければ、海洋生物にも害が及んで大量絶滅が起こる可能性もある。二〇〇九年に学術誌に発表された研究では、二酸化炭素濃度が上昇するとサンゴ礁の魚類は捕食者に気づかなくなってしまうと報告された。[10]

カリフォルニアを襲った山火事も気候変動によるものだと、多くの人が考えている。山火事による死者は、二〇一三年のわずか一人から二〇一八年には一〇〇人に急増した。カリフォルニアの歴史の中でも最悪だった二〇件の火事のうち、半数は二〇一五年以降に発生している。[11]今では、カリフォルニアの火災シーズンは五〇年前より二～三カ月長くなっている。[12]気候変動は干ばつを増やし、樹木の病害虫被害を起こりやすくしている。

「山火事が悪化したのは気候変動のせいです」レオナルド・ディカプリオが語る。[13]「気候変動とはそういうことです」そう語るのはアレクサンドリア・オカシオ・コルテス下院議員。[14]「私たちが知っているカリフォルニアは終わったのです」とニューヨーク・タイムズ紙のコラムニストは締めくくった。[15]

オーストラリアでは二〇二〇年初めに一三五件を超える山火事が発生し、三四人の命が奪われ、一〇億頭の動物が死んだと推定され、三〇〇〇棟近い家が半焼か全焼した。[16]

『地球に住めなくなる日（*The Uninhabitable Earth*）』の著者デイヴィッド・ウォレス・ウェルズは、二度上昇したら「氷床が崩壊し始め、四億人以上が水不足に苦しみ、赤道付近の主要都市には住めなくなり、北半球でさえ夏には熱波で何千人も死ぬことになる」と警鐘を鳴らす。[17]

「文明を滅ぼしてしまう前に気候変動を抑えようと私たちは取り組んでいるところですが」[18]環境作家で気候運動家でもあるビル・マッキベンが語る。「今のところ、できない方向に向かっています」

あるIPCCの執筆協力者は言う。「世界の何カ所で、国境が意味をもたなくなるでしょうね。……一万人、二万人、一〇〇万人を閉じ込めておくための壁をつくることはできますが、一〇〇〇万人は無理でしょう[19]」

「二〇三〇年頃、つまり一〇年と二五〇日と一〇時間後には、人の力の及ばない不可逆的な連鎖反応が起こって、私たちが知っている文明の終わりがきっと来るよ」二〇一九年、学生で気候変動運動家のグレタ・トゥーンベリは言う。「楽観はだめ。パニックったほうがいいかもしれない[20]」

2 レジリエンスの高まり

二〇一九年初め、二九歳の新人下院議員アレクサンドリア・オカシオ・コルテスがアトランティック誌特派員のインタビューに応じた。イニシャルからAOCと呼ばれる彼女は、気候変動に加えて貧困と社会的不平等に対処するためのグリーン・ニューディール政策を主張し、それが高額になりすぎると言う批判者に反論した。「気候変動に対処しなければ、世界は一二年以内に終わります」彼女は続ける。「それなのに、あなたたちはその費用をどう負担していくかということを心配するのですか？[21]」

翌日、ウェブニュース「アクシオス」の記者が数人の気候科学者に電話をかけて、AOCの「世界はあと一二年で終わる」という主張をどう思うか尋ねた。「時間制限付きの枠組みは全部でたらめだよ」NASAの気候科学者、ギャヴィン・シュミットは答える。「特別なことは何も起こらないね。『炭素の排出枠』が一杯になっても、君たちが気にしている温度目標みたいなものを通り越してしまってもね。その代わり、排出コストはじわじわ上がるよ[22]」

ウィスコンシン大学マディソン校の古気候学者、アンドレア・ダットンは言う。「どういうわけか、メディアは一二年後（二〇三〇年）という数字に着目しました。たぶんその数字が、どれだけ早くそこに近づいているか、どれだけ早く行動を起こさなければいけないかというメッセージを伝えるのにちょうど良いと思ったからでしょう。残念なことに、その結果として、報告書の意図から全く外れた解釈につながってしまいました(23)」

ＩＰＣＣが二〇一八年の報告書と記者発表で述べていたのは、産業革命前からの温暖化を一・五度に抑えるためには、二〇三〇年までに炭素排出量を四五％減少させる必要があるということだ。ＩＰＣＣは気温上昇が一・五度を超えたら世界が終わるとは言っていないし、文明が崩壊するとも言っていない(24)。

科学者たちは、絶滅の反乱の極端な主張に対しても同様に否定的な反応を示した。スタンフォード大学の大気科学者ケン・カルデイラは、海洋の酸性化について最初に警鐘を鳴らした科学者の一人だが、こう強調する。「多くの生物種が絶滅の危機にさらされていますが、気候変動は人間まで絶滅に追いやるわけではありません(25)」マサチューセッツ工科大学の気候科学者ケリー・エマニュエルは、「終末論を叫ぶ連中には我慢ならない。黙示録と表現することに意味があるとは思えない」と私に話した(26)。

これに対してＡＯＣの広報担当者はウェブニュース「アクシオス」に語った。「もうすでに起こっているかとか、壊滅的なことかというような言い回しを議論することは、いくらでもできます」けれども、と付け加える。「私たちは、すでに生活に影響を及ぼしている［気候変動に関連する］多くの問題を目の当たりにしています(27)」

けれど、もしそうなら自然災害による一〇年ごとの死者数が一九二〇年代をピークにして九二％も減少していることを考えると、担当者の言う影響というのはかなり小さいことにならないか。一九二〇年代には自然災害で五四〇万人が犠牲になった。二〇一〇年代はそれが四〇万人だ(28)。その間に世界人口は四倍近く増加しているにもかかわらず。

現実には、豊かな社会も貧しい社会も、ここ数十年で極端な気象現象に対してずっと強靭になってきた。二〇一九年に「グローバル・エンバイロメンタル・チェンジ」という学術誌に発表された研究によれば、一九八〇年代から現在までの四〇年間に死亡率と経済被害は八〇～九〇％減少している(29)。

一九〇一年から二〇一〇年の間に世界の海面は七・五インチ（一九センチ）上昇したが(30)、ＩＰＣＣの中間シナリオでは二一〇〇年までの海面上昇は二・二フィート（六六センチ）、最悪のシナリオでも二・七フィート（八三センチ）と予測されている。この予測値が大幅な過小評価であったとしても、海面上昇のペースは遅いので、社会がそれに適応するために十分な時間が確保できる可能性は高い。

海面上昇にうまく適応した良い例がある。オランダは土地が徐々に沈下したので、国土の三分の一が海面下になり、海面下七メートルまで沈降した地域もある。それでも豊かな国になった(31)。

そして今日、私たちの環境修復能力はこれまでになく高まっている。今では、オランダの専門家はバングラデシュ政府と協力して海面上昇に備えている(32)。

火事はどうか。カリフォルニア州のアメリカ地質調査所で四〇年間研究を続けてきたジョン・キーリー博士は、こう私に語った。「州全体の気候とこれまでに起こった火事を見てきましたが、州の大部分、とくに西半分では過去の気候と各年の消失面積との間には何の関係も見られませんでした(33)」

二〇一七年にキーリーと研究者のチームがアメリカ全土の三七の異なる地域をモデル化して、「人間の存在は、火勢に影響を与えるだけではなく、気候の影響を実際に見えなくしたり打ち消したりする可能性がある」と結論した。キーリーのチームは、毎年起こる火事の頻度や規模と統計的に有意な関係があったのは、人口と火災現場から開拓された土地までの距離しかないことを明らかにした[34]。

アマゾンについては、ニューヨーク・タイムズ紙が「［二〇一九年の］火事は気候変動によって引き起こされたものではない」と正しく報じている[35]。

二〇二〇年初頭、科学者たちが、海洋の二酸化炭素レベルが上昇するとサンゴ礁の魚が捕食者に気づかなくなってしまうという記述に対して、異議を唱えた。ネイチャー誌に研究を発表した七人の科学者は、二〇一〇年にアメリカ科学アカデミー紀要でそのような主張をした海洋生物学者に疑問を呈している。調査の結果、オーストラリアのジェームズ・クック大学は、この生物学者はデータを捏造したと結論した[36]。

ＦＡＯは気候変動についてさまざまなシナリオの下での食糧生産に関する予測を行ったが、作物の収量は大幅に増加すると結論している[37]。今日、人類は一〇〇億人分の食糧を生産しているが、二五％の余剰があり、専門家は気候が変動する中でもさらに多くの食糧が生産されると考えている[38]。

ＦＡＯによれば、前世紀と同じく食糧生産は、気候変動よりトラクターや灌漑、肥料へのアクセスに左右される。アフリカのサハラ以南のような極貧地域の農家でさえ、技術的な改善を行うだけで収量を四〇％増加させることができると、ＦＡＯは予測している[39]。

ＩＰＣＣは、二一〇〇年までに世界経済が現在の三～六倍の規模になると予測しているが、ノーベル経済学賞受賞者のウィリアム・ノードハウスは、摂氏四度という高い気温上昇があっても、それに適応するためのコストはＧＤＰをわずか二・九％しか減少させないと考えている[40]。

これらのいったいどこが世界の終わりと聞こえるのだろうか。

3 現代の黙示録

世界の終わりを間近で見たいのなら、中央アフリカのコンゴ民主共和国[41]に行ってみるといい。先進国で予言されている気候の黙示録というものが、どのようなものかを見ることができる。私は二〇一四年一二月に訪れて、木材燃料が普及すると人や伝説のマウンテンゴリラなどの野生動物にどのようなことが起こるのかを調べた。

隣国ルワンダからコンゴの街ゴマに入ると、目に飛び込んできたのは、あまりの貧しさと無秩序だった。私は言葉を失った。大きな穴ぼこだらけの道路を飛ぶように走り回るオートバイのハンドルに腰掛けているのは、まだ二歳くらいの子供たち。トタン屋根の小屋に住む人たち。窓に鉄格子がはめられた小さなバスに囚人のように詰め込まれた乗客。そこら中にちらかるごみ。道路わきには冷めた溶岩で大きな土手が築かれていて、足元で火山が煮えたぎっていることを思い知らされる【訳注：二〇二一年五月にはアフリカで最も活発な火山であるニーラゴンゴが噴火し、ゴマでは三〇人以上が死亡し、四〇万人が避難した】。

一九九〇年代から二〇〇〇年代初頭にかけて、コンゴはアフリカ大戦争の震源地だった。第二次世界大戦以来の悲惨な紛争にアフリカの九カ国が巻き込まれ、三〇〇万人から五〇〇万人の犠牲者が出た。ほとんどが病気と飢餓によるものだ。その他にも二〇〇万人が家を追われ、あるいは近隣諸国に亡命を求めた。女も男も、大人も子供も、何十万人もレイプされた。ときには、異なる武装集団に何度も何度も[42]。

私たちが滞在している間にも、田舎では武装した民兵が徘徊し、村人を子供までナタで殺害していた。ウガンダから入ってきたアル・シャバブのテロリストの仕業だと非難する人もいるが、どこからも犯行声明は出なかった。軍事的、戦略的な目的とは無関係に暴力が振るわれた。国軍、警察、国連平和維持軍の約六〇〇〇人の兵士がいたが、テロにはなすすべもなかった。

「旅行は見合わせてください」アメリカ国務省のホームページには、コンゴについて短く出ている。「武装強盗、武装した家宅侵入、暴行などの凶悪犯罪は、軽犯罪に比べればまれですが、珍しいわけではなく、地元警察はこうした重大犯罪に対処するすべを十分に有していません。犯罪者は警察や警備員を装うこともあります(43)」

コンゴ東部に妻のヘレンを連れてきても大丈夫だと思ったのは、俳優のベン・アフレックが何度か訪れたことがあり、経済開発を支援する慈善事業を始めたこともあったからだ。コンゴ東部がハリウッドセレブにとって十分安全ならば、ヘレンや私にとっても安全だと思えた。

そうはいっても念のために、アフレックのもとでガイド兼通訳と「調整役」の仕事をしているコンゴ人の男を雇った。ケイレブ・カバンダといい、顧客の安全を守ることに定評があった。私は到着前に彼に電話をかけて、エネルギー不足と環境保全との関係を調査したいと希望を述べた。そうしたら、コンゴで六番目に人口の多い北キブ州の州都ゴマについて、ケイレブがこう言ってきた。「二〇〇万都市がエネルギーを木材に頼っているなんて想像できますか？　正気の沙汰じゃない！」

コンゴ東部では住民の九八％が、調理のためのエネルギーをもっぱら木材と炭に頼っている。人口約九二〇〇万人のコンゴ全体で見ても、一〇人に九人がそうしている(44)(45)。電気を使えるのは五人に一人で、一つの国にわずか一五〇〇メガワットの電力しかない。先進国なら一〇〇万人の都市で使ってしまう量だ(46)。

ケイレブと私がゴマからヴィルンガ公園周辺の村に行くのに通る幹線道路は、最近になって舗装されてはいた。けれども、他にインフラと言えるようなものはない。道はほとんど未舗装だ。治水システムがないので、雨が降れば、舗装道路も未舗装道路も家までも簡単に浸水する。先進国では当たり前のものがここにはないことを思い知らされる。私たちは、側溝や運河、暗渠《あんきょ》が水を都市から排除してくれていることに気づかないでいる。存在すら忘れている。

気候変動は今のコンゴ社会の不安定さの一要因なのか？　そうだとしても、他の要因ほど重要ではない。二〇一九年に多数の研究者で構成されたチームは、気候変動は「国内の組織的武力紛争に影響を及ぼしている。しかし実質的には、社会経済発展の遅れや国家能力の低さなどの別要因がより大きな影響を及ぼしていると考えられる」と結論している。(47)

コンゴ政府はかろうじて機能しているにすぎない。安全の確保と開発は人々がほとんど自力でやらないといけない。季節によって多すぎたり少なすぎたりする雨に、農家は苦しめられる。最近では二～三年に一度、洪水が起こって、そのたびに家や農地が壊される。

オスロ平和研究所の研究者は「人口統計学的変数と環境変数は、内戦リスクにほぼ中程度の影響を与える」(48)と報告している。ＩＰＣＣも同意する。「災害が世界中で人々を移動させているという確固たる証拠はあるが、気候変動や海面上昇が直接の原因であるという証拠は限られている」(49)

インフラの不足に加えて、安全な水の不足が病気をもたらす。そうしてコンゴは、コレラやマラリア、黄熱病などの予防可能な病気の世界最悪の発生率に苦しめられている。

「低いＧＤＰは武力紛争を引き起こす最重要の予測因子である」とオスロの研究者は述べ、「我々の研究によれば、低所得国では資源の希少性は富裕国ほど紛争リスクに影響しない」と付け加える。(50)

もしも資源が国の運命を決めるなら、資源の乏しい日本は貧しくて内乱状態に陥り、コンゴは豊かで平和な国になるはずだ。コンゴは土地、鉱物、森林、石油、ガスに関しては驚くほど豊かな国だから[51]。

コンゴが機能不全に陥っている理由はたくさんある。アルジェリアに次いでアフリカで二番目に大きな国土を有する国であり、単一国家として統治することは難しい。ベルギーの植民地だったが、一九六〇年代初頭にベルギー人は、独立した司法や軍といった強力な政府機関をつくることもなく国外に逃げ出してしまった。

人口過剰か？　コンゴ東部の人口は一九五〇年代、一九六〇年代から倍増した。けれども、主な理由は技術的なものだ。道路、肥料、トラクターがあれば、同じ地域でも、より多くの食糧を生産し、より多くの人口を支えられる。

コンゴは、地理的条件や植民地主義、そして独立後の最悪の政府による犠牲者だ。国民総生産額は二〇〇一年の七四億ドルから二〇一七年には三八〇億ドルへと成長したが[52]、一人当たりの年間所得は五六一ドルと世界最低水準に留まっている[53]。それは、国民に流れるはずの富の多くが途中で抜き取られているからだと、誰もが思っている。

過去二〇年間、ルワンダ政府は隣国コンゴから鉱物を略奪し、自分たちのものとして輸出してきた。専門家の話によれば、ルワンダはそうした活動を隠蔽して行い続けるために、コンゴ東部のあまり紛争が激しくない地域に資金を提供して、紛争を裏から操ってきたそうだ[54]。

二〇〇六年に自由選挙が行われた。新大統領に就任したジョセフ・カビラは前任者よりは良いだろうと思われていたが、結局、それまでの指導者と同じように汚職にまみれていた。二〇一一年に再選され、二〇一八年まで政権に留まった。その後、後継者を擁立したが一九％の得票率しか得られず、野党候補が五九％を獲得した【訳注：しかし大統領に就任したのは、カビラに推されたフェリクス・チセゲティだった】。カビ

ラと議会にいる彼の仲間たちは、このようにして裏側で国を統治しているようだ。(55)

4 何十億人も死なない

二〇一九年一〇月、BBC2の「ニュースナイト」で、ジャーナリストのエマ・バーネットは、絶滅の反乱の広報担当で同情心にあふれ、感受性もあるサラ・ルノンに尋ねる。彼女の組織がロンドンの市民生活を混乱させたことをどう正当化できるのかと。

「そうしたことになってしまい、本当にとても、とてもとまどっています」ルノンは胸をおさえた。「そして、私が人々の生活を乱してしまったことを知らされ、本当に残念に思います。それに加えて、三〇年以上も放置されていたために、気候変動を論じてもらうにはこれしかなかったということにも本当に憤りを覚えます。このように抗議でもしなければ誰も気づいてくれません(56)」

バーネットは、ルノンの隣のマイルス・アレンに目を向けた。彼はIPCC報告書に執筆したこともある気候科学者だ。

「絶滅の反乱という名前は、本質的に『我々は絶滅する』ということを意味しています」バーネットは言う。「三人の創設者の一人であるロジャー・ハラムさんは八月に、『今世紀中に六〇億人が虐殺され、死に、飢え死にする』と言いましたが、それを裏づける科学はありませんよね」

アレンは答える。「このままいけば相当なリスクがあることを裏づける科学研究はたくさんありますけど——」

「——でも、六〇億人ではないでしょう。そこまで計算した研究はないですよね」バーネットが尋ねる。

絶滅の反乱のルノンはアレンをさえぎって言う。

「何人もの科学者が言っています。このまま四度、温暖化が進んだら、一〇億人ではないかもしれませんが、五億人の人口を地球が支えられるかどうかわからないと」彼女は続ける。「六五億人が死ぬことになるんですよ！」

バーネットは少し苛ついて、ルノンをさえぎる。「すみません」アレンに聞く。「今世紀中に六〇億人が虐殺され、死に、飢え死にするという予測は科学的に支持されますか？　知っておくだけでいいのですが」

「いいえ」彼は答える。「科学者として私たちにできることは、直面しているリスクを伝えることです。正直に言えば、私がやっているのは予測しやすいリスクであって、気候システムが温室効果ガスの増加にどう反応するかです。人々が子供のときに体験した天候を失うことに対してどう反応するかというリスクを予測するのは難しい。……想像するに、気候変動そのもののリスクだけではなく、気候変動に対して人間がどう反応するかというリスクについて、この人たちは言っているのではないですか」

「でも、私が伺いたいのは」バーネットがたたみかける。「科学がそう言っているのではないとしたら、あなたがおっしゃることにうなずく人たちの中に、あなたが恐怖を煽っていると感じる人がいるのはどうしてでしょうか？　たとえば、「絶滅の反乱の創設者である」ロジャー・ハラムさんは、我々の子供たちは一〇年か一五年で死んでしまうと言っていますけど」

「私たちが知っている天気ではなくなるんですよ！」ルノンがさえぎる。「農業と食糧のすべては、過去一万年間の天気に基づいています！　天気がわからなくなれば、食糧源もわからなくなります。世界の穀倉地帯で収穫が何度も失われてしまう危険に向かっています。食べ物がなくなるんですよ！」

「ロジャー・ハラムさんはおっしゃっていましたよ」バーネットは答えた。「我々の子供たちは一〇年か一五年後には死んでしまうだろうと」

「食糧だけではなく、エネルギーも来なくなる可能性があります」ルノンは続ける。「カリフォルニアではこの瞬間に何百万もの人に電気が届いていません」

二〇一九年一一月下旬、ルノンに話を聞いた。一時間ほど話してから、彼女の見解をもっとはっきりさせるためにメールも交換した。

「私は何十億もの人が死ぬとは言っていません」とルノン。「何十億もの人が死ぬと言っているのはサラ・ルノンではありません。科学者が四度の温暖化に向かうと言っているのです。［気候変動研究で有名なイーストアングリア大学に付属する］ティンダルセンターのケヴィン・アンダーソン先生や［ドイツの著名な環境研究所である］ポツダムのヨハン・ロックストローム先生などは、そのような気温上昇は文明的な生活とは相容れないとおっしゃっています。ヨハン先生は、摂氏四度まで温暖化したら、どうして地球が一〇億人、いや五億人の人々を養っていけるかわからないとおっしゃっています」[57]

ルノンは、二〇一九年五月のガーディアン紙でロックストロームが、四度の気温上昇が起こったら「一〇億人、いやその半分の人をどうやって養えるのかどうかは難しくて答えられない」と述べていたと言う[58]。彼女はアンダーソンやロックストロームの言葉だと言うが、これまでのＩＰＣＣ報告書には一切書かれてないと私は指摘した。

どうしてＩＰＣＣをさしおいて、二人の科学者の推測を頼りにしなければならないのか?　「どの科学を見るかではなく」ルノンは答える。「私たちが直面しているリスクを見ています。それにＩＰＣＣ報告書も、現在から将来に向けてのさまざまな道筋を示していますが、中にはとてもとても暗いものもありますよ[59]」

「数十億人が死ぬ」という主張の根拠を知るために、ロックストロームに電話した。彼はガーディアン紙の記者の誤解だと言う。彼によれば、実際に言ったのは「八〇億人あるいはその半分でも、どうやって養っていけるのかを見極めることは難しい」ということで、「一〇億人」とは言ってない。ロックストロームは私がメールを送るまでは誤引用された記事を見ていなかったので、訂正を要求したと言う。ガーディアン紙は二〇一九年一一月下旬に訂正した。それでもロックストロームは四〇億人の死を予測している[60]。

「摂氏四度［上昇］の惑星が四〇億人を収容できるという科学的根拠はないですよ」彼は答える。「私の考えですが、四度上昇の世界で、八〇億人という世界の人々に淡水を供給し、食糧や住居を提供できるという証拠はないので、これは科学的に正しい主張です。専門家としての私の判断では、さらにその半分、つまり四〇億人を収容できるかどうかも疑わしいですね[61]」

ＩＰＣＣの科学は食糧生産が本当に減少すると言っているのだろうか。「私の知る限り、それぞれの温暖化の度合いによってどれだけの人が食べていけるかということについては、ＩＰＣＣは何も言っていません」彼は答えた[62]。

四度気温上昇したときの食糧生産について、誰か研究をしたのだろうか。私は聞いてみた。「良い質問ですね。私もそのような研究を見たことがないことは認めざるを得ません」農学者のロックストロームは答える。「非常に興味深く、重要な質問のようです[63]」

実際には、そのような研究は行われていて、研究者のうち二人はポツダム研究所でのロックストロームの同僚だ。摂氏四～五度温暖化しても、工業化以前より多くの食糧を生産することができる[64]。そして繰返しになるが、肥料、灌漑、機械化といった技術改善のほうが気候変動より重要なのだ。

しかも興味深いことに、そのレポートによれば、気候変動そのものよりも気候変動政策のほうが食糧生産に悪影響を及ぼし、農村の貧困を加速させる可能性が高い。著者が言う「気候政策」とは、エネルギーをより高価にして、バイオ燃料やバイオマスの燃焼といったバイオエネルギーの利用を増やし、その結果として土地の希少性と食料価格を上昇させる政策だ。IPCCも同じ結論に至っている[65]。

同様にFAOは、食糧生産を二〇％増加させる持続可能な活動と呼ばれるシナリオが採用された場合を除き、二〇五〇年までには食糧生産が三〇％増加すると結論している[66]。どのFAOのシナリオでも、技術革新の効果が気候変動を大幅に上回っている【訳注：二〇二二年二月に公表されたIPCC第二作業部会第6次評価報告書政策決定者向け要約では、「食糧生産への影響は、生産増加の非気候要因を除外して評価した」結果、世界の食糧生産はすでに気候変動により負の影響を受けてきていると記述されている】。

5 大衝突のごく一部

二〇〇六年、コロラド大学ボルダー校で政治学を担当する三七歳の教授が、世界の第一級の専門家三二人を集めてワークショップを開いた。そこでは、人為的な気候変動が自然災害を悪化させているのか、より頻繁に起こっているのか、被害額はより高額になっているのかが議論された。主催者はロジャー・ピエルケ・ジュニアといい、同僚のピーター・ヘッペが共催者として加わった。当時、ヘッペはミュンヘン再保険会社で地球リスク部門の責任者をしていた。再保険会社は保険会社が保険をかける会社で、彼は地球温暖化が自然災害を悪化させるかどうかを知ることに強い経済的関心をもっていた。

コロラド州ボルダーで環境科学を教えている大学教授にステレオタイプがあるとすれば、ピエルケはまさにそのものだ。トレッキングシューズを履き、チェックのシャツを着ている。ハイキングが大好きで、スキーヤーで、サッカー選手だ。リベラルで、宗教とは縁遠く、民主党員だ。「炭素税を求める本を書いたことがあります」とピエルケ。「オバマ大統領が提案したＥＰＡ［アメリカ環境保護庁］の炭素排出規制案を支持していて、災害と気候変動についてＩＰＣＣの科学評価を強く支持する本を出したばかりです[67]」

一同はミュンヘン郊外のホーエンカンマーで会した。グループには、環境運動家と気候変動懐疑論者の両方が参加していたので、ピエルケはまさか合意が得られるとは思っていなかった。「ところが、ワークショップに学会や民間企業、運動団体などから参加した三二人の専門家のみなさん全員が、災害と気候変動に関する二〇の声明について同意できたことは、私たちにとって驚きと喜びでした[68]」

気候変動は現実であり、人間がその大きな要因であるというホーエンカンマー声明に専門家たちは全会一致で合意した[69]。しかし、彼らはまた、自然災害による被害額が増加しているのは、危険なところに住む人や財産が増えていることが原因であり、災害の悪化が原因ではないことにも同意したのだ。

ピエルケは一九二六年と二〇〇六年のマイアミビーチの写真を使って、そのことを授業で説明している。一九二六年のマイアミビーチには、ハリケーンに弱い高層ビルは一棟しかなかった。それが二〇〇六年になると、窓が飛ばされて水浸しになってしまうような高層ビルが何十棟も建っていた。ピエルケはアメリカのハリケーン被害額がインフレ調整後でも増加していることを示した。一九〇〇年にはほとんどゼロだったのが、二〇〇五年にハリケーン・カトリーナがニューオーリンズを襲ったときには一三〇〇億ドルを上回るまでに増加していた[70]。

次にピエルケは、同じ期間のハリケーンによる被害額を正規化したものを示す。正規化とはどういうことかというと、ピエルケと彼の共同研究者が、マイアミなどのアメリカ沿岸で一九〇〇年以降に行われた大規模地域開発を考慮して被害データを調整したのだ。そうすると、被害額が増加する傾向が見えなくなる(71)。

正規化された被害額が増加していないのは、過去のアメリカにおけるハリケーン上陸の記録とも一致していて、ピエルケたちは研究結果に自信をもった。彼らの結果によれば、ハリケーンによる被害額が非常に大きな年が何回かあり、ハリケーンがアメリカに四回上陸した一九二六年には、インフレ調整済みの正規化された被害額は二〇〇〇億ドルに達し、二〇〇五年の一四五〇億ドルを上回った(72)。フロリダでは一九〇〇年から一九五九年の間に大型ハリケーンが一八回襲来したが、一九六〇年から二〇一八年までは一一回だけだった(73)。

アメリカが特殊なのか？　そうではない。「ラテンアメリカ、カリブ海諸国、オーストラリア、中国、インドのアンドラプラデシュ州でも、同様の分析がなされているが(74)」とピエルケは述べ、こう指摘する。「いずれの場合にも、正規化された損失額に特別な傾向は見られない」

ハリケーンだけではない。「ハリケーン、洪水、竜巻、干ばつがアメリカや世界で頻繁に発生したり、激しくなったりしていることを示す証拠はほとんどない」と、彼は後に記述している。「異常気象について言えば、私たちは実際、恵まれた時代にいる(75)」

ＩＰＣＣも同様だ。「経済価値と人口増加を調整した災害による経済的損害額の長期的傾向は、気候変動によるものではない」と、ＩＰＣＣの異常気象に関する特別報告書は指摘する。「しかし、気候変動の役割も排除されてはいない(76)」

ピエルケは、気候変動がいくつかの異常気象に関係している可能性があることも強調している。「たとえば、最近の研究によれば、アメリカ西部の地域的な温暖化が森林火災の増加と関係している可能性が示唆されている(77)」

しかし、これまでのところ気候変動は、さまざまな異常気象の頻度や強度の増加をもたらしてはいない。ＩＰＣＣは「洪水、干ばつ、ハリケーン、竜巻の頻度や強度が急上昇したという証拠はほとんどないと結論した」と、ピエルケは解説する。「熱波や降水量は増えているが、これらの現象は災害被害額を大きく左右するものではない(78)」【訳注：ＩＰＣＣ第二作業部会第６次評価報告書の第８章には次の記述がある。「ＥＭＤＡＴデータベース（緊急事態データベース）による経済的損失の動向は、慎重に解釈する必要がある。経済損失データは不完全であることが多く、改善が必要である。しかし、経済損失に関するこれらの違いは、大きな貧富の差や暴露された資産の金銭的価値で部分的に説明することも可能である。したがって、気候変動による損失や被害を評価するために使用される尺度は批判的に反映させる必要性がある」】

ある国がどれだけ洪水に弱いかは、私の住むカリフォルニア州バークレーのように近代的な下水と洪水制御システムがあるのか、あるいはコンゴのようにそうでないのかによる(79)。

ハリケーンがフロリダを襲っても誰も死なないかもしれない。けれども、同じ嵐がハイチを襲えば、何千もの人々が溺れて死ぬか、その後に発生するコレラのような伝染病で命を落とす。その違いは、フロリダ州が豊かな国にあって、丈夫な建物や道路をしっかりつくり、進んだ気象予報や危機管理を行うことができるということだ。それとは対照的に、ハイチは近代的なインフラもシステムも貧しい国だ(80)。

「アメリカでは一九四〇年以来、ハリケーンが一一八回上陸して三三二二人が死亡している」とピエルケは述べ、こう続ける。「しかし二〇〇四年のスマトラ沖大地震により、東南アジアでは津波で二二万五〇〇〇人を超える人々が犠牲になった(81)」

気候変動が何十億もの人々を死に至らしめ、文明を崩壊させると信じている人は、IPCCの報告書に終末的なシナリオが一つもないことを知れば驚くだろう。アメリカのような先進国がコンゴのような「気候地獄」になるなどとは、IPCCはどこにも記述していない。私たちの治水、電気、道路システムは、考えられる最悪の温暖化レベルになっても働き続けるだろう。

IPCCの執筆協力者であるマイケル・オッペンハイマーは、二フィート九インチ（八四センチ）の海面上昇は「手に負えない問題」であると言っていたが[82]、どういう意味だったのか？　意図を確かめるために、電話してみた。

「記者の書いた記事が間違いだったんです」と彼は答える。「記者は二フィート九インチとしていましたが、IPCCの代表濃度経路シナリオ8・5【訳注：二一〇〇年までの温室効果ガスの最大排出量を想定したシナリオ】に基づく『気候変動下における海洋と氷圏に関する特別報告書』で予測された海面上昇の数値は一・一メートル、つまり三フィート七インチです[83]」

オッペンハイマーに尋ねた。どうしてバングラデシュのような国はオランダと同じことができないのか。

「オランダは二度の世界大戦と恐慌に見舞われたから、長い間、堤防の改良をしないままでした。一九五三年の大洪水まで、堤防の近代化には手をつけられなかったんですよ[84]」

一九五三年の洪水で二五〇〇人以上が犠牲になってから、オランダはがんばって堤防や運河の再建を始めた。「ほとんどの人類には、そんな贅沢をすることはできないでしょうね」オッペンハイマーは語る。「だからたいていの場所では、建物を高くするか水に浸かってもいいような構造物で洪水に何とか対処する。そうでなければ撤退です[85]」

「二〇一二年のハリケーン・サンディの後、ニューヨークから出ていく人がいました。対処不能だったとは言いません。一時的な対処不能でした。もしも海面上昇が四フィート（一二二センチ）になったら、世界中の社会機能は維持できなくなります。バングラデシュの人は海岸から離れてインドに行こうとするかもしれません[86]」

でも、バングラデシュ沿岸の低地のようなところからは、毎年何百万人も小規模農家が都市にやって来ている。「対処不能」という言葉は、恒久的な社会の崩壊を意味しているのではないか？

「人が決断に追い込まれる、それが私の言う『対処不能な状況』です。経済的混乱、生活の混乱、自分自身の運命をコントロールする能力の喪失、そして死に至るような状況です。彼らはまだ何とかできるんじゃないかと、あなたは言うかもしれません。確かに災害からは回復するでしょう。でも、死んだ人は回復しません[87]」

言い換えれば、オッペンハイマーが「対処不能」と言う海面上昇による問題は、もう起こっていて、それに対して社会は回復し、適応している。

6 気候より開発

コンゴ政府は世界最悪の汚職まみれの政府で、それがこの国を低開発状態に留めている一因だ[88]。あるとき、私たちは警官に止められた。私は車の後部座席で、ケイレブは運転手と一緒に前にいた。警官が車の中を覗き込むと、ケイレブはちょっと見て眉をひそめた。警官は運転手が差し出した書類を見て、手で行けと言った。

「何だい？」

「賄賂がほしいんで、言いがかりをつけられるものがないか探したんですよ」ケイレブが答える。「だから、ちょっとばかり睨んでやったんです」

ケイレブも他のコンゴ人と同じで、テロリストと戦うＣＩＡエージェントを描いたアメリカのテレビシリーズ「24」（二〇〇一～二〇一〇年）が大好きだったと打ち明ける。「コンゴじゃみんなジャック・バウアーが大好きですよ！」カナダ人俳優キーファー・サザーランドが演じるＣＩＡエージェントのことだ。ケイレブに聞いてみた。コンゴの人はサザーランドと同じくらいベン・アフレック【訳注：アメリカの俳優、脚本家で映画監督。コンゴ救済のために映画を製作し、国連に協力してさまざまな活動を展開している】も大好きかと。サザーランドよりも有名だし、コンゴを救おうとしていた。彼は少し考えてから質問に答える。「ここでは、そうじゃないですね。ジャック・バウアーのほうがコンゴではずっと有名です。キーファー・サザーランドがコンゴに来て記者会見を開き、二四時間以内に降伏しろと言えば、戦闘は全部たちまち終わりますって」ケイレブはその考えに満足そうに笑った。

私たちはあたりを車で回り、出会う人から話を聞いた。外国人が自分たちについて質問することに対して村人たちが不審感を抱かないように、ケイレブは気さくに振る舞う。近くにある野生生物保護地域のヴィルンガ国立公園からヒヒやゾウが出てきて農作物を荒らすことに、多くの人が困っている。ここでは飢餓と貧困が蔓延していて、野生動物に作物を盗られると、とても厳しくなる。ゾウに農作物を食べられて気が動転し、その次の日に心臓発作で亡くなった女性もいたそうだ。二歳の男の子がチンパンジーに殺されたこともあったという。

男がやって来て、ヴィルンガ公園の役人に私から頼んでほしいと言ってきた。自分たちの農地に動物が入らないように電気柵を取り付けてほしいのだと。公園管理者が来たときに苦情を言ったら、迷惑な動物なら捕まえて公園に戻せと言われた。村人に言わせれば、そもそもそんなことは不可能だし、なぜ自分たちがそんなことをしなければならないのかわからない。

何週間か前には、若者のグループがヴィルンガ国立公園事務所に押しかけて、農業被害に対して何もしないことに抗議したそうだ。それに応えて公園当局は、ヒヒを追い払うためにその若者たちの中から何人かを雇った。

ヴィルンガ国立公園の入口付近で、ケイレブと私は地元の住民たちに話を聞いた。私たちの周りに二〇～三〇人ほどが集まり、畑を荒らされることの不満をぶつけてきた。「作物を荒らすヒヒを殺すことはできませんか？」私が尋ねると、彼らは口々に、ダメだと言う。動物が公園の境界線を越えて自分たちの土地に入ってきたとしても、そんなことをしたら刑務所送りになるそうだ。

人ごみの中に、乳飲み子を抱いた若い母親がいた。自己紹介をして、名前を聞く。マミー・バーナデット・セムタガ。バーナデットと呼ばれている。二五歳で、赤ちゃんの名前はビビチェ・セビラロ。女の子で、七番目の子供だそうだ。

バーナデットは、昨晩、ヒヒが彼女のサツマイモを食べてしまったと言う。私は彼女の畑に連れていってくれないか尋ねた。そうすれば、何が起こったのかをかこの目で確かめることができる。彼女が同意したので、私たちはそこまでの車中で話した。

彼女に子供の頃の良い思い出がないか聞いてみた。「一四歳のとき、ゴマのいとこたちのところに行ったの。そしたら、新しい服を買ってくれた。帰る時間になったら村までの切符を買ってくれたし、おみやげにパンやキャベツを買うお金もくれたの。すごくうれしかった」

バーナデットの人生は困難に満ちていた。「一五のときに結婚した。初めて会ったとき、彼は孤児だった。何ももっていなかったし。私たちはずっと大変だった。幸せなんて考えたこともない」

彼女は自分の小さな畑に着くと、サツマイモが生えていた地面の穴を指差す。写真を撮っていいかと尋ねると、いいと答える。写真の彼女は、しかめっ面だが誇らしげだ。少なくとも自分のものと呼べる土地がある。

彼女を村まで送っていくと、ケイレブは、食べられてしまったサツマイモの代金を謝礼に渡した。

気候変動がこうした弱者に及ぼす影響について、私たちは考えなければいけない。疑う余地はない。放っておいたら全く適応できない。バーナデットがヘレンや私よりも気候変動の影響を受けやすいのは事実だ。

しかもバーナデットは、今の天候や自然災害にさらに弱くなっている。バーナデットは生きていくために農作業をしなければならない。毎日、何時間もかけて薪割りをして、薪を運び、火を起こし、煙にまみれて火をつけ、それから料理をしなければならない。野生動物は作物を食べてしまう。彼女と家族は基本的な医療すら受けられず、子供たちは飢えて病気になる。重武装した民兵が田舎を徘徊し、強盗、強姦、誘拐、殺人をする。当然のことながら、彼女が心配しなければならないことのリストに気候変動は入っていない。

気候変動がどうであれ、バーナデットの生活水準や彼女の子や孫たちの将来を決めるのは経済開発以外の何物でもない。環境運動家はそうしたことを考えずに、気候変動が彼女のような人たちに及ぼすリスクを声高に訴えるが、人々を見誤らせるだけだ。

バーナデットの家が洪水に見舞われるかどうかを決めるのは、コンゴが水力発電や灌漑、雨水排除のためのインフラを建設するかどうかであって、降水パターンの変化などではない。家が安全なのか危険なのかを決めるのは、彼女が家を安全に保つだけの資金をもっているかどうかだ。そして、彼女が資金を確保するためには経済成長と所得増加しかない。

7 誇張された反乱

豊かな世界でも、経済発展は気候変動を凌駕する。世界第五位の経済規模をもつカリフォルニア州について考えてみよう。

カリフォルニア州では主に二種類の火災が起こる。一つは海岸の低木林やチャパラールと呼ばれる低木の茂みが風にあおられて起こる火災で、ほとんどの家はそうした場所に建っている。マリブやオークランドを思い浮かべればいい。州内で起こった二〇件の大きな火災のうち、一九件がチャパラールで発生している(89)。もう一つは、人口がずっと少ないシエラネバダのような場所で起こる森林火災だ。

山の生態系と海岸の生態系は、逆の問題を抱えている。低木林では火事が多すぎ、シエラネバダでは生態系を維持する火事が少なすぎる。キーリーは山火事を「燃料中心」、低木林の火事を「風中心」と呼ぶ(90)。低木林の火災に対処するための唯一の解決策は、火災そのものを防止するか、住宅や建物を火に強くすること、あるいはその両方だ。

ヨーロッパ人がアメリカにやって来るまでは、一〇年から二〇年ごとに火事が起こって森林の木質バイオマスが燃えたので、木質燃料が蓄積されることはなかった。そして五〇年から一二〇年ごとに低木林が燃えていた。けれども、この一〇〇年間にアメリカ合衆国森林局（ＵＳＦＳ）などの機関がたいていの火事を消していたので、木質燃料が蓄積してしまった。

キーリーは二〇一八年に論文を発表し、カリフォルニア州では送電線以外のすべての火元が減少していることを明らかにした。(91)「二〇〇〇年以降、送電線が原因で焼失した面積は五〇万エーカー［二〇〇〇平方キロメートル］で、それ以前の二〇年間の五倍になっているよ」とキーリーは言う。「気候変動と関係があると考える人もいるが、気候とこうした大規模火災との間には何の関係もないね」(92)

では、何が火災の増加をもたらしているのか？「これらの［低木林］火災の一〇〇％が人為的なものだということがわかれば、［二〇〇〇年以降の］人口が六〇〇〇万人増えたことで、そうした火災がますます増加している理由もうまく説明できるさ」(93)

シエラネバダ山脈はどうか？「一九一〇年から一九六〇年までを見ると」とキーリー。「降水量が火事に最も強く関係している。けれど、一九六〇年より後になると、降水量に代わって気温が重要な気候パラメータになるんだ。過去五〇年間では、春と夏の気温で各年の変動の五〇％を説明できる。だから気温が重要なのさ」(94)

でも、それは山火事を抑えたことで木質燃料がたまっていた時期でもあるのではないかと、私は尋ねた。「その通り」キーリーは答える。「燃料は混乱しやすい要因の一つだよ。気候学者は、気候はわかっているかもしれないが、火事に関わる微妙なことまでは必ずしもわかってはいない。そんな連中が出したレポートには、そういう問題がある」(95)

前世紀に木質燃料の蓄積を許していなかったら、シエラネバダでこのようなひどい火災は起こっていたのだろうかと、私は尋ねた。「良い質問だ」キーリーは答える。「もしかしたら起こっていなかったかもしれない」考えてみるべきことかもしれないと言う。「シエラネバダの流域には火事が定期的に発生しているところもある。木質燃料が蓄積されていない流域を選び、気候と火事との関係を調べて、それが変化するかどうかを見てみようか。次の論文になるかもしれない」[96]

オーストラリアの火災も似たようなものだ。カリフォルニア同様、そちらでも火事が発生しやすい地域で開発が進むほど、そして木質燃料の蓄積が進むほど火災被害が大きくなる。オーストラリアの森林では、ヨーロッパ人がやって来てから今日までの間に、木質燃料が一〇倍蓄積したと考える研究者もいる。どうしてそうなったかと言うと、カリフォルニアと同じようにオーストラリア政府が環境と人間の健康のために、制御しながら火事を起こすことをしなかったからだ。だから、オーストラリアの気候が温暖化していなかったとしても、森林火災は起こっていたはずだ。[97]

ニュースでは、二〇一九〜二〇年の火災シーズンがオーストラリアの歴史上最悪のものだったと報じられたが、そうではない。焼失面積では五番目で、四番目の二〇〇二年の半分であり、最悪だった一九七四〜七五年と比べれば約六分の一にすぎない。死者数でも二〇一九〜二〇年は六番目で、五番目の一九二六年のおよそ半分、史上最悪だった二〇〇九年の五分の一だった。焼失家屋数で見ても二〇一九〜二〇年は二番目で、最悪だった一九三八〜三九年よりも約五〇％少ない。今回、過去最悪だったのは住宅以外の建物の被害件数だけだった。[98]

気候に関する過度な警告や、環境ジャーナリストたちがオーストラリア政府に向ける反感、そして人口密集地でも見られた異常な煙などが、メディアによる誇張された報道の原因になったようだ。

要するに、温室効果ガスの排出よりも、それ以外の人間活動のほうが森林火災の頻度や被害に大きな影響を及ぼしているということだ。良いニュースではないか。オーストラリア、カリフォルニア、ブラジルは、終末論的なニュースメディアが言うより、ずっと強力に将来を変えていけることになるからだ【訳注：IPCC第二作業部会第6次評価報告書の第2章には次の記述がある。「人為的な気候変動は、山火事の主要因である熱を強めることで、山火事を増加させる。気候変動の熱は植生を乾燥させ、燃焼を加速させる。気候以外の要因も山火事の原因となっている。……北米西部の森林では、人為的な気候変動によって、山火事による焼失面積が増加していることが明らかになっている。……オーストラリアでは、大陸南東部の多くが異常な山火事の年を経験しているが、長期的な気候変動よりも、周期的に上下する熱現象であるエルニーニョが重要であるとの分析がある」】。

二〇一九年七月、ローレン・ジェフリーの科学の先生が、気候変動によってこの世の終わりが来るかもしれないと何気なく話した。ジェフリーはロンドンの北西約五〇マイル（八〇キロメートル）にある人口二三万人のミルトンケインズの高校に通う一七歳の女子高生だった。

「調べてみたの。それで二カ月間、怖かった。周りの子たちが話しているのを聞くと、みんな世界は終わる、自分は死ぬと信じていた」(99)

いくつかの研究によれば、とくに子供たちの間で、気候アラーミズム（不必要な警告）が不安や抑うつの増加要因となっていることが明らかにされている。(100) 二〇一七年、アメリカ心理学会は、高まるエコ不安を診断して「環境の破滅に対する慢性的恐怖」と名づけた。(101) 二〇一九年九月、イギリスの心理学者たちは、気候変動にまつわる終末論的な議論が子供たちに与える影響について警告した。二〇二〇年、大規模な全国調査が行われ、イギリスの子供たちの五人に一人が気候変動に関連する悪夢を見ていることがわかった。(102)

「子供たちの心が影響を受けているのは間違いありません」と専門家は語る。(103)

「二〇三〇年とか二〇三五年とか、いろんな時代に社会が崩壊して、私たちが絶滅してしまうと言うブログやビデオをたくさん見つけた」とジェフリー。「とても心配になってきたときだった。最初は忘れようとしたけど、頭の中に飛び込んでくるの」「友達の中には二〇三〇年に社会が崩壊して、二〇五〇年には『もう人類が絶滅する』と信じている子がいるし。その子は自分があと一〇年しか生きられないと思っている」

絶滅の反乱の運動家が恐怖を煽っている。イギリス中の生徒たちに恐ろしい終末話をする。八月の講演会では教卓に登って、一〇歳にも満たない子供たちに向かって恐ろしい話をした。[104]

彼らのアラーミズムに反発するジャーナリストもいる。BBCのアンドリュー・ニールは、明らかに緊張しているジオン・ライツという三〇代半ばの絶滅の反乱広報担当者にインタビューした。[105]「あなた方の創設者の一人であるロジャー・ハラムさんは四月に言いましたよ。『我々の子供たちは一〇年から二〇年後に死ぬだろう』と」ニールはライツに聞いた。「その主張の科学的根拠は何ですか？」

「議論があるのは確かです」とライツ。「同意する科学者もいれば、全く事実ではないと言う科学者もいます。しかし全体的として見れば、そのような死が訪れるということです」

「けれども、大半の科学者は同意していません。私は［IPCCの最近の報告書に］目を通しましたが、二〇年以内に何十億もの人々が死ぬとか、子供たちが死ぬとか、そういうことは書かれていません。……どうなって死ぬとおっしゃるのですか？」

「長引く干ばつのために、世界中で大規模な移民がもう発生しています。とくに南アジアの国々で。山火事も起こっています。インドネシアで、アマゾンの熱帯雨林で、シベリアや北極でも」

「それは確かに重要な問題で、人が死ぬかもしれません。でも、何十億人もの犠牲者を出すわけではありませんよね。二〇年後に若者が全員死んでしまうということではないんです」

「二〇年後ではないかもしれませんね」

「テレビで、あなた方のデモの中に若い女の子がいるのを見ました。五、六年後に死ぬと泣いていましたよ。大人になれないからと泣いていました。でも、あなた方の主張には科学的根拠がありません」

「子供たちを怖がらせたいから言っているのではありません。子供たちはどういう結果になるかを学んでいるんですよ」

幸いなことに、イギリスの生徒全員が、絶滅の反乱が正直かつ正確に将来どうなるかを語っていると信じているわけではない。「調べてみたけど、懐疑論の側にも終末論の側にも誤った情報がたくさんありました」ローレン・ジェフリーは私に話してくれた。

二〇一九年一〇月から一一月にかけて、ローレンはユーチューブに七本の動画を公開し、ツイッターにも投稿してこれらの動画を広めた。「あなた方の主張と同じくらい重要なことは」と、絶滅の反乱に宛てた公開書簡としてのビデオの一つで彼女が訴える。「あなた方が執拗に物事を誇張することで、あなた方が主張する科学的信頼性だけでなく、私たち世代の心にも良い効果ではなく、むしろ害が及び得るということです[106]」

8 終末論はいらない

二〇一九年一一月と一二月に私は、気候アラーミズムを批判する二本の長い論説を発表し、この章のここまでと同じような内容を書いた。そうしたのは、本書の出版前に、私が批判する科学者や運動家などの人たちに、この本に書かれることになるかもしれない事実誤認を指摘したり、訂正したりしてもらいたかったからだ。論説は両方とも広く読まれ、私が言及した科学者や運動家にもしっかりと見てもらった。訂正を求めてきた人は誰もいなかった。その代わり、科学者や運動家から、科学をはっきり解説してくれたと感謝するメールをたくさんもらった。

ＢＢＣの記者などから私が受けた質問の一つに、こういうものがあった。政策を変更させるためには、何らかのアラーミズムは正当化され得るかどうか。その質問の裏には、ニュースメディアはまだ誇張してはいないということが仄めかされている。

しかし、六月のＡＰ通信の記事には、こんな見出しがついていた。「地球温暖化防止が行われない場合、大惨事が起こると国連が予測」それは、その年の夏に気候変動について数多く出された終末論的な記事の一つだ。

そこには、もしも地球温暖化を二〇三〇年までに止められなかったら、海面上昇によって「国全体が……地球上から」一掃されかねないと「国連の環境担当の高官」が述べたと書かれてあった。

その高官によれば、不作と沿岸部の洪水の相乗作用で「『環境難民』が発生」する可能性があり、それが世界中に政治的混乱をもたらしかねないというのだ。このままでは氷冠が溶け、熱帯雨林が焼け落ち、世界は耐え難い気温にまで温暖化する。

政府には「温室効果が人間の手に負えなくなる前に解決されるために、一〇年の猶予がまだある」と国連関係者は述べた。

ところで、そのような終末論的な警告が国連から出されたとＡＰ通信が報じたのは二〇一九年六月だったか？　いや、一九八九年六月のことだ。そして、大災害が起こると国連職員が予測したのは二〇〇〇年であって、二〇三〇年ではない(107)。

二〇一九年の初め、ロジャー・ピエルケが、終末論的気候本『地球に住めなくなる日』の書評をフィナンシャル・タイムズ紙に寄稿した。そこでピエルケは、著者のようなジャーナリストが、科学をこれほどまでに誤ったものにしてしまうフィルタリングのメカニズムについて解説している。

「学界は将来のシナリオについて、非現実的なほど楽観的なものから、きわめて悲観的なものまで注意深く前提条件をつけてつくり出しているが」、それとは対照的に「メディア報道は最も悲観的なシナリオを強調する傾向があり、その過程で最悪のシナリオが最もありそうな未来に置き換わってしまう」

『地球に住めなくなる日』の著者は、他の運動家ジャーナリストと同様に、誇張されたことを単にさらに大げさにしただけだ。著者は「今ある科学の中で都合の良さそうなものを集めて、『最も楽観的な人さえパニック発作を引き起こすのに十分な恐怖』が含まれる絵を描いた」のだ(108)。

グリーンランドと西南極の氷床が同時かつ急激に速さを増して消失することや、アマゾンの森林が乾燥して消滅すること、大西洋の熱塩大循環【訳注：メキシコ湾流が北大西洋で冷却されて海底に沈降することで始まる地球レベルの海流循環】が変化することなどの、いわゆるティッピングポイントはどうだろう? それぞれの不確実性は大きく、しかもそれらを足し合わせれば、さらに複雑になってしまう。だから、ティッピングポイントについての多くのシナリオは科学的とは言えない。破局的なティッピングポイントのシナリオが起こり得ないということではない。可能性のある破局的シナリオは、小惑星の衝突、巨大火山の噴火、見たこともないほど致死的なインフルエンザウイルスの感染拡大など、他にもある。そうしたものよりも発生可能性が高く、より破局的であるという科学的証拠がないということだけだ。

最近、人類が対処を余儀なくされている、他の脅威を考えてみよう。二〇一九年七月、地球と月との間隔のわずか五分の一のところを「都市を壊滅させる」小惑星が通過したとき、NASAは不意を突かれたと発表した。[109] 二〇一九年一二月にはニュージーランドで火山が突然噴火し、二一人が死亡した。[110] そして二〇二〇年初頭には、専門家によれば何百万もの人々を死に至らしめる、これまでにないほど致死的なインフルエンザのようなウイルスに対処するため、世界中の政府が奔走させられた。[111]

政府は、小惑星や大噴火、致死的インフルエンザを検出し、防止するために十分な投資をしてきたか？　そうかもしれないし、そうでないかもしれない。各国はそのような災害を検知し、回避するために合理的な行動をとるが、普通は急進的な行動はとらない。そんなことをしてしまうと社会がより貧しくなり、小惑星、大噴火、疫病などのすべての主要課題に立ち向かう能力が低下してしまうという単純な理由からだ。「豊かな国のほうが、回復力が高い」と気候科学者のエマニュエルは言う。「だから、人々をより豊かにして、より回復力を高めることに集中しようよ」

惑星温度が高くなると、ティッピングポイントを誘発するリスクが高まる。だから、私たちが目指すべきは、経済発展を損なうことなく排出量を減らし、可能な限り気温を低く保つことだ。エマニュエルは言う。「何らかの中間地点を考えなければいけない。成長して貧困から人々を救い出すことと、気候のために何かをすることとの間で選択を迫るべきではない」[112]

良いニュースは、先進国では一〇年以上前から炭素排出量が減少していることだ。ヨーロッパでは、二〇一八年の排出量が一九九〇年のレベルを二三％下回った。アメリカでは、二〇〇五年から二〇一六年までに排出量が一五％減少している。[113]

アメリカとイギリスでは、発電による二酸化炭素排出量が著しく減少している。具体的に言えば、二〇〇七年から二〇一八年の間にアメリカでは二七％、イギリスでは六三％の減少と驚異的な数字だ。[114]

開発途上国でも先進国と同じようなレベルの繁栄に至れば、排出量はピークを迎え、その後減少すると、ほとんどのエネルギー専門家が考えている。

その結果、現在の世界気温は、産業革命以前のレベルよりも四度までは高くならずに、二〜三度の間でピークを迎える可能性が高くなっている。これにより、ティッピングポイントを含むリスクは著しく低くなる。現在、国際エネルギー機関（ＩＥＡ）は、二〇四〇年の炭素排出量はＩＰＣＣのほぼすべてのシナリオよりも低くなると予測している[115]。

このような排出量の減少は、三〇年続いた気候アラーミズムの賜物か？　そうではない。ヨーロッパの大国であるドイツ、イギリス、フランスのエネルギーによる総排出量は一九七〇年代にピークを迎えたが、そのほとんどが石炭から天然ガスや原子力への転換によるものだった。それらは、マッキベン、トゥーンベリ、ＡＯＣや多くの気候変動運動家が断固として反対している技術だ。

第2章　地球の肺は燃えていない

1　地球の肺

二〇一九年八月、レオナルド・ディカプリオとマドンナ、サッカー選手のクリスティアーノ・ロナウドが、緑豊かなアマゾンの熱帯雨林が煙を上げて燃えている写真をシェアした。ディカプリオはインスタグラムに「地球の肺が炎に包まれている」と書き込む。ロナウドは八二〇〇万人のフォロワーに「アマゾンの熱帯雨林は世界の酸素の二〇%以上を生産している」とツイートした。(1)

ニューヨーク・タイムズ紙は、「アマゾンの広大な森林は酸素を放出し、熱を吸収することで地球温暖化の主原因になっている二酸化炭素を蓄積しているので、地球の『肺』とも言われる」と説明する。(2)タイムズ誌は、ブラジル、コロンビア、ペルーなど南米諸国で二〇〇万平方マイル（五二〇〇万平方キロメートル）以上を占めるアマゾンが間もなく「自滅する」可能性があるとして、「世界最大の熱帯雨林の大半が地球上から消えてしまう悪夢のシナリオ……アマゾンの生態系を研究する科学者は、それが目前に迫っていると言う」と報じた。(3)

タイムズ誌の別の記者は、こうも告げる。「もしも十分な［アマゾンの］熱帯雨林が失われ、復元できなければ、その地域はサバンナになり、炭素をあまり蓄えられなくなり、地球の『肺活量』が減少することになるだろう[4]」

記者たちはアマゾンの火災を核兵器の爆発と比較する。「アマゾンの破壊は、断固として対応できる大量破壊兵器よりも間違いなくはるかに危険である」と、アトランティック紙の記者は報じた。もしもアマゾンの二〇%が失われたら、「蓄積された炭素の最終爆弾」が放たれることになるだろうと、インターセプト紙は報じる[5]。

ニュースメディアや著名なセレブ、ヨーロッパの指導者たちは、ブラジルの新大統領であるジャイル・ボルソナロを非難する。ヨーロッパの指導者たちはブラジルとの貿易協議には応じないと圧力をかける。フランスのエマニュエル・マクロン大統領はG７サミットを主催する数日前にツイートした。「我が家は燃えている――文字通り燃えているのです[6]」

アマゾン以外についてもタイムズ誌は報じる。「中央アフリカでは広大なサバンナが炎上している。シベリアの北極圏は記録的なスピードで燃えている[7]」

その一カ月後、グレタ・トゥーンベリをはじめとする学生の気候変動運動家たちは、ブラジルが気候変動を止めるために十分な行動をしていないと訴えた。「世の中に逆行するブラジルの行為は、すでに有害な影響を及ぼし始めている」と学生たちの弁護士は書く。「現状では、アマゾンは巨大な炭素吸収源として機能し、毎年、全世界の森林が取り込む炭素の四分の一を吸収している[8]」

多くのX世代【訳注：アメリカで一九六〇年代から一九八〇年代初頭までに生まれた世代】同様、私が熱帯雨林の破壊に対して抱いている懸念は一九八〇年代後半にまで遡る。一九八七年、サンフランシスコにある環境保護団体レインフォレスト・アクション・ネットワークが、かつて熱帯雨林だったコスタリカで生産されたハンバーガー肉を購入していたファストフード大手のバーガーキングの不買運動を始めた。

中南米の農民は牛肉を生産するために、熱帯雨林を伐採して牛を放牧する。私はＣＮＮなどのテレビニュースで、ドラマチックな火災の映像や先祖代々の家から逃げ出す先住民の姿を見ていた。

そうした環境破壊の映像に心を揺さぶられ、レインフォレスト・アクション・ネットワークのために資金を集めようと、一六歳の誕生日に裏庭でパーティーを開いた。参加費は五ドルで、一〇〇ドルほど集めることができた。

今もその頃と変わらず、牛肉生産のために使われる牧草地は、地球上で人類が行っている最大面積の土地利用だ。牛肉や乳製品を生産する土地は、地球上でその次に広い農作物栽培の土地の二倍になる。全世界の農地の半分近くが反芻《はんすう》動物の家畜のために使われていて、牛や羊、ヤギ、水牛が育てられている。(9)

アマゾンで最初に森に入ったのは伐採業者で、高価な木材を伐採した。それに続いて入ってきたのが牧畜農家で、森を伐って燃やし、牛を放牧して土地の所有権を獲得した。

牛肉生産が熱帯雨林の破壊を引き起こしていたので、私は一九八九年秋の大学進学を機に肉を食べるのをやめ、完全なベジタリアンになった。

私にとって熱帯雨林の破壊という悪夢は、成功したという気分によって癒された。一九八七年一〇月、レインフォレスト・アクション・ネットワークが起こしたバーガーキングの不買運動が成功したからだ。ファストフードチェーンのバーガーキングは、コスタリカ産牛肉の輸入をやめると発表した。熱帯雨林を救う手助けをしたように感じた。(10)

2 科学に基づいていない

私は一五歳になると、高校にアムネスティ・インターナショナルの支部を立ち上げた。ある先生が、スクールカウンセラーでもある私のクラブ顧問の教師に、私が共産主義者であるかどうかを尋ねてきた。それから二年後、私は彼らの疑念が正しいことを証明する。三年生の秋学期にニカラグアでスペイン語を学び、サンディニスタ民族解放戦線の社会主義革命を見たいと、校長に申し出たからだ。その後、私は中米各地を旅して、小規模農家の組合と関係をもつようになった。

大学在学中にポルトガル語も学んだので、ブラジルのアマゾン地帯にかかるマラニャン州に行き、土地なし労働者運動や労働者党と一緒に働くことができた。一九九二年から一九九五年の間に何度もそこを訪問した。ブラジルが大好きだった。永住して土地なし労働者運動や労働者党とともに働こうとまで思った。

一九九二年にはリオデジャネイロで開催された国連環境サミットに出席した。そこで盛り上がったのは森林破壊だった。その五年前にバーガーキングに事業変更を迫ったレインフォレスト・アクション・ネットワークの代表も来ていて、騒々しく抗議活動をしていた。私は何十年にも及んだ軍事独裁から脱却した国の興奮に酔っていた。

それから、また何度かブラジルに戻った。アマゾンで、大規模農家から自分たちの土地を守ろうとする小規模農家と活動をともにした。私はブラジルのドキュメンタリー映像作家と付き合っていたが、彼女はリオデジャネイロの労働者党や左派のNGOとつながっていた。一九九五年までにブラジルの進歩的運動の指導者たちにインタビューもした。初代アフリカ系ブラジル人上院議員でスラム出身のベネディタ・

ダ・シルヴァから、二〇〇二年に大統領に選出されたルラことルイス・イナシオ・ルラ・ダ・シルヴァまで。

私はアマゾンについて書き続けた。だから、二〇一九年の夏の終わりにアマゾンをめぐる話が燃え上がってきたとき、アマゾンに関する最新のＩＰＣＣ報告書の主執筆者であるダン・ネプスタッドに電話をかけてみた。アマゾンが地球の主要な酸素供給源というのは本当かどうか尋ねたかったのだ。

「でたらめだね」彼は言う。「科学的根拠なんかない。アマゾンは大量の酸素をつくってはいるが、同量の酸素を呼吸で使っているから。プラスマイナスゼロだ[11]」

植物を研究しているオックスフォード大学の生態学者によると、アマゾンの植物は、エネルギーを得る生化学的プロセスである呼吸によって、生成する酸素の約六〇％を消費する。そして残りの四〇％は、熱帯雨林のバイオマスを分解する微生物が消費する。「すなわち、［植物だけではない］アマゾンの生態系が世界の酸素に及ぼす正味の貢献量は事実上ゼロである」と、生態学者は記述する。「このことは、少なくとも人間の時間スケール［数百万年未満］で見れば、地球上のどの生態系にも当てはまる[12]」

肺は酸素を吸収して二酸化炭素を排出する。これとは対照的に、アマゾンやすべての植物は炭素を蓄えることができるが、ブラジルを告訴した学生気候運動家が主張する二五％ではなく五％だ[13]。

有名人がソーシャルメディアでシェアした写真は、実際にはアマゾンが炎上している写真ではなかった。多くはアマゾンのものですらなかった[14]。ロナウドがシェアした写真は、アマゾンから遠く離れたブラジル南部で撮影されたもので、二〇一九年ではなく二〇一三年に撮影されたものだった[15]。マドンナがシェアした写真は三〇年以上も前のものだった[16]。

二〇一九年夏にニュースメディアがアマゾンについて報道したことは、ほとんどすべて間違っているか、大きな誤解を招くものばかりだった。

森林破壊は増えてはいたが、増加が始まったのはボルソナロ大統領が就任する六年も前の二〇一三年からだ。二〇一九年のアマゾンにおける森林破壊面積は、二〇〇四年に伐採された森林面積の四分の一にすぎなかった[17]。二〇一九年のブラジルの火災件数は、前年に比べれば確かに五〇%増だったが、過去一〇年間の平均と比較すれば二%増にすぎない[18]。

失われつつあるアマゾンの森を描く恐ろしい絵とは裏腹に、まだ八割は残っている。ただし、アマゾンの森の一八〜二〇%は今も「誰でも入れる」(テラ・デボルタ:空地)ので、森林伐採の危険にさらされている[19]。

もちろん、森林破壊でアマゾンが分断され、保護する価値のある種の生息地が破壊されているのは事実だ。ジャガー、ピューマ、オセロットといった大型猫類などの大型哺乳類が生き残り、成長していくためには、分断されていない連続した生息地が必要だ。アマゾンに生息する多くの熱帯種は「原生林」に依存している。哺乳類は二次林に棲みつくこともできるが、森林が元の豊かさに戻るまでには数十年から数百年かかることが多い[20]。

経済開発の必要性が理解され、尊重され、認められることによって初めて、アマゾンをはじめとする世界の熱帯雨林を救うことができる。しかし、多くの環境NGOやヨーロッパの政府、慈善団体が、アマゾンで行われるさまざまな経済開発、とりわけ最も生産性の高い経済開発に反対するので、状況はかえって悪化している。

3 貧者を見下す

二〇一六年、ブラジル人モデルのジゼル・バンチェンは、ナショナル・ジオグラフィックのテレビシリーズ「イヤーズ・オブ・リビング・デンジャラスリー」の撮影のために、グリーンピース・ブラジルの代表とアマゾンの森の上空を飛行した。しばらくは果てしなく続く緑の森だ。「この美しさは永遠に続くようです」とバンチェンはナレーションで語る。「でもそのとき、［グリーンピースのパウロ・］アダリオが私に気をつけるように言いました」そして、次に来たものを見て怖くなる。牧場の隣で小間切れになった森が眼下に見えてきたのだ。「この風景に刻まれた大きな幾何学模様は全部、牛のせいですか？」

「すべてが小さな伐採道路から始まります」アダリオは説明する。「道路が残っているので、その後から牧場主がやって来て、残りの木を切り始めます」

「牛はアマゾンの自然じゃないわ！」バンチェンは言う。「ここにいるべきじゃない！」

「そう、その通り」アダリオもうなずく。「牛を飼うために、この美しい森が壊されていくことを考えてほしいんです。あなた方がハンバーガーを食べるときにも、バーガーが熱帯雨林の破壊からつくられていることには気づきません」バンチェンは涙を流す。「ショックですよね？」とアダリオ。(21)

でも、本当にそれほどショッキングなことなのか？　そうはいっても、ブラジルの農業拡大とほとんど同じことが、数百年前のヨーロッパで起こっていたのではないか。

西暦五〇〇年には、森林は西ヨーロッパと中央ヨーロッパの八〇％を占めていたが、一三五〇年までに半分になった。フランスの森林は八〇〇年から一三〇〇年の間に、三〇〇〇万ヘクタール（約七四〇〇万エーカー）から一三〇〇万ヘクタール（約三二〇〇万エーカー）まで減少したと歴史家は推定している。ドイツは九〇〇年には七〇％が森林に覆われていたが、一九〇〇年には二五％まで減少した[22]。

それなのに、先進国、とくに森林破壊と化石燃料のおかげで豊かになったヨーロッパ諸国は、ブラジルやコンゴなど熱帯地域の国々が同じように発展するのを止めようとしている。一人当たりの二酸化炭素排出量は、ドイツ人のほうが、アマゾンの森林破壊によるバイオマス燃焼まで含めてもブラジル人より多いのにだ[23]。

良いニュースは、世界的に森林が回復し、火災が減少していることだ。一九九八年から二〇一五年までに、主に経済成長のおかげで、全世界で年間の燃焼面積が何と二五％も減少した。経済成長は都市で雇用を生み出し、人々が焼畑農業から離れていくことを可能にした。また経済成長によって、農家は火を使わずに、機械で農業のために森林を伐採することができるようになった[24]。

世界全体を見ると、過去三五年間にテキサス州とアラスカ州を合わせた面積の分だけ、新しい木の成長が木の損失を上回っている。ヨーロッパでは一九九五年から二〇一五年の間に、ベルギー、オランダ、スイス、デンマークを合わせた面積の森林が戻ってきた[25]。そしてグレタ・トゥーンベリの国であるスウェーデンでは、森林は前世紀の間に二倍になっている[26]。

一九八一年から二〇一六年までの間に、地球上の約四〇％が「緑化」——森林の増大や森以外のバイオマスの成長——してきた。緑化は農地の草地化であったり、中国で見られるような植林であったりする[27]。ブラジルでさえそうだ。世界の目はアマゾンに注がれているが、ブラジルの中でも経済的に発展している南東部には森林が戻ってきている。農業生産性の向上と環境保全がもたらしたものだ[28]。

大気中二酸化炭素の増加と地球温暖化の加速も、地球の緑化に一役買っている[29]。科学者は、二酸化炭素濃度が高いほど植物の成長が速くなることを明らかにした。一九八一年から二〇一六年までに、地表面のバイオマス面積の増加によるものより四倍多い炭素が、炭素濃度上昇で加速した植物の成長で取り込まれた(30)。

世界気温と炭素レベルが森林にとってすでに最適レベルに達してしまっていることを示す証拠はほとんどない。気温上昇による光合成の生産性低下は、光合成に利用できる大気中二酸化炭素濃度によって相殺される可能性が高いと科学者は考えている(31)。五五カ所の温帯林で行われた大規模な研究では、森林が予想以上に速く成長していることが明らかになっていて、それは、気温が上昇して生育期が長くなったことや、二酸化炭素の増加などによるものだった(32)。木の成長が速いということは、大気中二酸化炭素の蓄積が遅くなるということだ。

だからといって、炭素排出量の増加や気候変動がリスクをもたらさないと言っているわけではない。リスクはある。けれども、その影響のすべてが自然環境や人間社会にとって悪いわけではではないことも理解しなければならない。

さらに、世界各地でアマゾンをはじめとする原生林が失われていることを心配しなくていいということでもない。心配するべきだ。原生林は生物種にとってかけがえのない生息地だ。スウェーデンの森林総面積は前世紀の間に二倍に増加したが、新しい森の多くが単一樹種のモノカルチャーだ(33)。世界に残っている原生林を守るためには、環境植民地主義を否定し、各国の開発意欲を支援しなければならない。

4 ロマンと現実

私が先進国の環境保護主義者の無神経な行動に苛立つのは、バンチェンが貶めている小さな農家で生活をしていたからだ。そこでの生活は非常に苦しかった。

中流階級の生活で居心地よく育った私は、ティーンエイジャーになってからニカラグアに行ったときに、それまで考えたこともなかった極貧生活を体験した。温かいシャワーや水洗トイレはなく、他の人がそうするように、ボウルに入った冷水を震えながら頭にかけ、外のトイレで用を足した。汚れた水で何度も病気になった。

その国で始まった内戦は九年目に入り、人々はますます絶望的になっていた。ある晩、私のスペイン語教師が生徒たちを夕食に招いてくれた。彼女が住んでいたのは縦三〇フィート（九メートル）、横一〇フィート（三メートル）の小屋としか言えないような代物だった。私はスパゲッティをつくるのを手伝った。ビールを飲んでタバコを吸った。私は無遠慮に尋ねた。この家はいくらで買えるのかと。彼女は一〇〇ドルで売ってあげると答えた。私は、腹の中の寄生虫とそこでの生活を何とかしたいという燃える思いをもって帰国した。

アマゾンの生活は中米の生活より、いろいろな意味で大変だった。私は、ブラジルで焼畑農業が行われている地域に住んでいた。森で木を切り、木とバイオマスを乾燥させて燃やすところから始まる。灰は畑の肥料になる。その後に作物が植えられ、わずかばかりだが収穫もできる。

一緒に働いていた人たちが経済的に次の段階に進むためには家畜を飼うことだが、貧しすぎて家畜はほとんどいなかった。焼畑耕作はとてもきつい仕事だ。男たちはそれをしながら、ラム酒をがぶ飲みする。午後になれば、私たちは川で釣りをしながら、涼しく気持ちよく過ごした。

ブラジルのアマゾンや準アマゾンの北西部と中央部はコンゴと同じくらい暑く、年間平均気温は華氏九〇度（摂氏三二度）近くになる。気温が高くなると労働生産性が下がるので、熱帯の国が温帯の国ほど発展しないということもよくわかる。暑すぎて一日のほとんどの時間で働くことができないのだ。(34)

ニカラグア同様、ブラジルでも社会主義協同組合に熱心に取り組んだが、恩恵を受けることになるはずの小規模農家はそれほど関心を示さなかった。話を聞いた小規模農家のほとんどが、自分の土地で働きたいと思っていた。彼らは、隣近所とは仲良しだったり親戚だったりするのかもしれないのだが、一緒に農業をしたいとは思っていなかった。自分たちと違って一生懸命に働いていない人たちに利用されたくはないと、彼らは語った。

実家に残って親の農地で働きたいと言った若者は、片手で数えられるほどしかいなかった。たいていの若者は、都会に出て教育を受け、仕事に就きたいと思っていた。彼らが望んでいたのは、低収益の農業よりもっと良い生活だ。私のような生活を望んでいた。もちろん私だって小農になどなりたくなかった。そうしたい人がいるなんて思えただろうか？　現実を実際に間近で見たら、そんなロマンティックな考えを抱くことなどできなくなる。

二〇一九年八月、強欲な企業や自然を忌み嫌う農家、腐敗した政治家のせいで熱帯雨林が燃えているという報道に、私は苛立った。森林減少と火災の増加は、自然環境に対する配慮不足からではなく、もっぱら人々の経済発展への要求に応えようとする政治家がもたらしたものだと、この四半世紀の間、私は考えていた。

ブラジルの森林破壊が二〇一三年から再び増加に転じたのは、経済が不況に陥ったことと法の執行が進まなくなったからだ。二〇一八年にボルソナロが大統領に当選したが、土地に対する需要が高まったこともあって、森林伐採が増加した。ブラジル人二億一〇〇〇万人のうち、五五〇〇万人が貧困の中で暮らしている。そして新たに二〇〇〇万人のブラジル人が、二〇一六年から二〇一七年の間に貧困に陥った。[35]

アマゾンに住んでいるのは非先住民に迫害された先住民ばかりだという考え方は間違っている。アマゾン地域に住む三〇〇〇万人のブラジル人のうち、先住民はわずか一〇〇万人で、一部の部族は非常に大きな保護区を占有している。[36] 六九〇の先住民保護区は国土の一三%と実に広大な地域を占めていて、ほとんどがアマゾンにある。[37] わずか一万九〇〇〇人のヤノマミ・インディアンが、ハンガリーよりやや大きい土地を事実上所有している。そして彼らの一部は伐採に従事している。[38]

ブラジルがどうして輸出用の大豆や食肉を生産するために熱帯雨林を伐採するのかを理解したいなら、コンゴのバーナデットと同じくらい貧しいこの国の最後の四分の一の人たちを、ブラジルが貧困から救い出そうとしているという現実を踏まえなければならない。けれども、ヨーロッパや北米の環境保護主義者たちはそのことに気づいていないか、あるいはもっと悪いことには気にも留めていない。

5 炎と食料

西暦九〇〇年から九五〇年の間に、狩猟採集民のマオリ族がボートに乗って今のニュージーランドにやって来た。おそらく北東にある太平洋の島々から来たのだろう。彼らは、ダチョウによく似たモアという鳥が島中にいるのを見つけて喜んだ。モアの身長は一六フィート（五メートル）と驚くほど大きく、飛ぶことはできなかった。マオリから身を守る術もなかった[39]。

マオリたちはモアを捕まえるために、森に火を放った。そうして森の端に追いつめれば、簡単に捕まえられた。食料だけでなく道具や宝飾品としてもモアを消費し、「一次資源」と呼んだ。乾燥して風が強くなる季節に広大な土地が燃やされたので、自然環境が大規模に変わり、他の生物の生息地も破壊されてしまった。

ニュージーランドの夏は暑く乾燥しているので、針葉樹林は急速に燃えて再生できなかった。森はワラビやシダ、低木に変わった。だからといって、マオリが山に火をつける習慣をやめたわけではなかった。「昼間には煙が、夜には炎が見えた」とキャプテン・クックは書いている。「そこかしこで[40]」

三〇〇年も経たないうちに、ニュージーランドの半分で森林が破壊され、モアは絶滅の危機に瀕し、マオリは環境と社会の激変に直面する。一七七〇年代にクックが到着した頃には、マオリはモアを完全に絶滅させていて、焼畑耕作をするしか術がなくなっていた。

ニュージーランドで起こったことは、一万年前に全世界で起こったことと同じだ。地球上で数百万の人間が毎年何百万頭もの大型哺乳類を殺し、絶滅に追いやっていった[41]。

周囲を森に囲まれて川が流れる草原。今日、そのような心地良い自然風景として私たちが見ているものの多くは、飲み水を求めてやって来る獲物を狩るために人間がつくった景観だ[42]。世界の狩猟採集民の火の使い方として最も多かったと言われているのが、狩りをするために火で草原をつくることだ。北米東部の森林地帯にある草地は、過去五〇〇〇年間、インディアンが毎年焼いていなければ、とっくに消滅していただろう。アマゾンでは狩猟採集民が森林を燃やし、新しい生物種を導入した。

動物をおびき寄せてから狩ることのほうが、追いかけて狩るよりエネルギー的に効率が良い。閉じられた空間に野生動物を追い込むことが、やがて時を経て家畜化へと進歩した(43)。

火を使うことで人間社会は、敵や人間以外の捕食者からより安全に身を守れるようになり、世界中に広がれるようになった。そして食べることや社会の組織化、子供を産むことなどについて、新しい行動様式が必要になった。個人や集団が食料を求めて競い合い、所有地を明確化することを通じて、私たちは国家や市場というものを創造してきたが、火を使った狩猟を始めたことが、その重要なきっかけだ。火は安全のため、農業のため、狩猟のためと、それぞれの分野でそれぞれ異なった使い方がされるようになった(44)。

火によって一夫一婦制の家族単位がつくられるようになった。炉端が思索や議論の場になり、社会や集団の知性を広げることが可能になった。

この惑星のいたるところで森林が焼かれ、土壌に肥料が供給されて、ブルーベリー、ヘーゼルナッツ、穀物などの有用作物に適した土地がつくられ、農業が始まった。今日、多くの樹木で、種子が木に成長するためには火が必要になっている。カリフォルニアやオーストラリアで見られるように、森床から木質バイオマスを除去するためにも、火は必要不可欠だ。

要するに、食肉生産のための火や森林伐採は、私たちが人間であることの重要な部分なのだ(45)。アダリオやバンチェンら環境保護主義者たちがアマゾンの食肉生産にこれほどの衝撃を受けたということは、歴史を何も知らなかったということに他ならない。

二一世紀の環境保護主義者にとって、原生地域という言葉には肯定的な意味合いがあるが、かつては恐ろしい「野獣の場所」だった。ヨーロッパの農民にとって森林は危険地帯であり、オオカミのような危険な動物や山賊のような恐ろしい人間が住んでいた。童話『ヘンゼルとグレーテル』では、二人の子供が森で迷子になり、魔女の手に落ちる。『赤ずきんちゃん』では、森を旅する少女がオオカミに脅かされる(46)。

だからヨーロッパの初期キリスト教徒にとって、森を取り除くことは良いことであり、悪いことではなかった。聖アウグスティヌスなどキリスト教父たちは、神による創造を地上で完成させるのは人類の役割であり、そうすることによって神に近づけると説いた。森や荒野は罪の場所であり、切り開いて農地や牧場をつくることは主の仕事だった。

人間は祝福され、森を変える力をもつ特別な存在だと、ヨーロッパ人は信じていた。修道士には、森を切り開いて土地をつくる仕事が任され、文字通り自分自身が地上から悪魔を追放していると想像していた。彼らはエデンではなく、新たなエルサレムを創ろうとしていた。そこには、町と国、神聖なものと不敬なもの、商業と信仰とが混ざり合った文明がある。

人間が自然を守ることに関心をもつようになったのは、都市に住み、豊かになってからのことだ(47)。一九世紀にはアマゾンを危険と無秩序の「ジャングル」とみなしていたヨーロッパ人が、二〇世紀後半になると「熱帯雨林」とみなし、調和と魅惑の場所として見るようになっていた。

6　グリーンピースが森を分断する

グリーンピースなどの環境保護団体は、ブラジルには経済発展が必要だということに無関心だったので、熱帯雨林の分断化、牛の放牧や農業の不必要な拡大を助長する政策を提唱した。環境政策は、より少ない土地でより多くの食糧を収穫する「集約化」をもたらすべきだった。しかし、農業の広域化と農民の草の根の政治的反発を招き、森林破壊の増加を促してしまう結果を招くことになった。

「穀物取引業者による大豆購入を一時停止させた措置の黒幕はグリーンピース・ブラジルのパウロ・ア

ダグリオだよ」とネプスタッド（39頁参照）。アダグリオはバンチェンを泣かせた男だ。「グリーンピースのキャンペーンから始まったのさ。鶏の格好をした連中がヨーロッパでマクドナルドを何軒も歩き回ってさ。国際メディアの注目を浴びた瞬間だね[48]」

グリーンピースは、ブラジル政府の既存の森林法よりはるかに厳しい規則を要求した。[49] 彼ら環境NGOは、ブラジル森林法で土地所有者に所有地の五〇〜八〇％という広大な土地を森林として維持させるべきだと主張した。

森林法が強化されて、農家は森林修復のために一〇〇億ドルの利益を失ったとネプスタッドは言う。「二〇一〇年にはノルウェーとドイツの政府が一〇億ドルを拠出してアマゾン基金をつくってはみたけれど、金は大・中規模の農家には全然届かなかった」

「アグリビジネスはブラジルのGDPの二五％を占めている。それで不況を乗り切れたのさ」とネプスタッド。「大豆栽培が始まれば火事も減る。小さな町なら学校に使う金ももらえて、GDPは増えるし、格差は縮まる。叩き潰すのではなくて、一緒にやっていく仕事さ[50]」

セラードとして知られるサバンナの森ではブラジル産の大豆が多く栽培されているが、グリーンピースは、そこでの農業に厳しい制限を求めた。「外国の政府がブラジル産大豆の輸入をまた停止するんじゃないかと、農家は神経質になっていたね」とネプスタッド。「セラードはブラジルの大豆生産の六〇％だよ。アマゾンは一〇％さ。だから、ずっと深刻な話だよ[51]」

グリーンピースのキャンペーンのせいで、ジャーナリストや政策立案者、市民はセラードのサバンナとアマゾンの熱帯雨林とを混同するようになり、セラードでの大豆生産の拡大が熱帯雨林の伐採と同じだと思うようになってしまった。

しかし、セラードは熱帯雨林より生物多様性が乏しく、土壌は大豆栽培に適しているので、そこでの森林伐採のほうが経済的にも生態学的にもはるかに正当化できる。この二つの地域を混同して、グリーンピースとジャーナリストは問題を誇張し、どちらの地域にも同じような生態学的、経済的価値があるという誤った印象を与えてしまった。

ブラジル農業の近代化と集約化を阻止しようとした最初の組織は、グリーンピースではなかった。二〇〇八年、世界銀行は報告書を発表し、当時の世界銀行ブラジル代表が「基本的に、小さいことは美しく、近代的で技術的に洗練された農業（とくに遺伝子組換え作物の使用）は良くないと言える」と報告していた」。報告書に書かれていたのは、「進むべき道は小規模で有機的な地域農業である」ということだった。[52]

世界銀行の報告書にブラジル農業相は激怒し、ブラジル代表に電話で詰め寄った。「世界銀行はどうしてこんな馬鹿げた報告書を出すのか。ブラジルは『間違った道』を歩んだ結果、農業大国になり、三〇年前の三倍の生産を上げた。その九〇％は生産性の向上によるものだ[53]」

報告書はブラジルに追い打ちをかけた。世界銀行は、その前からブラジルの農業研究に向けた開発援助を九〇％削減していた。ブラジルが富裕国と同じ方法で食糧を得ようとしたことに対して課せられた懲罰だった。[54]

世界銀行が拒否した援助を、ブラジルは自己資金で補うことができた。そうしたら、グリーンピースはヨーロッパの食品会社にブラジル産大豆の購入をやめるように圧力をかけた。[55]「思い上がりと傲慢さで」ネプスタッドは言う。「農家の考えが顧みられないまま、規制の上に規制がつけ加えられたというわけさ[56]」

農業や牧畜をやめさせようとする動機はほとんどイデオロギーだと、ネプスタッドは言う。「本当に反開発、そう反資本主義。とにかくアグリビジネスを憎んでいる。少なくともブラジルのアグリビジネスをね。同じ基準がフランスやドイツにも適用されているようには見えないよ[57]」

二〇一九年に森林伐採が増加したが、それはボルソナロが「暴力や不況、そしてこの環境テーマで疲れ切っていた」農民に向けた選挙公約を果たしたからだとある程度は言えると、ネプスタッドは言う。「農民たちはみな、『こいつ［ボルソナロ］は当選する。森を公約にしているんだから。奴に投票しよう』と言ってたよ。そして、大挙してボルソナロに投票したのさ。今起こっていること、それからボルソナロが当選したこと。それは、［環境主義者が企てた］大間違いの戦略の結果だと見ているよ[58]」

ネプスタッドに尋ねた。こうした反発は政府による環境法の運用によるものなのか、それともグリーンピースのようなNGOのせいなのかと。「ほとんどがNGOの教条主義のせいだろう。森林法には農民補償に特化した条項があって、農民はそれに満足してたから、二〇一二年、一三年、一四年には、なかなかいい線を行ったけれど、それが実現することはなかった[59]」

グリーンピースが極端な要求をするまでは、ブラジルの大豆農家にも合理的な環境ルールに協力する意思はあった。「農民が必要としていたのは、基本的には二〇〇八年までの違法な森林伐採に対する恩赦だった。それを勝ちとったから、『OK。この法律を守ってもいいだろう』と彼らは感じたわけでね。私はこの点では農民の味方だよ[60]」

アマゾンで起こっていることで、こんなことを思い出す。一部の地域に農業を集中させることができれば、政府は原生林の生息地を保護し、そこを相対的に手つかずの野生のままにして、生物多様性を維持できるということだ。しかし、グリーンピースなどのNGOの戦略によって、土地所有者は自分たちの領域を拡大するために、他の場所で森林を皆伐することになった。「森林法が森の分断を助長したと思う」とネプスタッドは言う[61]。

緑のNGOは他でも同じようなことをやっている。野生生物に優しいだろうということで、環境保護主義者たちが東南アジアでもアブラヤシのプランテーションの細分化を同じように進めたが、後になって重要な鳥類が六〇％も減少していたことが科学者によって明らかにされたのだ[62]。

7 「自分の金でドイツに植林しなさい」

グリーンピースの狙いは、安価なブラジル産食品をEUから締め出そうとするヨーロッパの農家の思惑とぴったり一致する。アマゾンの森林破壊と火災に最も批判的だったヨーロッパの二つの国は、ブラジルやメルコスール（南米南部共同市場）と自由貿易協定を結ぶことに農家が最も強く反対していた国でもある。フランスとアイルランドだ。

「ブラジルの農家はEU・メルスコール［自由貿易協定］の延長を望んでいたけど」とネプスタッド。「フランスの農業部門がこれ以上のブラジル産食品の国内流入を望んでいないから、［フランスのエマニュエル・］マクロン大統領は停止の方向で考えているよ[63]」【訳注：EU・メルスコール自由貿易協定は二〇二一年七月に条文案が公開されたが、署名にまでは至っていない】

フランスがG7会合を開催する数日前に、アマゾンの森林破壊について世界のニュースメディアを熱狂させたのは、他ならぬマクロン大統領だった。ブラジルの大統領が森林破壊を減らすために手を打つまでは、フランスはヨーロッパとブラジルの間で結ばれる貿易協定には批准しないと述べた。

欧州委員会が置かれているブリュッセルでは、ブラジルに向けられたフランスとアイルランドの攻撃が「人々を驚かせた」と、フォーブス誌の経済記者であるデイヴ・キーティングが述べている。「この二カ国は、保護主義の立場から、メルコスール協定に最も声高に反対してきた国である[64]」

キーティングによれば、「彼らは南米からの牛肉、砂糖、エタノール、鶏肉との競争に農家がやられてしまうことを懸念している。アルゼンチンとブラジルの輸出農産物の中心である牛肉は、今回の貿易交渉で最もデリケートな問題になっている。とりわけアイルランドの農家は、流入してくる牛肉との競争で苦戦することが予想されている[65]」

「パリ協定を守りたいというマクロンの誠意を疑うわけではないが」EUの貿易専門家のキーティングは述べる。「異議を唱えているのがこの二国であることが疑わしい。アマゾンの火事を保護主義のための煙幕として使っているのではないかと勘繰ってしまう[66]」

マクロンの攻撃にブラジル大統領は激怒した。「森林破壊についてブラジルにもの申す道徳的な権限をもつ国はまずない」ボルソナロ大統領は言う。「愛する［ドイツ首相］アンゲラ・メルケルにメッセージを送りたい。自分の金でドイツに植林しなさい。いいかね？ ここよりずっと必要ですよ[67]」

外国人の偽善にブラジル大統領が怒ったのは、彼が「右翼」だったからではない。社会主義者のブラジル元大統領は、一〇年以上前に外国政府の偽善と新帝国主義に対して、同じように怒りを募らせていた。「裕福な国はとてもスマートで、議定書を承認して、森林破壊を避ける必要性について大々的に演説していいます」とルイス・イナシオ・ルラ・ダ・シルヴァ元大統領は二〇〇七年に述べた。「けれども、この人たちはもう完璧に森を破壊していいます[68]」

8 アマゾンのアラーミズムの後に

アマゾンの森林破壊が増えたことを踏まえれば、自然保護団体は農民との関係を修復し、より現実的な解決策を考えるべきだ。熱帯雨林などに加わる圧力を軽減し、生態系の分断を減らすために、農民がそれ以外の地域、とくにセラードでの生産集約化を認めるべきだ。

公園や保護区の創設は農業の集約化を踏まえながら進める。自然地域を保護しないままに農地や牧場の生産性と収益性を高めるだけでは不十分だ。ある地域を保護し、既存の農地や牧場を集約化すれば、ブラジルの農家や牧場主は、より小さな土地でより多くの食糧を育て、その結果、自然環境を保護することができる(69)。

研究者によれば、ブラジルの牛肉生産は本来の生産力の半分以下であり、それが改善すれば必要な土地を大幅に減らすことができる。あまり知られていないが、ブラジルの大西洋岸の森林は、アマゾンよりずっと広範囲に失われているが、計り知れない恩恵をもたらすことができるだろう。

『ホットスポット中のホットスポット』である大西洋岸の森を大規模に復元させるのに十分な土地はある」と、科学者のグループは報告している。「この国の農業振興を妨げることなく、最大で一八〇〇万ヘクタール［ポルトガルの二倍の面積］まで自然を復元することができる。残されたバイオームの面積を二倍以上に増やし、大規模な種の絶滅を遅らせて、七五億トンの二酸化炭素を取り除くことになる(70)」

ネプスタッドも同意する。「一ヘクタール当たり年間五〇キロの牛肉しか生産できない非生産的な広い土地があるけれど、全部森に戻すべきだよ」

セラードでは、成長が速くて栄養価の高い牧草に切り替え、肥料を使うだけで、一日の体重増加と乳量を三倍にできる。そうすれば、温室効果ガスであるメタンの排出量を肉一キログラムあたりで半分に減らすことができて、必要な土地も減らせるというメリットもある(71)。

「都市近くの広い農業改革保護区で、アマゾンの都市のために野菜や果物、主要作物をつくろう。そうすれば、わざわざサンパウロからトマトやニンジンを買ってくることもなくなる」とネプスタッド(72)。

世界銀行などの諸機関は、農業生産を高めようとする農民を支援するべきだ。技術支援を受けたことで、生産性向上につながる方法をブラジルの農家が取り入れるきっかけになったとする研究もある(73)。

運動家のジャーナリストやテレビプロデューサーが、アマゾンの森林減少を終末的なものとして描いてきたが、それらは不正確で不公平なものだった。しかも悪いことに、それがブラジルをさらに二極化させてしまい、農民と自然保護主義者との間に現実的な解決策を見つけることを困難にしてしまった。

アマゾンが「世界の酸素の二〇％を供給している」という神話は、一九六六年にコーネル大学の科学者が発表した論文から来ているようだ。その四年後、気候学者はサイエンス誌で、なぜ恐れることは何もないのかを説明した。「人間の環境問題に関するほとんどすべての買い物リストに、酸素供給に関する項目がある。人類にとって幸いなことに、一部の人たちが予測していたように供給が消滅することはない(74)」

残念ながら、環境アラーミズムの供給も絶えることがない。

第3章　プラスチックストローでもいいじゃないか

1　最後のストロー

二〇一五年夏のコスタリカ沖、海洋生物学を専攻する博士課程の大学院生がボートでウミガメの背中についている寄生虫を掻きとっていると、鼻に何かが突き刺さっていた。クリスティン・フィグナー（当時三一歳）はビデオカメラを取り出して、仲間の男子にそれを引き抜いてもらうことにした。「オーケー、ビデオを撮るから。やってみてよ」と彼女が言う。「その子もうれしいよ。きっと(1)」

仲間がペンチで引っ張ると、カメはくしゃみをする。「カメのくしゃみって聞いたことある？」と彼女。

「何だろう？」彼が言う。

「脳かな？」もう一人の仲間。

「虫じゃないかな」

「気持ち悪い。嫌ね」

仲間がペンチでその薄い灰色の物体を引っ張ると、カメは痛そうにもがく。

「何かしらこれ？」

鼻の穴から血が滴り落ちる。

「出血してるじゃない。鉤虫《こうちゅう》かしら？」

「チューブワームだと思うな」彼がそれを引っ張りながら答える。

カメは誰かに噛みつくように口を開け、シューっと音を立てる。

「ごめんね、いい子だから。だけど、すぐ楽になるからね」とフィグナー。

「強く引っ張らないほうがいいかな。何がくっついているかわからないし」

「わかってるけど、もう出血しているし。もしかしたら脳にまで入っているかも」

「虫ダヨ」船員の一人がスペイン語で言う。

「ソウネ」フィグナーはスペイン語で答える。

「珍シイ貝ダナ」

もう少し引っ張り出した。ボートの壁に血が滴り落ちるのを見ながら、もっと引っ張るのがどれだけ難しいか話し合った。

船員が言う。「ぷらすちっくダヨ」

「ストロー？　変わったストローだなんて言わないでよ」とフィグナー。「ドイツには黒い縞模様のストローがあるけど――」

「すとろーサ」船員が割り込む。

「ストロー！　プラスチックのストロー！」

「チョット噛ンデミタ。ぷらすちっくダネ」

「ストローがどれだけ役に立たないか、前に話さなかったっけ？」フィグナーは言う。「そう、だからプラスチック製のストローはいらないの」

彼らはまたストローを引っ張り始める。

「ごめんね」フィグナーはカメに言う。「こんなものが入っていて、ちゃんと呼吸できているのが不思議」

カメは痛みにシューシュー言って身を動かす。ビデオの八分後には、プラスチックストローの残りが引き抜かれたときの息が聞こえてくる。

「ねえ」とフィグナー。「ちょっと見せて」ビデオの最後の数秒には、カメの鼻から血が滴り落ちているところが映っていた[2]。

その晩、フィグナーは帰宅し、ビデオをユーチューブにアップした[3]。二日の間に何百万人も見た。二〇二〇年までに再生回数は六〇〇〇万回を超えた。

フィグナーのビデオが流れて間もなく、シアトル市がプラスチック製ストローの禁止を発表し、スターバックスやアメリカン航空、サンフランシスコ市がこれに続いた[4]。

それから年月が過ぎ、人々はフィグナーに、ストローなどのプラスチック製品は使わないようになったと言う。「もちろん、うれしいです」後に彼女は語る。「たった一つのことでも誰もが家で何かできます[5]」

そうかもしれない。けれども、毎年海に排出されるプラスチックごみは九〇〇万トンで、ストローはそのわずか〇・〇三%しかないことを考えると、ストローの禁止はずいぶんと小さなことのように思えるが。本当に[6]。

2 プラスチックの持続性

二〇一九年後半に私はフィグナーと電話で話した。彼女は言う。プラスチック製ストローの禁止は「素晴らしい第一歩で、対話の始まりですけど、それで問題が解決するわけではありません。私が海で見つけたものの多くは使い捨てプラスチック、発泡スチロール、持ち帰り用カップ、ビニール袋でした[7]」

「[カメの救出を]カメラに収めたのは、私が一三年間カメの研究をしてきたからで、プラスチックにいつも付きまとわれてきたからです」彼女は二〇一九年にテキサスA&M大学で海洋生物学の博士号を取得していた。

プラスチックごみはウミガメの死亡率を著しく高める。半数のカメがプラスチックごみを食べていて、ある地域では、それが八〇〜一〇〇%に達する。食べたプラスチックは、消化能力を低下させたり胃を破裂させたりして、ウミガメの命を奪うこともある[8]。

「カメたちはビニール袋を丸ごと飲み込むので、五センチから一〇センチの小さな破片も食べてしまいます。それが胃を詰まらせたり穴をあけたりするので、飢えたり内出血を起こしたりするんですよ[9]」

二〇〇一年、科学者たちはブラジル沖で調査し、アオウミガメの死因の一三%は破片によるものであり、その多くがプラスチックであることを見つけた[10]。二〇一七年の推計によれば、ウミガメの腸に一四個のプラスチックの破片があれば、生存確率は五分五分になる[11]。

カメだけではない。二〇一九年春にイタリアでマッコウクジラの死体が発見され、胃の中から四八ポンド(二二キロ)を超えるプラスチック製のチューブや食器、袋が出てきた。ほとんど未消化で、そのままの形を保っていた。それで胎児が死んでしまった可能性があり、胎児の「腐敗はかなり進んだ状態だった」と専門家は語る。

その一カ月前にはフィリピンの科学者たちが、八八ポンド（四〇キロ）のプラスチックを飲み込んで打ち上げられたクジラを発見した。二〇一八年にはスペインの科学者たちが、死んだマッコウクジラから六〇ポンド（二七キロ）のプラスチックごみを見つけた[12]。海洋科学者によれば、「私たちはマグロを一ポンド釣り上げる間に、二ポンドのプラスチックを海に流している[13]」

海鳥の個体数は一九五〇年から二〇一〇年までに七〇％減少した[14]。「基本的に海鳥は絶滅しつつある」と著名な科学者が言う。「明日ではないかもしれないが、海鳥は急激に減少している。プラスチックは彼らが直面している脅威の一つである[15]」海鳥はプラスチックを自分の体重の八％まで食べることができるが、それは「平均的な女性が胃の中に赤ちゃん二人を入れているのと同じことだ」と別の科学者が指摘する[16]。プラスチックを飲み込んでいることが確認された海鳥の種数は、二〇一五年には九〇％に達したと推定されるが、研究者たちは、二〇五〇年までには九九％まで増加すると予測している[17]。

プラスチックが心配なのは、劣化に時間がかかりそうだということもある。二〇一八年、国連環境計画（ＵＮＥＰ）は発泡スチロールが分解するまでに数千年かかると推定した[18]。

3　ごみの貧困

プラスチックの消費量は、ここ数十年の間に急増した。アメリカの一人当たりの使用量は一九六〇年から一〇倍に増えた[19]。世界全体のプラスチック生産量は一九五〇年に二〇〇万トンだったが、二〇一五年にはほぼ四億トンに達した[20]。二〇一五年から二〇二五年までにプラスチック廃棄物はさらに一〇倍に増える可能性があると、科学者は推定している[21]。

ある研究によれば、中国、インドネシア、フィリピン、ベトナムの四つの開発途上国だけで、不適切に管理されて海に流出するリスクがあるプラスチック廃棄物の半分を排出している。中国からだけで全体の四分の一になる[22]。

海洋環境におけるプラスチック廃棄物の大部分は、ポイ捨てか何かの材料、沿岸のレクリエーション活動に関連する廃棄物など、陸上から出たものだ。残りは漁網や釣り糸のような海上から出る廃棄物である[23]。

釣り網と釣り糸は、（ハワイとカリフォルニア州の間にある）グレート・パシフィック・ガーベージ・パッチと言われる悪名高い海域で見つかるごみの半分を占めている[24]。フィグナーは「海を漂うゴースト・ネット」や米袋などの「カメに絡みつく大きなごみ」があると報告している[25]。

「リサイクルはうまくいっていません」フィグナーは語る。「私たちは本当のリサイクルをしていません。リサイクルといっても、［リサイクルのたびに質が低下する］ダウンサイクルであって、アップサイクルではありません。アルミやガラスと違って、プラスチックのリサイクルは、最後に埋立処分場に捨てられるまでに数回しか行われません[26]」

二〇一七年のアメリカでは、三〇〇万トン近くのプラスチック廃棄物がリサイクルされ、五六〇〇万トンが焼却され、二七〇〇万トン近くが埋立地に送られた[27]。一九九〇年と二〇一七年を比較すると、プラスチックの埋立てと焼却は二倍に増加しているが、リサイクルは八倍に増加している。二〇一四年のヨーロッパでは、二五〇〇万トン以上のプラスチックごみが発生し、三九％が焼却され、三一％が埋立地に送られ、三〇％がリサイクルされた[28]。

「リサイクルボックスに入れたとしても、それが全部アメリカに留まるわけではないんです」とフィグナー。「実際には、中国やアジア、インドネシア、マレーシアなど廃棄物処理のインフラが整っていない国にも輸出されています[29]」

二〇一七年に中国は突然、アメリカなどの富裕国から送られてくる大量のプラスチック廃棄物をもう受け入れないと発表した。当時、一八〇億ドル相当の固形廃棄物を輸入していた。廃棄物の受け入れ拒否は、広範な健康と環境への取組みの一環だ[30]。

その数カ月後、マレーシアは中国に代わって世界の固形廃棄物の処分場となったが、一年足らずで輸入量が六倍に増え、国内からの反発を招いた。「こんなごみの捨て方が違法だということはみんな知っているよ」と、ニューヨーク・タイムズ紙にマレーシアの肉屋が語る。「嫌だね[31]」

他の国も廃棄物を受け入れる気はないようだ。ベトナムは二〇二五年までに廃プラスチックの輸入を停止すると発表した。フィリピンは二〇一九年春に、オーストラリアが輸出したプラスチック廃棄物が主体となっている燃料の受け入れを、悪臭などを理由に拒否した[32]。

だからといって先進国が手を抜いているわけではない。潔癖な日本は使用済みペットボトル、袋、包装紙の七〇～八〇％を回収し、焼却またはリサイクルしているが、それでも二万トンから六万トンのプラスチックが海に流出している[33]【訳注：日本からの流出推定量はサイエンス誌に掲載された値であるが、日本の廃棄物研究者は、この値は少なくとも一万倍は過大評価されたものだと考えている[94]】。

この二〇年間にリサイクル産業は成長してきたが、それでも豊かな国でさえリサイクルされているプラスチックごみは三分の一以下にすぎない[34]。フィグナーはドイツ出身だが、そこでも廃棄物の多くは焼却処分されている。「ドイツは今でもカッコ付きの『リサイクル』をしていて、アジアやアフリカの国々にそれを輸出している国の一つです。リサイクル市場では価値がなくなったものだけを焼却しているのです[35]」

ごみが海に流れ出るかどうかを決める最大の要因は、その国の廃棄物収集・管理体制がしっかりしているかどうかだ。だから、プラスチックが海に流れることが懸念されるならば、廃棄物を正しく埋め立てるか、焼却するかといった方法をとるべきだろう。

一九八〇年代から一九九〇年代にかけてリサイクルシステムを立ち上げたアメリカの都市では、回収と処理が、ごみ収集よりずっと高くついて、一トンあたりのコストが一四倍になった[36]。結局、プラスチックメーカーとしては、石油から新しくプラスチック樹脂を生産するほうが安上がりになる[37]。

回収率が五〇％未満の低所得国では、ごみをそのまま投棄するオープンダンピングから効率的な回収と衛生埋立てへと移行することが最初のステップになる。適切に管理されたごみ回収と埋立てシステムは、オープンダンピングの一〇倍の費用がかかるが、河川や海洋の汚染を回避するのに必要だ[38]。

そのため多くの専門家は、海のプラスチックごみを減らすためには、豊かな国が貧しい国のごみ収集を改善すべきだと考えている。「開発途上国の廃棄物管理インフラを改善することが最も重要である」と、二〇一五年に行われた大規模な研究報告の著者は述べる。そのためには「とくに中低所得国には、それなりのインフラ投資が必要である[39]」

4 物質は分解する

二〇〇七年から二〇一三年まで九人の科学者チームが、海中のプラスチック総量を調べるために、世界を回る遠征を二四回行った。彼らは亜熱帯の全五海域で、プラスチックごみを巻き込む渦がある地点に赴いた。ボートで網を六八〇回引いてごみをすくい上げ、顕微鏡を使って自然のごみと分離し、数を調べて、〇・〇一ミリグラム単位で重さを量った。目視調査した回数は八九一回に及ぶ。しかも彼らは、プラスチックごみが風で上下に混ぜられることを考慮できるごみの海洋拡散モデルまで開発した。

科学者たちは自分たちの発見に衝撃を受けたようだ。「全世界の海上を汚染しているプラスチックの重量は、すべての大きさのものを合わせても世界の年間生産量のわずか〇・一%にしかならない」[40]さらに驚くべきことに、彼らが見つけたマイクロプラスチックは予想の一〇〇分の一しかなかった。

マイクロプラスチックはどこに行ったのか？　いくつかの可能性があげられている。

まず、プラスチックは小さな粒子に分解されればされるほど、「表面積が増える。[41]酸化はプラスチックの表面で起こるから、酸化速度が高まり、生分解も進む」ので、より速く分解し始める。

次に、海の生物がプラスチックごみを食べれば、海鳥や哺乳類の健康に悪影響が及ぶ可能性はあるが、同時に「マイクロプラスチックが糞の小球に包み込まれ、沈降を促進させている」ので、捕食が「小さなマイクロプラスチックの海面からの除去」にも貢献しているようだ。[42]

最後にこの科学者たちは、私たちがまだほとんど何も知らないということを強調する。「『プラスチックはどこにあるのか？』という問いに対する答えがまだない」ので、「世界の海洋におけるマクロ、メソ、マイクロプラスチックの挙動に影響を及ぼす多くのプロセスを調査する必要性を強調し」て、結論とした。[43]

それから五年後、別の科学者グループがまた別の可能性を示した。プラスチックごみとしては最も厄介なポリスチレンについてだ。発泡スチロールやプラスチック製器具などに無数の用途がある。

二〇一九年、マサチューセッツ州のウッズホール海洋研究所とマサチューセッツ工科大学の科学者チームが、海水中のポリスチレンを太陽光が数十年ほどで分解することを発見したと発表した。[44]

太陽光がポリスチレンのようなプラスチックを分解することは以前から知られていた。「遊び場のプラスチック製のおもちゃ、公園のベンチ、芝生の椅子を見てください」と科学者の一人は言う。「日光で急速に白っぽくなります[45]」

しかし環境保護団体は、海中のポリスチレンごみはバクテリアが分解できないから、数千年もの寿命があると長年考えてきた。

そのため、世界のプラスチックに占めるポリスチレンの割合は少ないのだが、自然界における長寿命が環境への脅威とみなされ、波の上や浜辺に打ち上げられた発泡スチロールの塊としてわかりやすくイメージされてきた。

実験室で科学者たちは、五つのポリスチレン試料を海水に漬け、太陽光と同じ光を出す特殊ランプの光を当てた。その結果、太陽光でポリスチレンが有機炭素化合物と二酸化炭素に分解することがわかった。有機炭素化合物は海水に溶け、二酸化炭素は大気中に放出される。最終的にプラスチックは消滅する。「複数の方法で実験したが、どれも同じ結果だった」と研究者が述べる。

ポリスチレンが微生物に分解されにくいという分子特性は、太陽光で結合が切断されやすいという特性でもあった。太陽光によってポリスチレンがどのように、どのくらいの速度でマイクロプラスチックになり、さらにそれぞれの分子に分かれ、最後は分子を構成する要素にまで分解されていくかを直接示した初めての研究だと、科学者たちは述べた[46]。

この研究で得られた良い結果の一つは、ポリスチレンの柔軟性や色などの品質を出すために使用される特定の添加物が、水中での太陽光による分解を速めたり遅らせたりできるということだ。この発見から、製造法を変えてより速く分解するプラスチックをつくる可能性が開けた[47]。

5 見て見ぬふり

コスタリカでフィグナーと乗組員たちが研究したウミガメの一種であるタイマイの甲羅を使って、人間は世界各地で何千年もの間、精巧な宝石などの高級品をつくってきた。職人たちは、「カメの殻」と誤称されるものを骨から剝ぎとるために、カメをときには生きたまま火にあぶった。甲羅をとられたウミガメが海に戻されることもあった。

人は一八四四年以降に九〇〇万匹、毎年六万匹のタイマイを殺してきたと科学者は推定している。あまりに多くのタイマイを殺したので劇的に減少してしまい、世界中のサンゴ礁や海草の生態系の機能が変化してしまった(48)。

世界の芸術家や職人たちが、べっ甲を熱で平らにして成形し、眼鏡、櫛、竪琴《たてごと》、宝石、箱など、さまざまな高級品をつくってきた。少なくとも日本には、ペニスの輪、ペニスのさや、コンドームにまで加工されてきた証拠がある【訳注：著者が参照した *Luxury in Global Perspective: Objects and Practices, 1600–2000*, United Kingdom: Cambridge University Press（2016）には、近代日本のべっ甲製品として、これら製品の写真が掲載されている】。

古代ローマでも、べっ甲は貴重品だった。だからカエサル（ジュリアス・シーザー）は、エジプトのアレクサンドリアを攻略したときに、べっ甲で埋め尽くされた倉庫を発見して大喜びした。シーザーはべっ甲を勝利のシンボルにする(49)。

ウミガメの甲羅が特別だったのは、つるつるしていて綺麗なだけではなく、とてもプラスチック的だったからだ。簡単に形をつくれる可塑《かそ》性が、プラスチックという語の本来の意味だ。

べっ甲は、細胞を圧力や傷から守る耐久性タンパク質のケラチンからできている。爪、角、羽毛、ひづめもケラチンからできている。薄いシート状に剥がすことができて、硬くて水にも強いという点でとくに優れている。割れても、熱と圧力を加えれば補修することもできる(50)。

べっ甲と同様、象牙もその美しさと可塑性から、櫛やピアノの鍵盤、ビリヤードのボールなど、芸術的な高級品をつくれるので珍重されてきた。古代ギリシャの彫刻家フェイディアスは、ゼウスの娘で戦争の女神アテナの三〇フィート(九メートル)の像を金と象牙で制作した。この像は、パルテノン神殿に長年据えられていた(51)。

中世になると、象牙は棺、ゴブレット【訳注:脚のついた盃】、剣やラッパの柄に使われた。一九世紀に入ると工業規模で使用されるようになり、需要が大幅に増加する。とりわけアメリカ人がこの素材を愛し、一八三〇年代から一九八〇年代まで、コネチカット州エセックスには世界最大級の象牙加工工場があった。そこでは、アメリカに輸入された象牙の九〇%が加工されていた(52)。

南北戦争が終わると間もなく、象牙不足が懸念されるようになる。「象牙商人は、数年以内に象牙の供給不足が起こらないように、かなり注意している」と一八六六年のニューヨーク・タイムズ紙は報じた。記者は、毎年二万二〇〇〇頭の象が殺され、イギリスのシェフィールドの工場で食器用ナイフの取っ手などに加工されている」と推定した(53)。

象牙製のビリヤードボールの需要は、すでに供給を上回っていた。「象牙のビリヤードボールは、材料にできる代替品が見つかっていない」とタイムズ誌は報じた。「ビリヤードの大手販売業者は、象牙より耐久性があって安価なビリヤードボールをつくれる物質をつくった人には数百ドルの報酬を出すとしているが、それに応えられた者はまだ誰もいない[54]」

その七年後の一八七三年、タイムズ誌の記者は象牙の代替品が見つからないことに落胆していた。「ピアノの鍵盤をつくる象牙が手に入らなければ、この国は静まり返ってしまう！」記者は、アメリカの象牙需要によって一万五〇〇〇頭の象が殺されていると推定した[55]。さらに、イギリスの輸入によって年間八万頭の象が殺されているとも推定する[56]。

価格が上昇すると、起業家たちは代替品を探すようになる。「ねじれやすく収縮しやすい象牙の価格が上がると、そのような品物をつくるのに良い代替品を探す努力が続けられるようになった」そうしたものの中には、セイウチやカバの歯、アンデス山脈で育ったヤシの胚乳などがあって、ロザリオやおもちゃ、十字架をつくるのに使われた。

一八六三年、ニューヨーク州北部に住むジョン・ウェズリー・ハイアットという青年が、象牙の代替品をつくることができた人にはビリヤードボールの製造会社が一万ドルの賞金を出すということを知り、自宅の裏庭の小屋でさまざまな素材を使って実験を始めた。六年後、彼は綿のセルロースからセルロイドを製造する方法を開発した。

一八八二年にはニューヨーク・タイムズ紙が価格の上昇を警告する。「この四半世紀に象牙価格は継続的に上昇した。現在では、二〇年前の二倍を超える価格となった[57]」ヨーロッパとアメリカで年間二〇〇万ポンド（九〇〇トン）の象牙が消費されていて、約一六万頭の象に相当した。

「大物象牙商人は、かねてから象牙が少なくなっていることで悲観的になっていたが、いよいよ少なくなってきた。後世には象牙の指輪が、裕福な求婚者が婚約者に贈ることのできる最も高価な贈り物になってしまうとまで思えるようになったと、近頃では言われるようになった[58]」

べっ甲にも同じような動きがあった。日本が一八五九年に開港すると、ヨーロッパから安価な大量生産品が入ってきた。「西洋型の工業化が進むにつれ」歴史家が指摘する。「プラスチックがべっ甲に取って代わり、髪飾りなど多くの用途に使われるようになった」(59)

櫛は、セルロイドが最初に使われた最も一般的な品物だ。何千年もの間、人間は櫛をべっ甲や象牙、骨、ゴム、鉄、錫《すず》、金、銀、鉛、葦《よし》、木、ガラス、磁器でつくっていた。セルロイドは、そのほとんど全部に取って代わった(60)。

一九七〇年代後半までには、象牙もピアノの鍵盤には使われなくなった。一部の音楽家は象牙の鍵盤が好きだと言っていたが、大半はプラスチックのほうが良いと断言した。「なくなってよかったです」一九七七年にピアノ鍵盤メーカーの品質管理責任者がニューヨーク・タイムズ紙に語る。「象の牙は病気にならないように、とても慎重に扱わなければなりませんでした。今、私たちが使っているプラスチックの被覆は、耐久性の面ではるかに優れた製品です」

プラスチックは見栄えがしないというわけでもなかった。「最高品質の象牙は小さなシミもなく、プラスチックのようにも見えます(61)」

セルロイドには、べっ甲の櫛にある独特な霜降り模様を模した色付けをできるという利点もある。ハイアットは、環境への効果を謳ったパンフレットをつくって、こう述べた。「これによって、ますます不足する物質を求めて地球上を探し回る必要がなくなります(62)」

プラスチックがどのようにタイマイを救ったかという歴史を私が話すと、フィグナーは笑った。「プラスチックは奇跡の製品ですね。つまり、技術の進歩はご存じのように、開発に役立つわけです。プラスチックがなかったら今の発展はなかった。だから、それについて嘘はつきたくない。私はそこまでの強硬派

じゃないから」(63)

6 本当の殺戮者

二〇一九年九月、ヘレンと私は休暇でニュージーランドの南島を横断した。（洞窟で発光する生物の）グローワームと珍しいペンギンの両方を見るだけの時間はなかったので、ペンギンを選んだ。

ビジターセンターに行く前に、ガイドブックに載っている食堂に寄って昼食をとることにした。フィッシュ・アンド・チップスがメニューにある。アメリカ人は調理法をよく知らないので、何年か前にイギリスに行ったときまで美味しいと思ったことはなかった。「ここのフィッシュ・アンド・チップスはきっと美味しいよ」私はヘレンの顔色をうかがう。彼女もうなずいたので注文した。

ギンダラが美味しかった。軽い衣でしっかり揚げられていた。ヘレンが魚のシチューを食べている間に、ほとんどむさぼり食ってしまった。

小一時間で、私たちはペンギンプレイスに到着した。キンメペンギンの営巣地が保護されている私有の農場だ。観光客がペンギンを怖がらせずに覗けるように、目隠しのついた大きな堀がつくってある。堀は一キロほどあって、人手の入らない海岸まで続く丘を越えていた。五フィート（一・五メートル）ほどの深さで、緑色の目隠しで仕切られている。

休暇に景色を楽しみたいだけだったから、ペンギンのことをあらかじめ読んだりはしてこなかった。ツアーの前にガイドが、ペンギンがどれほど危機に瀕しているかについて説明し始めた。ガイドの後ろの壁に貼られた表には、この島のキンメペンギンの個体数が三〇〇羽から四〇〇羽の間で推移していることが書かれてある。

ガイドが、ペンギンが減少した理由を話し始めると、部屋の中の観光客はおとなしくなり、私は怖くなった。説明によれば原因はいくつかある。イタチの仲間であるオコジョをはじめとして、犬や猫などの外来種がペンギンを食べるのだ。けれども、近頃の最大の脅威はペンギンの体重不足だと、ガイドは言う。餌が足りないのだと。

うわぁ、ダメだと思った。ダメ、ダメ、ダメ。どういうことかわかった。大問題だとガイドが言う。来たぞ。ペンギンの餌場で釣りをしまくる人間のせいだ。ペンギンはどんな魚が好きか？　ガイドより先に私は答えることができた。ギンダラ。落ち込む。私たちはかわいそうなペンギンたちのランチを文字通り食べてしまっていたのだ。

ペンギンプレイスでは、ペンギンを太らせることだけを目的にして飼育が始められた。「ここにいられるのは三カ月だけです」ガイドが言う。「それ以上いると病気になって死んでしまいます」

「何が起こるんですか」聞いてみた。ガイドによると、人と一緒にいることで大きなストレスを受け、それが原因で、もともと体内にある何かしらの細菌によって病気になりやすくなるそうだ。

国際自然保護連合（ＩＵＣＮ）が作成する権威あるレッドリストでは、キンメペンギンは絶滅危惧種に分類されていて、個体数が減少している。ＩＵＣＮは野生の生息数を二五二八～三四八〇羽と推定している。

その他の主な脅威は、生息地の減少だ。ペンギンの巣がある地域のほとんどが牧場や農地に変わってしまった。それと侵略的な捕食者、そして漁民による捕獲だ。「個体数は大きく変動し」ＩＵＣＮは指摘する。「侵略的な捕食者や漁業での混獲などの脅威が継続しているために、過去三世代間［二一年］で個体数が急速に減少した可能性がある」漁業での混獲とは、漁民によって偶然に殺されてしまうことだ[64]。
気候変動で海が温暖化したので、魚がより深いところに潜るようになった。そのためにペンギンも、より深く潜ってより多くのエネルギーを消費しなければならなくなり、栄養不良が悪化したという可能性もある。

私たちが最初に見たキンメペンギンは檻の中にいた。魚をたくさん食べて太っている。警戒されないように静かにしてほしいとガイドが言う。ペンギンは庭にある木の板の上で休んでいる。目の周りの黄色が仮面のようになっているのが目立って美しい。三〇人ほどのグループがフェンスの反対側を覗き込み、カメラがいろいろな音を立てる。ペンギンのことは何もわからないが、ストレスを感じているようだ。

私たちは二台のスクールバスで堀の入口に向かった。緑色の三角形の天井で覆われていて、両側は土の壁。地下の冥界に入ったようだ。堀の中を五〇〇メートルほど歩いていくと、ガイドが二〇〇ヤード（一八〇メートル）ほど先に一匹で立っているペンギンを指さす。そして、ほぼ反対側の五〇ヤード（四六メートル）先にはつがいがいる。キンメペンギンは人間をとても怖がるが、それだけではなく、お互いに怖がっている。

つがいは卵を守って、ほとんど動かない。様子を見ていると、ガイドが、全部の鳥にタグと名前をつけたと言う。それぞれの鳥を見分けられるように、説明文と写真をラミネート加工したものが堀の壁に貼りつけられていた。

ペンギンが絶滅の危機に瀕していることを考えて、ペンギンプレイスは繁殖がうまくいったところを詳しく見ている。一五歳のメスのタッシュは、七羽のヒナをちゃんと育てていた。二五歳のオスのジムは二一羽を育てた。うつむいて左を向いているところが写っているトッシュは、一六歳になってもヒナを一羽も育てておらず、ちょっと落ち込んでいるようだ。ペンギンにはゲイのカップルもいると、ガイドが教えてくれた。そんなカップルに科学者が卵を与えたら、うまく孵化させられて、自分たちの子として育てたそうだ。

その後、現地のビジターセンターでビデオや展示物を見た。壁には、腹がプラスチックのごみでいっぱいになって腐ったアホウドリの死体の写真が貼られてある。けれどもビデオによれば、アホウドリの主な死因は漁船や外来の捕食者であって、プラスチックではないということだ。

映像は正確だった。一九七〇年代から一九八〇年代にかけて、漁師たちは何千もの餌をつけた延縄《はえなわ》を使っていた。アホウドリは、その餌を食べて釣り針に引っかかって死ぬ。ウサギ、牛、豚、猫もアホウドリの個体数に悪影響を与えていて、猫と豚がオークランド島のミナミオオアホウドリの局地的な絶滅を引き起こし、復活を妨げてもいると、科学者たちは考えている。(65)

科学者たちは言う。もしも気候変動が生物種にとって唯一の脅威であるなら、ペンギンはおそらく大丈夫だろうと。しかも、少なくともアホウドリの一種にとっては海が暖まるのは良いことだ。「気候変動とは異なり、このような問題は地域規模で管理できる」とペンギン研究者の一人は指摘する。(66) 二〇一七年に科学者たちは、「違法な漁業による混獲は、気候よりも［マユグロ］アホウドリの個体数の減少をもたらしている」という研究結果を発表した。そして科学者たちは、ウミガメとは逆に、より暖かい海水温が「［アホウドリの］繁殖を成功させるのに有利である」ことも発見する。(67)

ブラジルの南海岸沖で調査されたウミガメの多くは、プラスチックごみと同じくらい漁業で死んでいる。(68)「商業漁業と密猟でウミガメが多数死んでいます」とフィグナー。(69)「一〇年の間に五〇万匹以上のヒメウミガメが漁網にかかって死んでいますけど、それは経済水域の中だけの話です。国際水域で何が起こっているかはわかりません。たぶん毎年、何百万匹ものカメが漁業で死んでいると思います」

IUCNによれば、ヒメウミガメの生息地は、沿岸開発や養殖池、人口増加などの圧力によって失われてきた。[70]

メディアや市民は気候変動と同じくらいプラスチックにばかり注目しているが、絶滅に瀕している海の生物は、それと同じくらい重要、いやたぶんもっと重要で、しかも気候変動やプラスチックより対処しやすいかもしれない危機に直面している。メディアや世間がそちらにばかり注目しているから、その他の危機に私たちの目が届かなくなってしまうリスクがある。

たとえばIPCCによれば、乱獲は「漁業の持続可能性に影響を与える最も重要な非気候要因の一つ」だ。[71]

人間が消費するために国際取引される水産物が総漁獲量に占める割合は、一九七六年の一一%から二〇一六年には二七%に増加し、二〇三〇年にはそこからさらに二〇%増加すると予測されている。FAOによると、「一九六一年以降、食用魚の世界総消費量の年間平均増加率（三・二%）は、人口増加率（一・六%）を上回り、すべての陸上動物の肉の総消費量増加率（二・八%）も上回っている」。[72]

IUCNによれば、四二種のサメが漁業によって絶滅の危機に瀕している。イルカやサメなど頂点に位置する捕食者は繁殖に時間がかかるが、これほどに急速な減少があると個体数を維持できない。[73]

ウミガメについては、人間による直接の狩猟が依然として脅威になっている。「ウミガメの肉、甲羅、脂を消費する国が世界には今もたくさんあります」とフィグナー。「浜辺に産み落とされた卵が文字通り一〇〇%採りつくされて、次の世代が生まれない所もあります。巣もとられてしまうし[74]」

7 プラスチックは進歩

フィグナーは、ストローによって問題の本質に対処することから目がそらされるのを懸念している。「プラスチックのストローをやめるだけで、それで簡単に物事が解決したと企業には思ってほしくありません」彼女は付け加える。「他にいろいろと代替品があるので、五年後にはプラスチックのストローについて議論するようなことはなくなっているといいのですが[75]」ドイツではプラスチックの代わりにガラスがよく使われていると、フィグナーは言う[76]。

だが、石油由来のプラスチックに代わるものが本当に環境に良いのか?

大気汚染の観点からは、そうは言えない。カリフォルニア州では、レジ袋を禁止したら紙袋や厚手の袋が多く使われるようになった。それを製造するには、より多くのエネルギーがいるので、二酸化炭素排出量が増加した[77]。紙袋の環境影響をレジ袋より小さくするためには、四三回も再利用しなければならない[78]。そしてレジ袋は、海に排出されるプラスチック廃棄物の〇・八%を占めているにすぎない[79]。

そうしたものの中でガラス瓶は、飲むには心地良い容器だが、製造やリサイクルにはより多くのエネルギーを使う。ペットボトルより一七〇〜二五〇%多くエネルギーを消費し、二〇〇〜四〇〇%多くの二酸化炭素を排出する。主に製造工程で必要な熱エネルギーによるものだ[80]。

もちろん、ガラス製造に必要なエネルギーが排ガスの出ない熱源からのものであれば、ガラス瓶の製造や輸送のために、より多くのエネルギーが必要になることは必ずしも問題ではなくなる。「エネルギーが原子力や自然エネルギーであれば、環境への影響は小さくなるはずです」とフィグナー[81]。

バイオプラスチックについて言えば、化石燃料からつくられた普通のプラスチックより劣化が速いというわけでもない。セルロースを含むバイオプラスチックの中には、石油からつくられたプラスチックと同じくらいの耐久性をもつものがある。普通のプラスチックに比べれば生分解は速いが、普通のプラスチックほど再利用されず、リサイクルも難しい[82]。再利用やリサイクルのインフラが整っていないので、資源生産性は低く、環境影響と経済的コストの両方が増大する[83]。

「人は『バイオ』と聞くと、何だか良さそうに思いますけど」とフィグナーは言う。「そうじゃないんです。原材料が何かにもよります。砂糖からつくられているからといって、生分解性があるとは限らないですし[84]」

砂糖由来のバイオプラスチックのライフサイクル研究が行われ、普通のプラスチックより呼吸器系への悪影響やスモッグ、酸性化、発がん性物質、オゾン層破壊が大きいことが明らかになった。これが分解されると、強力な温室効果ガスであるメタンが普通のプラスチックより多く排出される。だから、バイオプラスチックの分解のほうが、普通のプラスチックの埋立てより大気環境に悪くなりやすい[85]。

それからバイオプラスチックは、石油・ガス産業が排出する樹脂廃棄物からではなく、農作物から生産される。だから、アメリカでトウモロコシから製造されるエタノールや、インドネシアやマレーシアで生産されるパーム油といったバイオ燃料と同様に、土地利用への影響が大きい。後者は、絶滅危惧種であるオランウータンの生息地を破壊している[86]。

プラスチックは石油・ガス生産に伴う残渣からつくられているので、追加で土地を使う必要がない。対照的に、プラスチックからバイオプラスチックに切り替えるためには、アメリカなら農地を五〜一五％拡大する必要がある。プラスチックをトウモロコシ由来のバイオプラスチックに置き換えるためには、三〇〇〇万～四五〇〇万エーカー（一二万～一八万平方キロメートル）のトウモロコシ畑が必要で、これはアメリカ全体のトウモロコシ収穫量の四〇％、または三〇〇〇万エーカーのスイッチグラスの草地に相当する[87]。

フィグナーは、企業にはもっと良い代替品を五年以内に開発してほしいと言う。私はそれには懐疑的だと言うと、フィグナーも認める。「［企業が］変えようとしているペースは、私やカメたちにとっては遅すぎます。私がちょっとせっかちなだけなのかもしれないですけど[88]」

8 無駄にしない、ほしがらない

プラスチックの話は、自然を使わなければ自然が守られ、人工的な代替品に切り替えれば自然を使わなくて済むことを教えてくれる。大方の環境保護主義者は、天然資源をより持続的に利用するとか、バイオ燃料やバイオプラスチックにするとかの自然保護モデルを進めようとしているが、この話はそれとは正反対のことを言っている。

ウミガメや象のような種を救うためには、天然物のほうが人工物よりも優れていると見てしまう直感に勝たなければならない。べっ甲の場合、その直感がどれほど危険だったかを考えてみよう。

高度経済成長により、日本の中産階級は世界的にも歴史的にも豊かになり、天然のべっ甲をはじめとする高級品への欲求が高まった。そして、べっ甲の多くはインドネシア産だった。

野生動植物の絶滅の恐れのある種の国際取引に関する条約（ＣＩＴＥＳ）【訳注：日本ではワシントン条約と言う】は、一九七七年についにタイマイの取引を禁止した。

日本は当初、禁止を拒否していたが、一九九二年になってようやく輸入を禁止した[89]。科学者の推定によれば、一五〇年間のべっ甲貿易の中で、一九七〇年から一九八五年までの一五年間で全体の七五％が取引されたという衝撃的な結果が出ている。日本人は、そのかなりの部分に関係していた[90]。人工的な代替品は必要だが、それだけではタイマイやアフリカゾウのような野生動物を救うには十分ではない。人工のものが天然のものより優れていると考えるようになる訓練方法を、さらに見いださなければならない。

良いニュースは、そういうこともある程度起こっているということだ。多くの先進国では、消費者が象牙、毛皮、サンゴ、べっ甲など天然物の消費を批判している。

人類は、このように重要で逆説的な真実を理解できるようになってきている。つまり、人工物を受け入れることによってのみ自然を救うことができるということだ。

クリスティン・フィグナーとの対話の終わりになって、ニカラグアのような貧しい国ではコカ・コーラのような大企業が廃棄物管理の責任を負うべきだという話を彼女が始めたので、ちょっとした論争になった。

「政情が不安定な場合に、ごみ処理は誰がしますか？」

「政府が機能していなければならないのは明らかだね」

「ニカラグアが良い例ですよ。どれだけ政権交代がありました？　アフリカの国々で何回、政権交代しました？　あなたはいつも政府の責任にしたがります。［だけど］貧しい国の政治状況は安定していないことが多いし」

「では、廃棄物管理を一本化するんじゃなく、それぞれの会社にやらせるというわけ？」

「選択肢が多くない国では、ほとんどコカ・コーラかペプシコがつくっています。ネスレかもしれないけど、せいぜい二、三社。だから責任をとらせなければ。政府はだいたい腐敗しているから、最初のステップは共同して政府を遠ざけることかもしれない」

「こういうことかな。政府がめちゃくちゃだから、企業に責任を――」

「企業が出した廃棄物の処理責任は国が負うべきなのだと本気で思ってます？」

「世界のどこに行っても［廃棄物収集は］同じだよ。プラスチックごみの問題を解決するために、貧しい国は違う方法でやるべきだと言うのかい？　政府が腐敗しているからだと君は思っているけど、それだけだろうか」

「だけど責任は消費者にあるのですよ。考えてみれば、とてもおかしいと思います。つまり、企業が出したごみに、あなたがお金を払っている。そして、それから逃れられない。他に代替案がないからです」

「コカ・コーラに［廃棄物収集の］費用を払わせたら、消費者に価格転嫁するだけじゃない？」

「そうですよ！　そうしたら、コカ・コーラの消費は減ることになるけど。それがそんなに悪いですか？」

「コカ・コーラの消費を減らしてほしいの？　君が望んでいるのは、会社に廃棄物処理をやらせることだと思っていたから」

「まあ、それは違う意味での削減ですね。便利か不便かだけでは済まない話かもしれない」

「僕たちはプラスチックのごみ問題を解決しようとしていると思ったけど」

「私はごみを減らしたいと、いつも言っています。そして、残ったものは何であれ責任をもって処理したいんです」

「でも、僕らの問題にとって大きな違いが出てくるのは、ごみの収集・管理があるかどうかという点だ。君は焦っているから、もっと早くて簡単だと思えるような解決策を探しているように聞こえるけど」

「アフリカ、中米、アジアの国々は、貧困や汚職があって、政府は不安定で、そんなに良い仕事はしていません。ヨーロッパでうまくいっているからといって、そうした国でもうまくいくわけじゃない[91]」

解決策をめぐって意見は分かれたが、フィグナーが思うところはわかっていた。一九八〇年代後半にニカラグアに初めて行ったとき、あたりかまわず散らばっているごみに愕然としたものだ。今でも貧しい国を旅するたびにプラスチックのごみにうんざりする。

ハイキングや泳ぐために大自然の美しい所に行ったときに、愚かな人々が残したか、あるいは川や海から流れ着いたプラスチックごみを見るときほど、生物保護主義者として気分が萎えることはない。けれども、貧しい開発途上国で生きてゆくのに精一杯な人たちにすれば、未回収のごみよりも、もっとがっかりすることがたくさんある。二〇一六年に私はインド・デリーの大きな廃棄物処理場のすぐ隣にあるコミュニティーを訪れた。マスクとゴーグルをつけていても、腐敗臭には耐えられなかった。でも、私が話を聞かせてもらった人たちは、当然のことながら、その臭いより、その日の晩に食べるのに十分な量の金属くずなどの材料をかき集めることのほうが大事だった。

経済発展は廃棄物管理を必要とする。中国で最高位の経済計画機関は、二〇二〇年初頭、プラスチックの生産と使用を減らすための五カ年計画を発表した。二〇二〇年末までに、大都市のスーパーマーケット、ショッピングモール、食品宅配サービスでビニール袋を使用しなくなるということだ【訳注：国家発展改革委員会は、二〇二一年一月から、主要都市の小売店や飲食店で、レジ袋だけでなくプラスチック製のストローや出前用の容器の使用も禁止した】。注目すべきは、中国は廃棄物収集・管理システムを構築した後に、これを行っているということだ。(92)

かつてのアメリカや中国がそうだったように、現在の貧しい国でも近代的エネルギーや下水処理に関するインフラ整備、水害対策は、プラスチックごみより優先度が高い。管路、下水道や浄化システムによってし尿を収集・処理するシステムがなければ、人の健康への脅威はずっと大きなものになる。コンゴで見たように洪水管理システムの欠如は、廃棄物処理システムの欠如よりも、住居や農地、公衆衛生に対してはるかに大きな脅威となる。そして近代的エネルギーシステムの欠如は、貧しい国の人々や絶滅危惧種の両方にとって最大の脅威となることを次章で示したい。

第4章　第六の絶滅はキャンセル

1　「私たちは自らを生存の危機に追い込んでいる」

ニューヨークのアメリカ自然史博物館には毎年六〇〇万人以上が訪れる。入館者を迎えるのは、先史時代の捕食者と獲物が出会う場面だ。恐ろしいアロサウルスから、巨大なバロサウルスが子供を守っているところだ。

セオドア・ルーズベルト・ロタンダという名がつけられた博物館の壮大なエントランスホールにはブロンズ板があり、訪問者に向けた不吉なメッセージが刻まれている。「五億三五〇〇万年前に複雑な生命体が誕生して以来、生物多様性を世界規模の絶滅が五回襲っています。過去の大量絶滅は、地球規模の気候変動や他の天体が地球に衝突したことなどが原因でしょう。現在、私たちは六回目の大絶滅期にいます。今回は、人類が引き起こした生態学的な状況変化だけが原因です」[1]

「生物多様性と生態系サービスに関する政府間科学政策プラットフォーム（ＩＰＢＥＳ）」が二〇一九年に発表した報告書によれば、一〇〇万種の動植物が人間によって絶滅の危険に追いやられている。要旨には、種の絶滅率が「すでに過去一〇〇〇万年の平均より、少なくとも数十倍から数百倍高い」と記されている。[2] 地球は両生類の四〇%、海洋哺乳類の三〇%、哺乳類の二五%、爬虫類の二〇%を失う可能性があると、IPBESは警告する。[3]

一五〇〇ページに及ぶ報告書を作成したのは、五〇カ国の政府を代表する一五〇人の国際的な専門家だ。そして、全世界で起こっている生物多様性の減少と、それが人間にもたらす脅威について、これまでにない包括的な報告を行った。[4]「種や生態系、遺伝子の多様性の喪失は、すでに人類の福祉にとって全世界的かつ世代を超えた脅威である」とIPBES議長は述べた。

最終的な犠牲者は私たちだと、多くの人が警告する。二〇一四年に『6度目の大絶滅（*The Sixth Extinction: An Unnatural History*）』を著したエリザベス・コルバートは、「熱帯雨林の伐採、大気組成の変化、海洋の酸性化がもたらすシステムのかく乱によって、私たちは自らを生存の危機へと追い込んでいる」と指摘する。一九九五年に出版された『第六の絶滅――生命のパターンと人類の未来（*The Sixth Extinction: Patterns of Life and the Future of Humankind*）』の共著者で人類学者のリチャード・リーキーは述べる。「ホモ・サピエンスは第六の絶滅の行為者であるというだけでなく、犠牲者の一員にもなる危険性がある[5]」

絶滅の速度が加速していて、「五〇万種の陸生種が……すでに絶滅の危機に瀕しているかもしれない」という主張は、種数面積（スピーシズ・エリア）モデルというものに基づいている。保全生物学者のロバート・H・マッカーサーとE・O・ウィルソンが一九六七年に作成したモデルだ。ある島に移入する新種の数は時間の経過とともに減少するという仮定に基づいている。減少する資源をより多くの種が奪い合えば、生き残る種は少なくなるという考えだ。[6]

幸いなことに、このモデルは仮定が間違っていたことが証明された。二〇一一年、イギリスの科学雑誌ネイチャーは、「種数と面積との関係式は、生息地消滅による絶滅率を常に過大評価」というタイトルの論文を掲載する。論文が示しているのは、絶滅が起こるためには「これまで考えられていた以上の生息地の消滅が起こらなければならない[7]」

世界各地の島嶼《とうしょ》部における生物多様性は、実際には平均するとその二倍になっている。「侵入種」のおかげだ。新しく導入された植物の種数は、絶滅した植物種数の一〇〇倍を超える[8]。ウィルソンやマッカーサーが恐れていたように、「侵略者」が「先住民」を押しのけたわけではない。

「ヨーロッパでは過去三世紀の間に、同期間に絶滅したと記録されている種よりも、多くの新しい植物が誕生している」とイギリスの生物学者が記録している[9]。

コルバートは種数面積モデルの失敗を認めている。「ウィルソンの数字は……観測値と一致していないということが二五年たった今では一般的に認められている[10]」コルバートは、このモデルが失敗したことは「科学者よりもおそらくサイエンス・ライターを懲らしめることになった」と言う[11]。けれども彼女は、自著のタイトルをちゃんと修正するまでには至らなかった。

実際のところ、モデルが間違っていることを知るためには、その細かいところまで知る必要は全くない。もしも種数面積モデルが正しかったなら、過去二〇〇年間に世界の種は半分が絶滅したはずだと、ある環境学者は言う[12]。

2　誇張された絶滅

実はＩＰＢＥＳは、種や絶滅、生物多様性を研究する中心的科学機関ではない。それを行う立場にあるのはＩＵＣＮで、そこによれば六％が深刻な危機、九％が危機、一二％が危急だ。[13]
ＩＵＣＮは、データがある一一万二四三二種の植物、動物、昆虫のうち〇・八％が一五〇〇年以降に絶滅したと推定している。すなわち、毎年失われているのは二種未満で、年間の絶滅率は〇・〇〇一％になる。[14]
過去一億年間に生物多様性は急速に増加し、それまでの大量絶滅で失われた種数を大幅に上回る。生物多様性の指標として種だけで見るより意味のある属の数は、この期間で約三倍に増えた。[15]過去五回の大量絶滅では化石が記録する生物多様性はそれぞれ一五～二〇％減少したが、それが過ぎるとずっと大きく成長してきた。[16]
第六の大量絶滅という誤った主張は、保全活動をむしろ弱体化させると言う人もいる。「人々を行動に移させる手段として怖がらせるためにそう言うところはあるが、もしも本当に第六の大量絶滅が起こっているなら、保全生物学を行うことの意味は事実上なくなる」と、ある科学者は指摘する。「私たちが第六の大量絶滅に陥っていると主張する人たちは、大量絶滅について十分に理解していないので、自分たちが主張することの論理的欠陥も理解できないでいる[17]」
生物保護主義者は、ニュージーランドのキンメペンギンから中央アフリカのマウンテンゴリラまで、少なくなった動物の個体数を維持することに長けていることがわかる。真の課題は個体数を増やすことだ。
人類は生息地の保全に失敗したわけではない。二〇一九年までに地球上でアフリカ大陸全体よりも広い面積が保護されるようになり、地球の陸地面積の一五％に相当する。[18]世界の保護指定地域の数は、一九六二年の九二一四カ所から二〇〇三年には一〇万二一〇二カ所に、二〇二〇年には二四万四八六九カ所にまで増えた。[19]

アルベルティーヌ地溝帯として知られるコンゴ、ウガンダ、ルワンダの一部でもそうだ。この地域の保護区の面積は、二〇〇〇年の四九％から二〇一六年には六〇％に増加した[20]。

真の問題は絶滅ではなく、動物の個体数と生息地の減少だ。野生の哺乳類、鳥類、魚類、爬虫類、両生類の個体数は一九七〇年から二〇一〇年までに約半分に減少した。最も影響が大きかったのはラテンアメリカで、野生動物の個体数は八三％減少し、南アジアと東南アジアでは六七％減少した[21]。

こうした現実を受けて、一部の環境保護論者は化石燃料や経済成長によって種が脅かされていると主張する。二〇一四年のアカデミー賞にノミネートされたドキュメンタリー映画『ヴィルンガ』は、ヴィルンガ公園で石油掘削が行われる可能性があり、それがマウンテンゴリラやマウンテンゴリラ観光にとって大きな脅威になっていると描いた。

しかし、『ヴィルンガ』は誤解を招いた。「ゴリラのいる地域で石油の見込みが立ったことはありませんよ」と、野生生物保全協会の霊長類学者アラステア・マクニーレイジは私に言う。彼が一九八七年に最初にウガンダに入ったのは、蝶の研究のためだった。

「ゴリラは急斜面にいるので、ゴリラが住む地域を誰かが掘削したりかく乱したりする危険も理由もありません」彼は言う。「だけど誰もそれをはっきり言わない。ゴリラの名のもとに多くの人が石油会社と戦ってきましたが、石油会社はその地域には全く関心がないんです」

ゴリラなどの野生動物にとっての本当の脅威は、経済成長や化石燃料ではなく、貧困や木材燃料だ。そのことを私は二〇一四年一二月の訪問中に理解した。コンゴでは、薪と炭が家庭の一次エネルギーの九〇％以上を占めている。「ゴリラがいる場所は」ケイレブが電話で言う。「調理に炭がいる村のそばなんです[22]」

確かに、ヘレンと私がヴィルンガ公園のロッジに到着したとき、公園内から煙が何本か立ち上っているのを遠くに見ることができた。

3　木が殺す

体重五〇〇ポンド（二二七キロ）のシルバーバックゴリラ、センクウェクウェが二〇〇八年七月に彼が率いる群れのメス四頭と一緒に殺された。センクウェクウェが自分を殺した男たちの匂いを嗅いだのか、声を聞いたのか、姿を見たのかどうかは誰にもわからない。見たとしても、彼が警戒する理由はなかった。なぜなら、彼と一二頭の家族たちは、保護活動をしていた生物学者や公園レンジャー、観光客の臭いに慣れてしまっていたからだ。

ヴィルンガ公園のレンジャーが死体を発見したのは翌日のことだった。レンジャーたちは、犯人がゴリラの体の一部を狙ってやったのではないことに、すぐ気づいた。手や頭を切り落としていなかったからだ。外国の動物園にゴリラの赤ちゃんを売るためでもない。ジャングルの中でトラウマを抱えた赤ちゃんゴリラが見つかった。まるでマフィアに暗殺されたようだった。

こうした殺害は初めてではなかった。その一カ月前にも、頭を撃たれたメスゴリラをレンジャーが見つけている。乳房には生きた乳児がしがみついていた。他にも行方不明のメスゴリラがいて、死んだと考えられている。犯人はマウンテンゴリラを全部で七頭殺していた。

村人たちは、巨大なシルバーバックのセンクウェクウェたちを家庭用の担架で運んだ。泣いている者もいた。[23]

数カ月後、ヴィルンガ公園の園長が賄賂を受けとり、公園内での炭焼きを黙認した罪で起訴された。ヨーロッパの保護主義者の圧力を受けて公園長が炭の生産を止める措置を強化したので、炭焼きマフィアが報復としてゴリラを殺したようだ(24)。

炭は軽くて、きれいに焼け、生木のように虫が入り込むこともないので、調理用に好まれる。炭を使えば仕事も楽になる。豆の入った鍋を炭火にかけておけば、他のことをしに行くことができる。薪の火と違って、ずっと炎に息を吹き続けたり、扇いだりする必要もない。

ヴィルンガ公園一帯は、二〇〇万人のゴマ市民のために炭を焼く職人たちに乗っ取られていた。炭をつくるには薪を地下で三日かけてゆっくり蒸し焼きにする。ゴリラが殺された当時、ゴリラ観光の年間収入は三〇万ドルだけだったが、炭には三〇〇〇万ドルの売り上げがあった。二〇〇〇年代初頭までに、ヴィルンガ国立公園の南半分にある老齢林や広葉樹林の二五％が炭生産のために失われていた(25)。二〇一六年までに炭の年間取引額は三五〇〇万ドルまで上昇した(26)。

コンゴ盆地で伐採された木材の九〇％は燃料になる。「『ビジネス・アズ・ユージャル（現状のまま推移）』のシナリオでは」二〇一三年に研究者は結論する。「炭の供給は、今後数十年間にコンゴ盆地の森林にとっての最大の脅威になり得る(27)」

ケイレブも同意する。「木材を調達できる場所はヴィルンガ国立公園だけです」と二〇一四年に私に語った。「そのような状況で、ゴリラが安全に生きていけるなんて思えませんよ」

炭焼きマフィアがセンクウェクウェを殺害した数カ月後、コンゴ政府はエマニュエル・デ・メローデをヴィルンガ公園の新園長に指名した。メローデは三〇代後半のベルギー人で、霊長類学者だ。彼がこのポストにつけたのは、コンゴ政府に公園周辺の地域社会を経済発展させる計画を提案したからだ。計画には、ヨーロッパの政府と伝説の投資家ウォーレン・バフェットの息子であるアメリカの慈善家ハワード・バフェットが出資することになっていた(28)。

メローデの計画には、小型水力発電ダム、学校、パーム油から石けんをつくる施設の建設が中心に据えられていた。EU、バフェット財団などの資金提供者は、二〇一〇年から二〇一五年の間にメローデの取組みに四〇〇〇万ドル以上を提供した(29)。

「エマニュエルの仕事は素晴らしい。称賛に値します」コンゴに長年住んで取材を続けてきたマイケル・カヴァナは言う。「四メガワットのダムは大したことはないように見えるかもしれませんが、この世界では巨大です。コンゴで今やっていることはパーム油を収穫してウガンダに送り、加工されたものを再び輸入していることですが、そんなの正気の沙汰じゃないとエマニュエルは言います。コンゴに力さえあれば、工場を建設して雇用をつくり出すこともできるでしょう(30)」

ダムのメリットの一つに、ヴィルンガ公園内で石油の採掘を考える政府の経済的動機が減少するということがある。「コンゴは少数のエリートグループで動かされています」とカヴァナ。「彼らが石油の採掘を諦めるように仕向けることができれば、やらなくなるかもしれません」

ある日、ケイレブと私は、マテベ町近くで建設中の水力発電ダムに行ってみた。ダム建設を監督している二九歳になるスペイン人エンジニアのダニエルに会った。ケイレブは少年のように興奮する。「このプロジェクトが完成すれば」とケイレブ。「バフェットさんはイエスになりますよ」ダニエルのオフィスからダムに向かって歩きながら、ケイレブはそう言ってダニエルの手を握った。コンゴの男たちが友達になるときにすることだ。

ダニエルに結婚しているのか聞いた。「はい。仕事としています」笑って答える。「この工事は私の妻であり、恋人であり、子供たちですよ」プロジェクトは予定通りに予算内で進んでいると言う。ヴィルンガ公園の周辺で私たちが話を聞いた人たちは、メローデのダム建設計画を知っていて、電気が来ることに興奮している。照明や携帯電話の充電、アイロンがけ、電気ストーブなどに使いたいと言う。

けれども、ヘレンと訪れた二〇一四年でも暴力と隣り合わせだった。その年の初め、メローデがゴマの裁判所を出て、ランドローバーでヴィルンガ公園に戻るところだった。彼は隣にＡＫ-47【訳注：カラシニコフとも言われる自動小銃】を置いてはいたが、一人だった。公園の本部まであと半分ほど行ったところの角を曲がると、二〇〇メートル先に銃をもった男が見えた。「近づいていくと、男がライフルを構えるのが見えて、それから二人の男が森の中でしゃがんでいるのが見えました」メローデは記者に語った。「その瞬間、弾が車に当たったので身をかがめました(31)」

メローデは撃たれ、彼のランドローバーのエンジンや回路基板は破壊された。メローデはＡＫ-47をつかむとドアの外に転がり出る。茂みに向けて一度撃った。暗殺未遂者が視界から消えると、メローデは路上でよろめきながら助けを求めて手を振った。血まみれになっていたが、援助機関の車は彼の目の前からスピードを上げて走り去った。

バイクに乗った二人の農夫が停車してくれて、農作物を横に放り出し、彼を後ろに縛りつけた。「本当にきつかったのは、でこぼこだらけのコンゴの道をバイクの荷台に乗せられて運ばれたときでしたね(32)」

農夫は軍の検問所に連れていき、トラックに乗り換えさせられた。けれども、トラックはガス欠だ。血まみれのまま「ポケットに手を突っ込んで二〇ドルを渡さなければいけませんでした(33)」ところがトラックが故障する。さらに別の軍の車両に移され、公園の車両まで連れていかれた。やっとのことで病院にたどり着く。四四歳になるメローデは緊急手術を受け、どうにか一命を取り留めた。

疑問が生まれる。メローデはヴィルンガ公園周辺の人々のために一生懸命やっていたのに、どうして殺されそうになったのか？

4 植民地の保全

紀元前四七〇年、現在の北アフリカのチュニジアにあった都市カルタゴの航海者ハンノは、ゴリラの群れを人間だと思っていた。現在のシエラレオネにあたる地域の山麓で、地元のガイドがハンノを湖の真ん中にある「粗野な姿の人が暮らす」島に案内してくれたと、ハンノは記録している。「女は男よりもずっと多く、肌が荒れている。通訳は彼らをゴリラと呼ぶ」

ハンノは標本がいると考えて、部下たちと後を追うことにした。


私たちは追いかけたが、誰も男を捕まえられなかった。みな、やすやすと崖に登り、石を投げつけてきた。三人の女を捕まえたが、大暴れして捕獲者に噛みついたり引っかいたりしたので、殺して、皮を剝ぎとり、カルタゴに運んだ。そこで食料が尽きたので、そこから先には行けなかった。(34)


それから三〇〇年の時が流れ、カルタゴにローマ人が侵攻したが、そのときの皮がまだ展示されていた。

ハンノと同じように仲間のカルタゴ人たちも、その生き物に魅せられたのだろう。

一九世紀から二〇世紀にかけて植民地を支配したヨーロッパ人は、ますますマウンテンゴリラに魅せられた。中央アフリカのマウンテンゴリラには、一九〇二年に二頭を殺したドイツ人将校が学名（*Gorilla gorilla Berengei*）をつけた。一九二一年にはスウェーデンの王子が一四頭殺した。一九二二年から一九二四年までに、アメリカ人が九頭を殺したり捕獲したりしていた。続く二五年間にも、ハンターたちが表向きは科学研究ということで、毎年二頭ほどのゴリラを殺している(35)。

転機は、アメリカ自然史博物館の博物学者が一九二一年に五頭のゴリラを殺し、後悔の念に駆られたときに訪れた。「彼が木の根元に横たわるのを見たとき」カール・エイクレーは記す。「人殺しのように感じなかったのは、科学的熱意からだった。自らや友を守るためでもなければ、おそらく何の危害も加えない、気立ての優しい巨人の顔をもつ崇高な生き物だった」

エイクレーはベルギーに赴き、アルバート王に面会した。たまたま国王はアメリカで新しく開園されたばかりのイエローストーン国立公園に行ったことがあり、エイクレーに触発されて自分たちの公園をゴリラに与えて保護することにした。王はそこをヴィルンガ国立公園と名づけた(36)。

しかし、狩りは止まらない。ヨーロッパやアメリカなどの動物園はゴリラを広く一般の人に見せたがった。エイクレーはゴリラについては正しかった。ゴリラは子供や家族を守るために命を懸ける。一九四八年だけでも六〇頭が殺されたが、それは一一頭の子供が海外の動物園に売りに出されるのを止めようとしたからだ。

マウンテンゴリラを殺したのは外国人であって地元民ではなかったが、ヨーロッパの植民地支配者たちはそれだけに留まらず、地域を公園に指定して住民を追放しようとした。シエラクラブの創設者ジョン・ミューアなどアメリカの自然保護主義者たちは、一八六〇年代から一八九〇年代にかけて政府に働きかけ、イエローストーンやヨセミテ公園から先住民を追い払うことに成功している。ベルギー国王アルバートも同じやり方を、自らにちなんで名づけたアルベルティーヌ地溝帯に持ち込んだ。人類は二〇万年前にそこで誕生していたのだが。

アルベルティーヌ地溝帯には森林や火山、湿地帯、侵食谷、氷河のある山などがあり、壮大で美しく、生物多様性に富んでいる。一七五七種の陸生脊椎動物、アフリカで見つかる鳥類の半数、哺乳類の四〇%が生息している(37)。現在、マウンテンゴリラはルワンダのボルケーノ国立公園、コンゴのヴィルンガ公園、ウガンダのブウィンディ・インペネトラブル国立公園で見ることができる。

しかし、そうした公園をつくることは、元々あった社会の立ち退きにつながり、紛争や暴力をもたらした。「ヴィルンガ公園は植民地時代につくられた」グレートエイプ・プログラムの保護運動家であるヘルガ・ライナーは述べる。「土地は紛争の中心にある資源である。そして土地所有制度を変更し、混乱させたのはヨーロッパの植民地主義者である(38)」

一八六四年にカリフォルニア州でヨセミテ国立公園が創設されてから、五〇〇万人から「数千万人」の人々が保護主義者によって家を追われたと科学者は見ている。コーネル大学の社会学者は、ヨーロッパ人はアフリカだけで少なくとも一四〇〇万人の自然保護難民を生み出したと推定している(39)。

土地から人々を追い出すことは、保全に付随することではなく、むしろ保全の中心だった。「家畜を飼い、林産物を集め、土地を耕す人々を立ち退かせることは、二〇世紀のアフリカ南部や東部、さらにはインドにおける自然保護の中心的特徴である」と二人の研究者が指摘する(40)。

ウガンダ政府と保護運動家は、一九九〇年代初頭にウガンダのブウィンディ公園からバトワ族を追い払った。彼らが食肉のために野生動物を密猟していることがゴリラの脅威になっていると、保護運動家たちは考えていた(41)。「ウガンダのバトワ族のような社会全体が」と、二〇〇九年に出版された『保護難民存する貧しい社会へと変化した」[42]（*Conservation Refugees*）』の著者マーク・ダウニーは記述する。「独立して自立した社会から、他者に依存する貧しい社会へと変化した[42]」

保護難民は、非常に強いストレスと健康悪化に直面する。科学者たちは、インド政府がライオン保護地区を設定する際に立ち退かされた先住民八〇〇〇人の唾液サンプルを採取した。そして、補償金と新築の住居が提供されたにもかかわらず、ストレスによる老化の兆候であるテロメアの短縮が見られたことを明らかにした【訳注：テロメアは染色体の末端部に見られる構造で、細胞の寿命と関係がある[43]】。

似たようなことがウガンダのバトワ族にも起こっていた。何世紀にもわたって彼らはブウィンディ公園内で肉、蜂蜜、果物を採って生活していたので、農民として新しい生活を始める方法を知らなかった。「その結果」と研究者は一〇年後に記録している。「他のコミュニティーの者たちが、バトワ族が困窮していることに乗じて、彼らを搾取し始めた[44]」

コンゴからアメリカに戻った私は、保護運動家のフランシーヌ・マデンと話をした。彼女は人間と野生動物との間で起こっている摩擦を減らすために、二〇〇〇年代初頭にウガンダで活動していた。私は彼女に、ヒヒがバーナデットのサツマイモを食べ荒らしたことや、農業被害が広がっている苦情などについて聞いたことを話した。

「動物が出てきて作物を荒らしてしまったことに対する補償を求めて、人々が公園に行くのは」マデンは言う。「多くの場合、全く理に適っていますよ。あなただって、隣の人の牛が自分の作物を食べてしまったら補償してもらいたいと思いますよね。でも、ちゃんとした補償制度をもっている公園はほとんどありません」

別の保護運動家も、農業被害が大きな問題だと言う。「ウガンダでは、保護運動家が対処しなければならない最大の問題の一つが農業被害でした」とマクニーレイジは語る。「そして、それがさまざまな資源へのアクセスと並んで、コミュニティーと対立する最大の原因になっています。だから、人々があなたにそういうことを言うのも当然でしょうね[45]」

二〇〇四年に野生生物保全協会の研究者が行った調査によれば、ヴィルンガ公園周辺の住民の三分の二が、週に一度は作物をヒヒに食べられている。ゴリラ、象、バッファローによる被害もかなりの割合を占めていた[46]。

霊長類学者のサラ・ソーヤーは、ウガンダとカメルーンでゴリラの研究をしていた。そこもコンゴ同様に、エコツーリズムによる恩恵を受けるには貧しすぎる。「保全とは、自分の土地から追い出され、お金はもらえないものだと「カメルーンの」人々は思っています。私はカメルーンでも他の国でも「白人」と呼ばれることには慣れていましたが、私の現場ではとても侮蔑的に「保全（コンサベーション）」と呼ばれていました。とても傷つきます。『我々はここで保全を望んでいない』とも言われました[47]」

「あそこで保全について話すことは全くの誤りだと感じました。地元の人々にとって保全とは、彼らから単に資源を奪うということにすぎないからです。ゴリラの保護について話しても、彼らの言語にはなりませんでした。私は大学院で読んだことを思い出しました。保全とは新植民地主義だということを[48]」

5 「住民との戦いは負け戦」

一九九〇年代までに、ほとんどの保護主義者が「住民との戦いは負け戦」という教訓が身に染みたように見えた。保全活動を行うNGOは、地域住民を守るための支援について力強い声明を発表し、保護地域内や近隣住民の扱いを改善する努力をした。アメリカ国際開発庁などの国際開発機関は、影響を受ける先住民族や、公園や保護地域近くの住民を保護するために数百万ドルを費やした。

一九九九年、ＩＵＣＮは先住民が所有する土地の「持続可能な伝統的利用」の権利を公式に認めた。二〇〇三年、世界公園会議は「害を与えない」原則を採択し、ヴィルンガのような自然や原生地域を保護している貧困国や開発途上国に金銭的補償を行うことを約束した。二〇〇七年、国連は保全活動によって影響を受けた先住民の権利を支持する強力な声明を承認した。

ＮＧＯの努力によって木炭の代替品が進められ、ゴリラ観光は成功したので、このようにすれば保全に見返りができ、生息地への圧力も減らせることが証明できたと、今日の保護主義者たちは指摘している(49)。

しかし、霊長類学者のソーヤーが語る。「比較的裕福な外国人なら数千ドルをかけてもマウンテンゴリラを見たいと思いますが、そんな生物はほとんどいません」今のルワンダでは、ゴリラを一時間見るのに一五〇〇ドルかかる(50)。「そのような生物種がいたとしても、インフラと治安、経済発展がそろっていなければ、エコツーリズムの機会は生まれません(51)」

野生生物保全協会のアンドリュー・プランプトラたちが、二〇〇〇年代初めにアルベルティーヌ地溝帯公園周辺で三九〇七人の世帯主にインタビューを行ったが、観光から恩恵を受けている人はほとんどいなかった。「森林が自分たちやコミュニティーにとってどのような利益をもたらすかを尋ねたが、観光は非常に低いランクだった」と彼らは述べている。「観光は国［全体］にとって有益なものであるとしか認識されていない(52)」

その一方で、木質ペレットや特殊なストーブなど、木炭に代わるものを普及させようとするＮＧＯの取組みは失敗に終わっている。「ペレットは大成功なんかしていません」マクニーレイジは語る。「ペレットが気に入られて広がったところなど全然知りません[53]」

プランプトラも同意する。「世界自然保護基金（WWF）は以前から持続可能な利用に向けて植樹し、プランテーションをつくるプログラムを進めていましたが、炭を公園外に押し出すような目立った効果はありませんでした」なぜかと言うと、住民はプランテーションを、炭という木質燃料のためではなく、もっと儲かる建築用材のために使っていたからだ[54]。

「近代的な燃料に移行することの必要性は、私にとっての論点ですが」グレートエイプ・プログラムのヘルガ・ライナー博士は述べる。「私たちがいまだに省エネストーブ【訳注：薪で効率良く調理できるように粘土や土などでつくられたかまど。低開発地域で利用されることを目的に開発された】の話をしているのにはがっかりしますよ[55]」

状況はますます絶望的になっている。プランプトラたちがヴィルンガ公園周辺の人々を調査した研究によれば、半数が薪を十分に入手できていなかった[56]。

保護運動家が歓迎されていない地域で働いた経験から、保全科学者のソーヤーは自分の努力にはそれだけの価値があるのかどうか自問するようになる。「[保全生物学の世界に]入ったばかりの頃は、『最も脆弱な地域を見つけてそこを守ろう』と思っていました」と彼女。「今も、それが失敗に終わったわけではなかったかもしれませんが、多くの場所で保全は優先事項ではありません。どのような状況を保全するのかについては、注意が必要です」

「資金に見合うだけの最大利益を得られる場所だからといって、そこで物事がうまくいくとは限りません。『地球上から種を失うことはできない』と考えていましたが、『人間の側に社会的、政治的、経済的コストをかけてまで、この種を救う価値があるのか』ということも考えなければいけません。あるいは『種が存続することを願うが、この地域で今、他に優先すべきことはないのか』と自問するわけです[57]」

プランプトラは、外国人がヴィルンガ公園を管理すると地元のサポートが弱まってしまうことを心配している。「私が問題だと思うのは、部外者が入ってきて全部管理しているのだと思われてしまうと、公園が外国人の遊び場に見られてしまう危険性があるということです。そして何かが起こっても、彼らのサポートはほとんど得られなくなるかもしれません」

ヴィルンガ国立公園園長のメローデ自身は、保護主義の王族と結婚したベルギー王子だ。彼の妻ルイーズは、第六の絶滅を警告したリチャード・リーキーの娘であり、アルベルティーヌ地溝帯で人類進化の起源を明らかにした霊長類学者ルイス・リーキーの孫娘にあたる[58]。

メローデが園長に就任してから行った最初の活動は、ヴィルンガ公園内で耕作する小農家の取締りだった。肥料も道路も灌漑設備もなく、住民たちは土地にしがみついてきたことを思い出そう。「彼はレンジャーを六五〇人から一五〇人に減らし、住民に銃を突きつけて戦い、強制的に追い出そうとしました」プランプトラは言う[59]。

メローデの強硬路線には保護団体も驚いた。「彼はコミュニティー保全で博士号をとっていたので、軍国主義的になって人々に銃口を向けて公園から追い出したのには、私たちもかなりのショックを受けましたよ」とプランプトラ。「これまで彼はコミュニティーと一緒に仕事をしてきたのに[60]」

メローデの取締りは裏目に出た。「その後になって、公園にもっと多くの人が入り込んでしまったんです」とプランプトラ。「大きな過ちでした。同じ予算で高い給料を払おうという考えだったのですが、『パークレンジャーの』数を、公園をコントロールできないほどに減らしてしまったわけです[61]」

鳥獣被害の研究者であるマデンは、過去に行われた強引な保全アプローチは、住民が野生生物を殺す結果になっていたと言う。「尊敬され、認められていると感じなければ、人々は報復するでしょう。それもかなり不釣り合いなやり方で行われるかもしれません」ジャーナリストや科学者は、そうした行動を何十年にもわたって記録してきた。(62)

プランプトラは、メローデが地元住民の反感を買ったことが、二五〇頭もの象の死に結びついたのではないかと言う。「個体数調査をしたら、二〇一〇年には三〇〇頭いた象が三五頭だけになっていました。ウガンダのクイーン・エリザベス公園に移動した象もいたかもしれませんが、そちらで新しい象を二四〇頭や二五〇頭も見たことはありません。国境の両側で調査をしていましたし(63)」

「一人の人間が政府に報復することはできません」とマデン。「でも、政府が保護しようとしている野生生物に報復することはできます。象徴的な報復ですよ。『この野郎』という心理的な報復です」

どうしてメローデは住民にきつく当たったのか、プランプトラに聞いた。「いるべきでない人がたくさん住んでいると感じて、公園を管理しなければと思ったんでしょうね」「彼は、地域の伝統的な族長たちのサポートが、どれほど必要なのかがわかっていなかったと思います。族長たちも違法行為に関わっていたので、そういう人たちと取引せずに追い払うことができれば、それでずっと楽になると彼は思っていたんでしょうね(64)」

マデンは、多くの保全科学者の性格が地元住民との関係を悪くしていると考えている。保全科学者は「非常に内向的で分析的」と彼女は言う。「彼らは自分と同じように考えている人たちと一緒になって、部屋の片隅で自分たちだけで大きな決断をしたがり、それを押しつけだと感じる人たちにも要求します。彼らは嫌な奴になろうとしているわけではないし、正しいことをしようとしているのです。でも価値観が違うから、住民を見下しているように思われて、最後に爆発してしまいます」

二〇一五年から二〇一九年にかけて、ヴィルンガ公園の動物による農業被害は悪化する。二〇一九年末、地元の農家はケイレブに「動物が農作物を荒らしに来ないように、公園は電気柵をつくって我々の農地を守ってほしい」と話した。

「公園は、責任をもって動物を農地に入れないようにしなければいけません」とマデン。「私がいたときには、農業被害に反対する徹底的な反乱がありました。ゴリラは殺されてコンゴに送られ、バーベキューにされました。人間のほうも太ももの半分を引き裂かれるような怪我をしました。ほとんど無政府状態でしたよ」

カメルーンの状況も、物事がさらに悪い方向に向かう可能性があるというコンゴへの警告になると、霊長類学者のサラ・ソーヤーは言う。「私が［カメルーンの］この保護区に到着したときには、特別な保護に値するかどうかが議論されていましたが、私が去るときには伐採権の可能性が議論されていました」

『6度目の大絶滅』のような本やIPBESの *2019 Platform* のような報告書、『ヴィルンガ』のような映画。それらが世の中に広まれば、野生生物を保護するためには経済成長を制限し、公園の境界線を厳しく取り締まり、石油会社と戦うことが必要だと、誰でもそう考えるようになるのは当然かもしれない。さらに悪いことに、アフリカの野生動物公園はヨーロッパ人が運営するのが一番良いのだという印象を先進国の観客に与えてしまうかもしれない。

「ヴィルンガ公園をコンゴ人が運営していたときには」とプランプトラ。「もっとたくさんの大型哺乳類がいて、政治的な問題は少なくて、公園に侵入する人も少なかったんですよ。予算は比べものにならないくらい少なかったんですけどね。今ではインフラは整備されましたが、哺乳類は激減し、五、六年前にはなかった耕作地があちこちにできています」

6 やりたい放題

二〇一八年、武装集団が二五歳の公園レンジャーを殺害し、三人を誘拐して、ヴィルンガ公園は閉鎖された。誘拐された三人のうち二人はイギリス人観光客だった。誘拐犯は二日後に観光客とコンゴ人運転手を解放した。犠牲になったのは、公園で働いていたわずか二六人の女性レンジャーのうちの一人だった。[65]ヴィルンガ公園は八カ月間閉鎖された後、二〇一九年初めに観光客に向けて再開した。けれども、そのわずか数週間後に地元の武装集団がまた公園レンジャーを殺害した。[66]

バーナデットの場合は、武装した男たちが彼女の夫を誘拐するか殺すために現れたので、逃げたという。これを知ったのは、二〇一九年末に彼女を追跡取材するためにケイレブを雇った後だった。ケイレブは彼女を探して、居場所を突き止めることができた。

バーナデットはケイレブに会うと、夫は政治的理由で狙われていたと話す。「主人は族長の孫なの。盗賊は族長を茂みに連れていって殺したわ」族長の息子が後を継いだが、再び盗賊に殺された。最初に暗殺された族長の弟がさらにその後を継いだが、やはり盗賊に殺された。[67]次に継承する人はゴマに逃げた。盗賊がバーナデットの夫めがけてやって来たのは、そのときだった。

「押し入ろうとする物音で目が覚めたの。主人はおびえていて、私はまだぐっすり眠っていた。主人はそっと起き上がって、娘の部屋に行った。私も目が覚めて、主人に声をかけた。『ジャクソン・パパ！ジャクソン・パパ！』って。答えはなかった。怖かった」

「そのとき、奴らがドアを開けようとする音が聞こえたの。『よそのご主人が殺されたときには、そこに奥さんも死んでいた。私も頭を撃たれるかもしれない』そう思った」

「それでそっと起きて、子供を連れ出そうとしたら泣き始めた。娘の寝室で私が動いているのを奴らに聞かれてしまった。主人はそこに立っていたわ。私も隣に立った。なぜかわからないけど、神様のお告げがあって、主人は携帯をとって何時なのか調べた。奴らは電話が鳴るのを聞いて、怖気づいてドアの前から離れてった」

「それから奴らは玄関から裏手に回った。互いを呼び合う声が聞こえたわ。私たちはじっとしていた。恐怖が収まらなかったので、朝までずっと座っていた」

「その三日後にまた奴らがやって来て、無理やりドアをこじ開けようとしたの。その音で目が覚めた。撃たれるかもしれないと思って起き上がり、娘の寝室で立っていたわ。主人が携帯を出してきて、誰かと話しているふりをしたら、奴らが去っていくのが聞こえた」

翌日、バーナデットの義母が二人に逃げるように促した。「主人が言った。『ダメだよ。父さんは死んでしまった。母さん一人を置いていけないだろ。誰に面倒を見てもらうんだよ』そうしたら、お義母さんが言ったの。『私たちは、あなたたち兄弟の不幸をもう十分すぎるほど見てきたよ。もう十分。行きなさい。神様が私を守ってくださるから』」

バーナデットは子供七人を義母に預け、夫と三人の子供たちを連れて別の農場へ働きに出た。

ケイレブが話を聞いたとき、バーナデットは落ち込んでいた。「ここで生き残るためには誰かのために働かなければならないの。森を焼き払うか耕すかしないと食べ物は手に入らない。生きるのはつらい。どうにもならない」

バーナデットが誘拐されたらどうなるのか、私がケイレブに聞くと、こう答えた。「女性が誘拐されたらレイプされます。男なら殴られます。そうして家族に電話して、スピーカーフォンにして、拷問されているのが聞こえるようにするんですよ」

でも、こんなに貧しい人たちに身代金を払う余裕があるのだろうか。土地を売ったり、親戚から借りたりするのだそうだ。

7 なぜコンゴには化石燃料が必要なのか

薪や木炭が燃料として使われないようにするためには、結局、石油からつくられるLPガス（液化石油ガス）と安価な電気が必要になる。インドの研究者は、ヒマラヤ農村部の住民にLPガスの補助金を出したら森林伐採が減り、森林生態系が回復することを証明した(68)。

野生生物保全協会のマクニーレイジなど保全主義者の一部は、コンゴ政府がヴィルンガ国立公園でいつの日か石油を掘削するようになることは避けがたいが、その結果はプラスになる可能性があるとも考えている。「彼らが石油を地下に永遠に放置しておく可能性はかなり低いでしょう。原油価格が大幅に下がっているので、ウガンダほど早くは動かないかもしれませんが。推定では二〇〜三〇億バレルとされています。そのすべてを回収できるわけではない。しかし、日産三万から六万バレル、もしかしたら二五万バレルはあるかもしれません。地域の燃料需要を大きく変える可能性があります(69)」

マクニーレイジの同僚であるプランプトラも同意する。「水力と石油があれば、クリーンに電気とガスを発生させて、炭の代わりに使うことができれば環境にも良い」

マクニーレイジは、自分の考えが保護運動家の間で論争の的になっていることも認識している。「二つの考え方があります」と彼。「一つの考えは、それが違法だということ。そこは［国連］世界遺産だから。理想の世界では、そうしないことが正しいのです[70]」

「もう一つの考えは、私自身の考えでもあるのですが、石油掘削がいずれにせよ実行されるのであれば、［ＢＰや］最も責任ある石油会社が、地元の人々への影響を最小限に抑え、最大限の利益をもたらし、透明性などの点からも最良の仕事をやってもらうのが良いということです[71]」

ロンドンに本拠を置く石油会社のソコがヴィルンガ公園で掘削を試みたが、「ソコを脅して追い払ったら、最悪の事態が起こりませんか？　何が起こるかわからないけれど、アジアのどこかから別の会社がやって来ませんか？　世界がどう思おうと全然気にしない無責任な会社が石油を掘り出すことになりませんかね？　危険を顧みない、もっと悪い奴が出てくるんじゃないかと、私はよく思います[72]」

アルベルティーヌ地溝帯にある大きなヴィルンガ公園の北東に位置するウガンダのマーチソン・フォールズ国立公園で、フランスの石油会社トタルＳＡが持続可能な石油掘削を行ったが、マクニーレイジはそれに協力したことがある。「私はいつも、自分が仕事をしている国が自分たちだけで仕事ができるようになるまで能力を高めたいと思ってきましたし、その重要性を理解してきました。それが基本的に正しいアプローチです[73]」

マクニーレイジが石油会社と仕事をする動機は、現実主義とヒューマニズムの両方に基づいている。「思っていた以上に、私たちがさまざまな意味で危機的状況にあることに気づきました。石油産業には可能性があり、その収入規模は公園の維持費を賄うには十分すぎるほどです。石油会社が開発している地域の保護に力を尽くせば、多額の収入を得ることができるでしょう。正しくやれば、宣伝のためにも良いことです。でも、どこかで失敗してしまえば、会社の名前に傷がつきます[74]」

石油掘削の影響は驚くほど小さかった。「一定レベルの混乱は生みますよ」マクニーレイジは言う。「作業エリアの周辺から、動物は離れようとします。けれども、会社が影響を最小限に抑える措置を講じていれば、公園全体のレベルから見れば大きなかく乱にはなりません。そのためにできることはたくさんあります。私たちが見た動物への影響は一時的なものでしょう[75]」

とはいうものの、マクニーレイジは簡単ではなかったとも言う。「企業に必要なことをやってもらうのは実際、容易ではありません。トタルは巨大な官僚機構なので、なすべきことをやってもらうのが難しくて、イライラする仕事でした」

マクニーレイジが蝶を研究するために初めてコンゴに来たのは四半世紀以上も前だが、その後の経験が彼をどう変えたのか聞いてみた。「根本的に変わったとは思っていません」彼は答える。「ただ、世間知らずでは全然なくなりましたね」

8 進歩に向かう力

ハワード・バフェットとEUの資金でメローデが建設したヴィルンガダムについては、ほとんどの専門家が簡単にはスケールアップできないと考えている。「あのプロジェクトは持続可能なプロジェクトではないし、国中にコピーすることはできませんよ」記者のカヴァナは言う。「裕福な人たちが資金を出しています。ゴリラと公園、そしてエマニュエルという特別な条件があるからです。ヴィルンガはICCN（コンゴ野生生物局）の所有地ですが、事実上、エマニュエルによって運営されています。普通の企業ではどうにもならないようなことでも、彼らならばうまく立ち回ることができるんですよ」[76]

最終的にダムは二万人に電力を供給することになるが、ゴマだけで二〇〇万人いることを考えれば、ほんの一握りにすぎない[77]。そしてヴィルンガ・パーク・ダムからの電気代は高く、比較的裕福な人しか買うことができない。送電網に接続するには二九二ドルの初期費用がかかるが、ほとんどの人には無理だ[78]。平均年収が五六一ドルしかないのだから[79]。

「工場やガレージを開いて研磨機を動かすには役立っていますが、下層の人たちに買う余裕はありません」と、ある男性がケイレブに語る。「だから公園で炭をつくるための開発が止められない。炭はまだ公園から出てきていますよ。炭づくりのために公園内の木の伐採を止めるのが目的でした。でも今、電気代はすごく高い。このままだと公園の木を使う炭づくりは止まりません」

コンゴで安価な電力を豊富に生産する最も簡単で安上がりな方法は、長年コンゴ川に計画されてきたグランド・インガ・ダムを建設することだと、多くの専門家は同意している。「インガには一〇万メガワットの可能性があって」カヴァナは言う。「アフリカ全土に電力を供給することができます」

インガダムは、カリフォルニア州、アリゾナ州、ネバダ州の八〇〇万人に電力を提供しているフーバーダムの五〇倍の規模をもつことになる[80]。

しかし、ヨーロッパの政府やアメリカの慈善家からの寄付金に頼るのではなく、安価な電気とＬＰガスを自力で得られるようにするためには、安全と平和と、そして過去に多くの国を貧困から救い出した工業化がコンゴにも必要だ。

第5章　搾取工場が地球を救う

1　ファッション戦争

二〇一九年秋に開催されたロンドン・ファッション・ウィークには、何百人もの絶滅の反乱の運動家が集まり、ファッション業界が気候に与える影響に対して抗議活動を行った。偽物の血で身体を赤く染め、路上に寝そべる。ヴィクトリア・ベッカムのファッションショーの前で、彼らは「ファッション・イコール・環境絶滅者」、「このまま変化なしは、地球の生命を破滅に導く」と書かれたポスターを掲げる。(1) 絶滅の反乱の広報担当は、「私たち人類は、まさに文字通り、地球の終わりに直面しています」と訴えた。(2)

約二〇〇人の絶滅の反乱の運動家が、巨大な棺を掲げて行進曲を鳴らし、偽の葬儀の行進を行う。ロンドン中心部のストランド大通りをデモ行進し、交通を封鎖する。声を合わせてパンフレットを配る。運動家たちは、ファッション産業だけで地球全体の炭素排出量の一〇％を占めるという推定値が出ていると訴えた。(3)

ロンドンでは血の色に染まったドレスを着て、白いフェイスペイントをした抗議者たちが、安価な「ファストファッション」を販売するH&Mの前で抗議する。(4) 絶滅の反乱のフェイスブックには、こう書かれである。「ファッション業界は、季節ごとに新しい流行をつくるという古い商習慣に今も捕らわれていて、新しい素材から新しいファッションをつくり続けなければならないと思い込んでいます」(5)

こうもある。「私たちは、世界で年間一〇〇〇億着の衣類を生産し、地球とそれをつくる人々に多大な被害を与えています。さらに悪いことには、最近の報告書によると、アパレルと靴産業は二〇三〇年までに八一％成長することが予測されていて、すでに荒廃している地球資源に取り返しのつかない負担をかけることになります」

抗議行動には効果があったようだ。最近の調査では、三三％以上の顧客がより持続可能性が高いと考えられるブランドに切り替え、七五％が環境によりやさしい服を買うことが重要だと考えている。(6)

アパレルなどの大量消費産業は、消費を増やすことこそが一番と考えていて、本質的に持続可能性がないと主張する人もいる。「無駄な消費を止めることが、現時点で効果がある唯一の方法です。ただし、そのメッセージは多くの人々には受け入れがたいのです」絶滅の反乱の運動家は語る。「コミュニケーションのツールとして、ファッションはとても影響力があります」別の運動家が言う。「私たちはみな、服を着なければならないし、それだからこそ服には力があります」(7)

環境運動家は靴や衣類だけでなく、さまざまな消費財を攻撃対象にしている。二〇一一年、グリーンピースの運動家は、カリフォルニア州でバービー人形を製造しているマテル社に抗議した。声明でこう伝える。アジア・パルプ・アンド・ペーパー社はインドネシアの熱帯雨林で採取した木材からパルプをつくっている。それをこの玩具・人形メーカーが原材料として調達していたのだと。グリーンピースはワシントン・ポスト紙などのジャーナリストに伝えたという。(8)

抗議の間、バービーの格好をしたグリーンピース運動家が、ピンクのブルドーザーを運転していた。

「ショッピングモールに駐車できるかしら?」と彼女は野次馬に尋ねた。カリフォルニア州エルセグンドにあるマテル社本社の屋根に運動家が登り、落胆した顔のケン人形を描いた横断幕を広げる。そこにはこう書かれていた。「バービー、もう終わりにしようよ。僕は森林破壊に夢中な女の子とは付き合いたくない」(9)

しかし、マテル社は森林破壊の主役では全くない。日刊紙と比べたらマテル社の紙の消費量はきわめて少ない。グリーンピースがマテル社を標的にしたのは、紙の大口利用者だからではなく、バービー人形そのものが認知度の高いブランドだからだ。玩具会社を攻撃すれば、メディアの注目が集まるのは間違いない。

貧しい国や開発途上国の工場でつくられた衣料品などの消費財の真実は、実は絶滅の反乱やグリーンピースの主張とは正反対だ。工場は森林破壊の主犯ではなく、むしろ森林を救うための推進力だったし、今もそうあり続けている。

2　都会に出る

私は一九九六年にカリフォルニア州サンタクルーズの大学院を出てからサンフランシスコに戻り、グローバル・エクスチェンジやレインフォレスト・アクション・ネットワークなど進歩派の環境運動団体に加わって運動家として活動していた。

その頃、バービー人形からチョコレートに至るまで、衣料品など製造業での労働問題や環境影響に関する懸念が高まっていた。そこで私たちは、世界最大で最も利益を上げている多国籍企業の一つに対して「企業キャンペーン」と名づけたものを立ち上げた。活動モデルにしたのは、私が高校時代に募金活動をしていたレインフォレスト・アクション・ネットワークがバーガーキングに対して行ったボイコット運動だった。私たちの戦略は、大きくて知名度の高いブランドをターゲットにすることだ。狙いはすぐにナイキに定まった。

当時、ナイキは女性と少女にスポーツを広めることで、女性の地位向上を目指すシューズのプロモーションを始めたばかりだった。グローバル・エクスチェンジの仲間と私は、女性の権利に焦点を当てることにした。すでにグローバル・エクスチェンジは全米各地を回っていて、ナイキがインドネシアの工場で雇っていた大勢の労働者をアメリカに連れてきて、アパレル工場での生活実態を訴えていた。

私たちは、創業者であり当時の会長だったフィル・ナイトに公開書簡を送る準備をしていた。書簡はフェミニストのリーダーたちの間で回覧され、ニューヨーク・タイムズ紙にはコピーを送った。書簡で私たちは、アジアの工場を現地の独立した監視者が検査することをナイキが受け入れることと、労働者の賃上げを求めた。ベトナムの工場で働く労働者の賃金は、当時一日一・六ドルしかなかった。

一九九七年秋、タイムズ誌が「団体が主張。ナイキは自分たちの広告に載る女性は応援するが、工場の女性にはそうしない」という見出しの記事を掲載した。記者は次のように書いている。「女性団体の連合はナイキを次のように批判する。女性アスリートたちを取り上げたナイキの新しいテレビコマーシャルは偽善である。アメリカ人女性の地位向上を説きながら、女性ばかりの海外の労働者には安い賃金しか支払っていない(10)」

私たちのキャンペーンは成功したように見えた。ナイキのブランドにダメージを与える悪評を生み出した。さらに重要なことは、他の企業にも、海外と契約している工場の状況について責任を問われるかもしれないというメッセージを送ったことだ。コロンビア大学ビジネススクールの教授であるジェフリー・ヒールは、こう述べている。「私の記憶にある中で初めて明確に［企業の社会的責任に］関連したことが起こったのは一九九七年です。ナイキ製品のボイコット運動が広まった年です。会社に大きな影響が及びました」[11]

すべての人が、このナイキに対するキャンペーンが成功したとは思ってはいない。一九八八年以来、インドネシアの工場労働者のために戦ってきたジェフ・バリンジャーが言うように、ナイキは継続的な労働搾取を覆い隠すための広報ツールとして「環境の持続可能性」を誇張して使っていると考える人もいる。さらにバリンジャーは「低スキル労働の製造業のほとんどで、いまだに外注化による搾取という慣習が支配している」と述べた[12]。

その一方で環境専門家や環境運動家は、消費財を製造する企業が環境への取組みを改善するために重要なことは何もしていないと言う。「持続可能なファッションという取組みは全くの失敗です。小さくゆっくりとした変化が起こっているかもしれませんが、それは採取、消費、浪費、継続的な労働虐待という破滅的な規模の経済によって帳消しにされています」と二〇一九年に運動家たちは語った[13]。

コンゴ、ルワンダ、ウガンダを訪れてから数カ月後の二〇一五年六月、私はインドネシアに行き、現地の工場労働者がどのような状況にあるのかを自分の目で確かめることにした。そこで、イペと名乗る二四歳のインドネシア人ジャーナリスト、シャリファ・ヌール・アイダを雇った。彼女は工場の労働問題を取材していて、最近では軍の汚職を明らかにしている[14]。

「去年、軍人が土地を安く買い占めているところを取材したら殴られました。私の両親にしてもすごく怖いことだったでしょうけど、取材をやめなさいとまでは言われませんでした」

イペは何人かの工場労働者とのインタビューをアレンジしてくれた。その一人が海岸沿いの小さな村から出てきた二五歳のスパーティだ。最初の仕事場はバービー工場で、次はチョコレート工場だった。私たちは二回会った。最初はスパーティの組合事務所で、もう一回は彼女の家で。鮮やかなピンクのヒジャブを着て、大きなブローチを留めていた。

「毎週日曜日は水遊びをして過ごしました。泳ぎを習うことはなかったし、水にどっぷり浸かることも全然なかったです。厳格なイスラム教徒の村に住んでいたので、社交的な場でも男性がいたら行けませんでした」海辺に行くことも、さほどなかったようだ。「いつもすることがたくさんあって、海に行くことはほとんどありませんでした(15)」

スパーティは学校が終わると、両親、きょうだいと一緒に畑で働いた。「村の他の家と比べても私たちは貧乏でした。竹の家には部屋が四つありました。電気もテレビもありません。料理は籾殻を燃やしてつくりました」

彼女の家族は、米と少しのナス、唐辛子、インゲン豆を栽培していた。稲は大豆と輪作することで土の栄養分を維持していた。親がホウレンソウを束にして市場で売るのを手伝った。

スパーティと家族が直面する大きな脅威は、野生動物や病気、自然災害だった。あるとき、野犬が村に迷い込んできた。「両親は、犬が家のウサギを食べてしまわないか心配しました。鳥インフルエンザが流行ったときにも、飼っている鶏にうつらないか心配していましたが、大丈夫でした」

「海の近くに住んでいたので、みんな津波や地震を怖がっていました。山に持ち物を移す人もいました。その後にメラピ火山が噴火したんです。山に持ち物を移していた裕福な人たちも、溶岩で財産を失くしてしまいました。自然の前に無力さを痛感しました」

結局、スパーティは都会へのあこがれを止めることはできなかった。「子供の頃、おばから工場で働くことがどんなことかを聞いて、自分も工場で働くことを思い描いていました。両親は望んでいませんでした。『家で家事をして、良い人と結婚できるまで待っていなさい』と言われました。とくに母が行くのを嫌がってました。お金を仕送りするからと説得したんです」

こうしてスパーティは一七歳になって、家を出ることになった。(16)

③　製造業の進歩

スパーティのような若者が田舎を離れて都会に出れば、作物はつくらなくなるので、食べ物を買わなければならなくなる。その結果、貧困国や開発途上国の農家は、より少ない人数でより多くの食料を生産しなければならない。

ウガンダにゴリラを二度目に見に行っていたとき、エコロッジで働いていた中年の女性と言葉を交わした。彼女に話したのは、アメリカ人が一〇〇人に二人しか農業に携わっていないのに対し、ウガンダ人は三人に二人が農家であることだ。

「どうしたら十分な食料をつくれるの？」彼女は尋ねる。

「とっても大きな機械でさ」私は答える。

二五〇年以上にわたって、製造業と農業における生産性向上の組合せが、世界の国々の経済成長の原動力となってきた。スパーティのような工場労働者は、食品や衣料品といった消費者向けの製品やサービスを購入するためにお金を使う。そうして、より豊かで多様な仕事に従事する労働力と社会が生み出される。

近代的なエネルギーと機械により、食料とエネルギー生産に必要な労働者の数は減少し、生産性は高まり、経済は成長し、労働は多様化する。

サウジアラビアのような少数の石油産出国なら、製造業を発達させなくても非常に高い生活水準を達成できるが、イギリスやアメリカをはじめ、日本や韓国などほぼすべての先進国と中国は、製造業で経済を変革してきた。

製造業によって富が増え、道路や発電所、電力網、洪水調節設備、衛生設備、廃棄物管理システムを構築できるようになった。これがコンゴのような貧しい国とアメリカのような豊かな国との違いだ。[17]

そうして都市に人口が集中し、田園地帯の多くが野生動物の住処に戻りつつある。都市は、氷に覆われていない地球表面のわずか〇・五％未満を占めるにすぎない。[18]

農地の生産性が向上するにつれて、草原、森林、野生生物が戻りつつある。世界的に見ても、森林再生のペースは森林破壊のペースに追いついている。[19]

そして間もなく人類の木材利用はピークに達し、大幅に減少する可能性がある。[20] 人類の農地利用もピークに近く、そろそろ減少に転じるようだ。[21] 世界の繁栄と環境保護を達成したいと思っている人たちにとっては、どれも素晴らしいニュースだろう。

重要なことは、より少ない土地でより多くの食糧を生産できるようになったことだ。一九六一年以降、農業に使用される土地は八％増加しているが、食糧生産量は何と三〇〇％も増加している。[22]

一九六一年から二〇一七年の間に牧草地は五％、農地は一六％拡大したが、総農地面積は一九九〇年代に最大になってからは大幅に減少し、二〇〇〇年以降、牧草地は四・五％減少した。[23] 二〇〇〇年から二〇一七年の間に世界の牧草地の総面積が減少したにもかかわらず、牛肉は一九％、牛乳は三八％生産量が増加した(24)。

農場で働く動物が機械に置き換わり、食糧生産に必要な土地も大幅に削減された。アメリカではトラクターやコンバインが馬やラバに取って代わったので、飼料生産に必要な土地がカリフォルニア州の面積ほど減った。何とアメリカの農業用地の四分の一に相当するのだ(25)。

今日でも、アジア、アフリカ、ラテンアメリカでは、何億頭もの馬、牛などの動物が役畜として使われている。それらの動物に餌をつくらなくてもよくなれば、ヨーロッパや北アメリカでそうであったように、絶滅危惧種のためにかなりの土地が解放されるだろう。

さらに、新たな技術を使えるようになれば、気温が上昇しても作物の収量は増加する。近代的な農業技術と資材によって、サブサハラアフリカ【訳注：サハラ砂漠より南側のアフリカ】、インド、開発途上国で、米、小麦、トウモロコシの収量を五倍に増やせる(26)。専門家によると、サブサハラアフリカの農地では、肥料、灌漑、農業機械技術を改善するだけで、二〇五〇年までに収量を一〇〇％近く増加させることができるそうだ(27)。

すべての国が、その国で最も農業生産性が高い農家のレベルにまで高められれば、世界の収穫は七〇％上昇するだろう(28)。もしも、すべての国で年間作付け回数を可能なところまで引き上げることができれば、食用作物の収穫はさらに五〇％増加する(29)。

環境面からも良い方向に向かっていることが報告されている。水質汚濁は発生源単位【訳注：農作物を一単位生産するときに排出される水質汚濁物質の量】が相対的に減少し、国によっては絶対量も減ってきている。農業生産量当たりの水使用量は、灌漑方法の進歩に伴って減少している。

高収量農業は低収量農業に比べて窒素の流出量がはるかに少ない。豊かな国は貧しい国に比べて収量が七〇%高いのに対し、窒素使用量は五四%増に留まっている。[30] どの国も窒素肥料をますますうまく使うようになってきている。オランダは同量の肥料を使用しながら、収量を一九六〇年代初頭から倍増させた。[31]

高収量農業は土壌にも良い。劣化した土壌の八〇%は、アジア、ラテンアメリカ、アフリカの貧しい国や開発途上国で広がっている。開発途上国の土壌の損失率は先進国の二倍高い。欧米の富裕国では、肥料を使い、土壌保全や不耕起による侵食防止が行われている。アメリカでは、一九八二年から一九九七年までのわずか一五年間で土壌侵食は四〇%減少し、収量は増加した。[32]

このように、安価な衣料品を購入して農業生産性を高めることが、インドネシアのスパーティやコンゴのバーナデットのような人々を支援することになる。熱帯雨林をはじめとする自然環境を回復・保全するために、私たちができる大切なことなのだ。

4 貧困からの大脱出

スパーティは、田舎の家を出て大都会に行くことに喜びと不安を感じていた。「一人でバスに乗ったときの感動は忘れられません」と彼女は振り返る。「午後五時に家を出て、翌日の午前八時に到着しました。興奮して二時間しか寝られませんでした。工場で働くおばと姉が三〇分ほど離れた場所に住んでいて、私を出迎えてくれました」

「最初の面接は二時間後の朝一〇時でしたけど、住所を聞かれても覚えてなくて台無しにしてしまいました！　叔母の家で一週間過ごして、その後、マテルの工場の面接に行きました」

何百人もの若い女性が、面接の候補者が選ばれる抽選に加わるチケットを手に入れるために、午前五時から並び始めていた。スパーティは何時間か遅れて着いたので、そのときにはチケットはもうなくなっていた。けれども、警備員の目を盗んで、友達と一緒に工場に入り込むことができた。

「面接では、バービー人形に服やアクセサリーをつけるように言われました。スピードで判定されました。女の子だから偽物のバービー人形で遊んだこともあったし、こういうテストがあるだろうと思っていたので、心の準備もできていました。ポニーテールをつくったり、バービーに靴を履かせたりするテストもありました」

テストは午前一〇時に始まり、五時間後には採用者が発表された。「他の人よりも速かったので採用されました。自分ならできると思っていたので、うれしかったけど驚きはしなかったわ」

しかし、マテル社の工場文化も仕事も、スパーティが想像していたようなものではなかった。「身体の虐待はありませんでしたが、いつも怒鳴られました。それまで、そんなに怒鳴られたことはなかったのに」

「ジャワ人はゆっくり静かに話します。スマトラ人は大声で話します。あの人たちは怒鳴っているつもりはないんだけど、そういう話し方なんです。我慢できませんでした。夜七時に寝ることに慣れていたけど、工場では夜遅くまで残業しました。あるとき、工場のラインでうたた寝をしてしまったら、工場長が『起きろ！』と椅子を持ち上げたんです。毎日、仕事が終わると泣きました」

「家族は『大丈夫だよ。いろんな人がいるから。ゆっくり新しい仕事を見つけなさい』と言ってくれました。決して『それ見たことか』とは言いません」

スパーティは一八歳になって間もなく、チョコレート工場に就職する。最初の仕事は、液体チョコレートを型に流し込み、包装することだった。その後、彼女はチョコレートや原料を工場の別の場所にトローリーで運ぶ配送係に昇進し、最終的には、製品ラベル、ラップ、賞味期限、小売業者のためのバーコードを印刷するデスクワークに就いた[33]。

世界中で何百年もの間、若い女性たちは自らの思いを行動で表してきた。彼女たちが田舎から都会に移ってきたのは、都会がユートピアだからではなく、生活を楽にするチャンスがたくさんあるからだ。

都市化、工業化、エネルギー消費は人類全体に圧倒的にプラスに働いてきた。産業革命以前の時代から今日までに平均寿命は三〇歳から七三歳に延びた[34]。乳児死亡率は四三％から四％に減少した[35]。

ハーバード大学のスティーブン・ピンカーは、一八〇〇年以前は世界のほとんどの人々が絶望的に貧しかったと言う。「平均所得は現在のアフリカの最貧国と同等（年間約五〇〇国際ドル）であり、世界のほぼ九五％の人々が今日で言うところの『絶対的貧困』（一日一・九ドル未満）だった」と記すピンカーは、産業革命を貧困からの「大脱出」と呼ぶ[36]。

大脱出は今も続いている。一九八一年から二〇一五年までの間に、絶対的貧困の中で暮らす人口は四四％から一〇％に激減した[37]。

私たちは、エネルギーや機械を使うことで繁栄できるようになった。食料やエネルギー、消費財の生産に従事する人が減り、より多くの人が知的な、さらには人生に意味と目的を与える仕事ができるようになった。

都会に引っ越して、女性は結婚相手を選ぶ自由を得られた。スパーティは言う。「両親はイスラムの結婚である『タアルフ』を私に勧めます。宗教の先生や伝道師に自分のことを説明すれば、私と相性が合うと思われる人を紹介してくれます。後はあなた次第とは一応言ってくれますけど。私はまだ反抗期なので、結婚の前に相手の男性のことをよく知っておきたいと思います」

都市と製造業は他にも多くのプラスをもたらした。平均寿命の上昇と乳幼児死亡率の低下とともに、人口増加率が一九六〇年代初頭にピークを迎えた[38]。総人口もすぐにピークを迎えるだろう[39]。そして農業生産性の向上により、栄養不良に陥っている人の割合は一九九〇年の二〇%から一一%に減少し、現在では約八億二〇〇〇万人になった[40]。

ここまでに出てきたバーナデット、スパーティ、ヘレンの違いを見てみよう。バーナデットは食料とエネルギーのすべてをつくらなければならない。スパーティとヘレンはそれを買うことができる。そして、スパーティはほとんどの食料を自分で準備するが、ヘレンは働いて得られた収入で惣菜を購入することができるし、自宅に配達してもらうこともできる。

バーナデットは生きるために農業をしなければならないが、ヘレンはとても裕福なので、庭仕事を楽しむことができる。ヘレンはモグラなどの野生動物を追い払わなければならないが、ネズミが彼女の植物を食べてしまったとしても、私たちの食糧供給と生活は、バーナデットがヒヒに同じことをされたときのように危機に瀕することもない。

機械は女性を重労働から解き放した。インディアナ州の農場で育った母の長姉に、子供の頃の一番の幸せな思い出は何かと聞いたことがある。彼女は、祖母がシアーズ【訳注：アメリカのデパート】に注文した手動の脱水機が届いた日のことを思い出した。二つのローラーと手回しクランクがついた小さなものだったが、服を引っ張ったり、絞ったり、ねじったりする重労働から祖母は解放された。その後、電動洗濯機や乾燥機が登場し、女性が家族の衣類を洗濯し、絞り、乾かすために干したりする必要がなくなった[41]。

ハーバード大学のベンジャミン・フリードマンやスティーブン・ピンカーなどの学者は、富の広がりが、女性や人種、宗教的マイノリティ、ゲイやレズビアンの自由の拡大、彼らに対する暴力の減少や寛容さの向上と、強い相関関係があることを見つけている。インドネシアのように(42)。

「好きな歌手はモリッシーです」とジャーナリストのイペ。「去年、彼のショーに行ったんですが、「イスラム」過激派が爆破すると脅迫してショーが中止になるんじゃないかと心配でした。レディー・ガガがショーをキャンセルしたときもそうだったので」

「どうして彼らは脅迫しなかったのかな?」

「モリッシーがゲイだということに気づいていなかったんじゃないかしら?」

イペに同性愛を否定するか聞いてみた。「それが罪だと思うかって? はい。誰がゲイかは、ぴったりした服を着ているのでわかります。でも、私はゲイかどうかは気にしません。私には何の影響もないし(43)」

5 富の力

イギリスは一八世紀に工場制度をつくった。人と機械、エネルギーを組み合わせて、衣類や靴といった消費財がそれ以前の家内工業よりずっと速く、しかも安価に製造できるようになった。一七七六年に出版された『国富論』の冒頭でアダム・スミスは、ピンの生産性は労働者が一つの工程に集中したほうが、全工程を一人の労働者が担う場合より五〇倍高くなると論じた(44)。

工場では、エネルギーを動力にして機械を動かさなければならない。工場の所有者は、水車を使えるように川辺に工場を建設した。時が経つにつれて、工場を動かすためのエネルギーは、石炭から蒸気へ、そして電気へと移行した(45)。

ている。

今日、経済学者は、他部門とは違って、製造業が貧しい国を豊かな国へと発展させる三つの理由をあげている。

第一に、貧しい国は豊かな国と同じくらい、ときには凌駕するくらい効率的にものづくりを行うことができる。貧しい国が豊かな国からものづくりの秘訣を盗むことは比較的簡単だ。近頃、中国がアメリカなどから知的財産を盗んでいるように、アメリカ人も一八世紀から一九世紀にかけてイギリスから工場の「ノウハウ」を盗んできた[46]。

第二に、工場でつくったものは他国で売りやすい。だから開発途上国は、自分たちではまだ買う余裕がないものでもつくることができて、自分たちではまだつくれないものを買うこともできる。政府の腐敗やその他の要因で経済がうまく機能していなくても、工場は生産的であり続けることができて、経済成長の原動力になることは歴史が示している。

最後に、工場は労働集約型なので、未熟練の小作農民を大量に吸収できる。スパーティのような元農民が、工場で働くために新しい言語や特別なスキルを学ぶ必要はない。ハーバード大学の経済学者ダニ・ロドリックは、「米農家を衣料品工場の労働者に変えるのは比較的容易である」と述べる[47]。

過去二〇〇年間に貧しい国々は、発展のためには、汚職をなくす必要もすべての人を教育する必要もないことに気がついた。工場の自由な操業が許され、政治家が所有者から多くを盗むようなことでもない限り、製造業は経済発展を促進できる。時が経ち、アメリカなど多くの国が豊かになるにつれて、社会の腐敗は少なくなってきた。

ロドリックは言う。「初期条件が非常に悪くても、いくつかの正しい政策で特定の労働集約型製造業の国内生産を刺激すれば――そらごらん！　成長のエンジンがかかるぞ[48]」

インドネシアもそうだった。一九六〇年代、今日の多くのサブサハラのアフリカ諸国と同じくらい貧しかった。最近の推計では、一九六五年から一九六六年にかけての内戦と大量殺戮で一〇〇万人かそれ以上が犠牲になっている。[49] 政府の腐敗は有名で、今もそうだ。[50] 不動産の闇取引に関わっている兵士をイペが見つけたら、殴られたことを思い出してほしい。けれども、昔も今もインドネシアは多くの点で機能不全や腐敗にまみれていても、開発を推進するのに十分な製造業を誘致することができた。一九六七年から二〇一七年の間に一人当たりの年収は五四ドルから三八〇〇ドルにまで上昇した。[51]

スパーティにとっては、街で働き始めてから賃金が三倍以上になったことを意味する。彼女は工場労働者として、二五歳になるまでに薄型テレビ、電動スクーター、そして家まで買うことができた。

二〇〇〇年代初頭、オランダの若い経済学者アーサー・ファン・ベンテムは、オランダのシェル石油会社で将来のエネルギー需給を予測するシナリオを開発した。

一九六〇年代、シェルはシナリオ・プランニングの先駆者になり、将来起こるかもしれないことについて、確からしいはっきりとした見通しを立てた。シナリオを立てて、石油価格の一九七〇年代の上昇と一九八〇年代の下落を予測し、リスクヘッジに役立てた。市場の崩壊を予測するために、思い込みに頼るのではなく、直感的でもなく、逆張り的な思考で常に新しい証拠に基づいて、シナリオ・プランニングを行った。[52]

当時の多くのエネルギーアナリストと同様にファン・ベンテムも、よりエネルギー効率の高い電球や冷蔵庫、コンピュータなど、ほとんどすべての技術があれば、貧しい国は豊かな国よりはるかに少ないエネルギーで豊かになると思い込んでいた。「これらのエネルギー効率の高い技術のすべてが現在の中国やアジアでも利用可能であるから、アメリカやヨーロッパが同じＧＤＰレベルであったときよりも消費エネルギーの増加率は低くなることが期待できるかもしれない」とファン・ベンテムは述べた。(53)

ファン・ベンテムは、こうしたエネルギーのリープフロッグ【訳注：蛙飛び。後発の国が先発の国がたどった経路を飛び越えて、一気に先発の国に追いつくこと】と呼ばれる現象が実際に起こっているのかどうかを検証してみた。七六カ国のＧＤＰ、エネルギー価格、エネルギー消費量のデータをもとにデータベースを作成し、分析してみた。しかし、リープフロッグの証拠は見つからなかった。

「どちらかといえば」彼は私に言う。「同レベルのＧＤＰのタイミングで比較すると、開発途上国は先進国よりもエネルギー集約的な成長をしていました(54)」

エネルギー効率の改善のおかげで、照明や電気、エアコンなどはかなり安く使えるようになっている。しかし、それは人々がそれらをもっと多く使うようになることを意味していて、消費レベルが同じになったときには、それぞれの器具が節約するエネルギー量を相殺してしまうだろう。(55)

自動車のような大きくて高価なエネルギー大量消費型の製品でも同じことが起こっている。「現在のインドでは、売れ筋の車［スズキ・マルティ・アルト］は三五〇〇ドルで、一ガロン当たり四〇マイル（一リットル当たり一七キロメートル）と、とてもエネルギー効率が高いのです」とファン・ベンテム。「一〇〇年前にアメリカで使われていた車より、はるかに効率的です(56)」

一八〇〇年から照明は五〇〇〇倍も安くなった。その結果、私たちは家庭で、仕事で、そして屋外で、安くなった以上に多くの照明を使っている。安価な発光ダイオード（ＬＥＤ）のおかげでスパーティは、私たちの祖父母が同じような所得水準にあったときよりも、はるかに多くの照明を消費することができる。(57)

そして自動車が安くなることで、より多くの人が自動車を購入できるようになり、エネルギー消費量が増加する。「スズキ・マルティ・アルトは価格がとても安く、高効率なので、より多くの貧しいインド人が車に乗ることができるようになりました」とファン・ベンテム。(58)

ファン・ベンテムの発見は目新しいものではない。資源生産性の一形態であるエネルギー効率が価格を下げ、需要を増加させるという事実は、経済学の基本だ。経済学者たちは一九九六年と二〇〇六年にも、安価な照明が消費量の増加につながったことを実証している。(59)

このように、私たちの豊かさは消費エネルギー量に反映される。コンゴ人は一日当たり平均一・一キログラムの石油に相当するエネルギーを消費している。インドネシア人の平均値は一日あたり二・五キロだ。アメリカの平均的な市民は一日あたり一九キロを消費している。(60)

しかし、この数字はエネルギーの質の大きな違いを隠している。平均的なコンゴ人のエネルギー消費のほとんどすべてが薪などのバイオマスの燃焼であるのに対し、インドネシア人ではバイオマスは平均エネルギー消費量のわずか二四%にすぎず、アメリカ人の消費はほとんどない。家を買ってから七年経つが、ヘレンと私は一度も暖炉に火をつけたことがないし、これからもそうしたいとは思わない。空気を汚すからだ。

ドイツ、イギリス、日本のような人口密度の高い国は、車の使用量を減らしたおかげで、カリフォルニアのような人口分散型の場所よりも、一人当たりのエネルギー消費量は少ない。それでもスパーティや、ましてやバーナデットのような人々のレベルよりはずっと多い。

インドネシアのように工業化が進むと、最初は経済成長の単位当たりのエネルギーが増えるが、アメリカのように脱工業化が進むと、必要なエネルギーは減る。

世界的に見ても、人類の進化と発展の歴史とは、人間社会がより複雑に成長するために大量のエネルギーを富と権力に変換した歴史なのだ。

6 エネルギー密度が重要

小規模農家の女性たちに薪で調理することについて話を聞いたら、有毒な煙を吸わされることに文句を言うかもしれない。世界保健機関（WHO）は、このような室内空気汚染は毎年四〇〇万人の命を縮めていると報告している。[61] けれども世界中で、彼女たちがもっと不満なのは、木を切って、運んで、火を起こし、そしてその火を維持するためにかかる時間だ。

スパーティは都市に引っ越してきてからは、もみ殻の代わりにLPガスを調理用燃料として使えるようになった。二酸化炭素の排出量は三分の一で、汚染はずっと少ない。[62] もっと重要なのは、LPガスによって他のことをする時間が増えたことだ。

遠く離れた発電所で石炭を燃やすと、煙は家庭から完全になくなる。天然ガスで調理や暖房をしてもそうだ。適切なストーブであれば、屋内で石炭を燃やしても、薪を燃やすより室内の汚染は少ない。[63]

何百年も前から人類は、木材から化石燃料へと移行してきた。世界的に見ると、木材は一八五〇年にはほぼすべての一次エネルギーを供給していたが、一九二〇年には五〇％になり、現在ではわずか七％になった。[64]

燃料に木材を使わなくなれば、草原や森林が再び成長し、野生生物が戻ってくる。一七〇〇年代後半のイギリスでは、調理や暖房用の燃料として木材を使っていたことが、森林破壊の主な原因だった。アメリカでは、一人当たりの燃料用木材消費量は一八四〇年代にピークを迎えた。現在の一四倍だ。

化石燃料への転換は、一八世紀から一九世紀のアメリカとヨーロッパの森林保全の鍵となった。木材は、一八六〇年代にはアメリカの一次エネルギーの八〇％を占めていたが、一九〇〇年には二〇％になり、一九二〇年には七・五％に下がった(65)。

化石燃料の環境的・経済的メリットは、エネルギー密度【訳注：一単位の質量や体積に蓄えられているエネルギー量】が大きくて、豊富にあることだ。石炭一キロには木材一キロの約二倍のエネルギーがあり、スパーティが使っていたLPガス一キロには、農場で調理に使っていたもみ殻バイオマスの三倍のエネルギーが含まれている(66)。

エネルギー生産の集中化は、地上のより広い部分を、野生動物がいる自然とその景観を残すために不可欠だ。現在、すべての水力発電ダム、すべての化石燃料生産、すべての原子力発電所が占めている土地は、全部足し合わせても、地球上の氷がない土地の〇・二％に満たない。地球の食糧生産には、この二〇〇倍の土地が必要だ(67)。

石炭のエネルギー密度は木材の二倍だが、炭鉱の出力密度【訳注：一単位の面積や体積から取り出せるエネルギー量】は森林の最大値の二万五〇〇〇倍になる(68)。一八世紀の炭鉱でさえイギリスの森林の四〇〇〇倍の出力密度があり、スパーティ一家が使っていた作物残渣の一万六〇〇〇倍の密度がある(69)。

人口や富が多い地域ほど出力密度が高い。マンハッタンの出力密度はニューヨーク市郊外の二〇倍で、裕福な都市国家のシンガポールは世界の都市平均の七倍ある(70)。

肥料や灌漑、そして石油を動力とするトラクターなどの農業機械のおかげで、農地の出力密度は、スパーティの両親が用いている労働集約的な技術からカリフォルニアの稲作農地で使用されているエネルギー集約的な手法に進化したことで、一〇倍上昇した[71]。

出力密度の高い工場や都市にはエネルギー密度の高い燃料が必要だが、そうした燃料は輸送や貯蔵が容易で汚染も少ない。自動車が導入される前のニューヨークは、馬車のせいで生活できるような街ではなかった。通りは汚くて埃っぽく、糞尿の臭いがして、ハエや病気を運んできた。石油を動力とする自動車の出力密度ははるかに高いが、はるかに少ない汚染しか出さない[72]。

過去二五〇年間に工場の出力密度は飛躍的に上昇した。一九二〇年代までには、デトロイトにあるヘンリー・フォードのリバー・ルージュ・コンプレックス工場の出力密度は、その一〇〇年前のアメリカ初の大規模な統合型衣料品工場だったメリマック・マニュファクチャリング・カンパニーの出力密度の五〇倍に達していた[73]。

メリマックとリバー・ルージュの出力密度の差が五〇倍に広がったのは、電気によってだ。電気は電子という素粒子の流れであり、厳密には物質の構成要素なのだが、一種の純粋なエネルギーとして作用する。そして技術的には「エネルギーキャリア」であり、燃料や一次エネルギーではない。それにもかかわらず、これだけ増加したことが、かさばる燃料からエネルギー密度の高い燃料に進化させてきた人類の力を示している。

人々は電気の恩恵を享受するために、大概は高レベルの大気汚染でも受け入れてきた。二〇一六年、私はインドの古くて汚い石炭火力発電所の周辺に住む人々の話を聞いた。発電所は彼らに無料の電気を提供していたが、ときどき有毒な煤煙を放出していて、その灰が肌を刺激してやけどをすると、私に言う。しかし、彼らがどれほど公害が嫌だとしても、クリーンな電気のためには金を払わなければいけないので、被害をもたらす無料の電気を手放そうとはしなかった。

石炭燃焼でさえ、この二〇〇〇年で劇的にクリーンになった。一九五〇年以降の先進国の石炭プラントに追加されたシンプルな技術的修正により、危険な粒子状物質は九九％削減された。高温の石炭プラントは、炭素排出量が多いことを除けば、天然ガスプラントとほぼ同等のクリーンさになっている。天然ガスは物理的な理由から、基本的には石炭よりも優れている。しかし大気汚染の点では、石炭プラントも驚くほどクリーンだ(74)。

石炭を燃やすことが「良い」と言っているのではない。ほとんどの人的・環境的尺度で、木材を燃やすより優れているということだ。これから見るように天然ガスも同様に、ほとんどの点で石炭より優れている。人々が石炭ではなく木材を燃やし、天然ガスではなく石炭を燃やすのは、それらの燃料しか買えないからであり、それらの燃料を好むからではない(75)。

よりクリーンな石炭燃焼、天然ガスへの移行、よりクリーンな自動車、そうした技術的進歩の結果、先進国では大気質が大幅に改善された。一九八〇年から二〇一八年の間に、アメリカの一酸化炭素は八三％、鉛は九九％、二酸化窒素は六一％、オゾンは三一％、二酸化硫黄は九一％減少した。大気汚染による死亡率は工業化に伴って上昇する可能性も考えられるが、所得の増加や医療へのアクセスの改善、大気汚染そのものの減少によって実際には死亡率は低下した(76)。

このような良い傾向にもかかわらず、バイオマスから化石燃料への転換は完全には行われていない。今日、総エネルギーに占める木材の割合は低いが、過去のどの時期よりも多くの木材が燃料として使用されている。だから、燃料としての木材の使用をなくすことは、普遍的な繁栄と環境の進歩の両方を求める人々や組織にとっての最優先事項の一つであるべきだ(77)。

7 ものづくりのはしご

森林の本当のリスクは、グリーンピースや絶滅の反乱が言うような、貧しい国々でエネルギー集約型の工場が広がることではなく、その必要性が薄れていることにある。

アフリカは過去半世紀に本当の進歩を遂げた。農業生産性は上昇しているが、製造業が経済に占める割合は今より一九七〇年代半ばのほうが高かった。「アフリカのほとんどの国は、脱工業化を経験するには貧しすぎる」とロドリックは述べている。「しかし、それがまさに起ころうとしている」[78]

一つの例外としてあげられるエチオピアは、中国やインドネシアのように賃金が上昇している国に比べれば賃金が低いことに加えて、水力発電ダムや電力網、道路へ投資を行ったので[79]、カルバン・クラインやトミー・ヒルフィガー、ファストファッションのリーダーであるH&Mなどを惹きつけた[80]。ロドリックは、「エチオピアは主に公共投資をGDPの五％から一九％に増やしたことで、過去一〇年間で年率一〇％以上のGDP成長を経験している」と指摘する[81]。

エチオピア政府はインフラ投資を進める前に、餓死者一〇〇万人を含む一四〇万人以上の犠牲者を出した一七年間の血なまぐさい内戦を終結させて、国を復興させなければならなかった。「道路や水力発電などの基本的なインフラに投資された資源は、効率的に使われたようだ」とロドリックは考える。インフラ投資が「経済全体の生産性を向上させ、農村部の貧困を削減した[82]」。

リーダーシップが重要だ。エチオピア政府の顧問を務めた元世界銀行の経済学者であるヒン・ディンは、「工業化を成功させるには、トップであるリーダーから行わなければいけません」と私に語る。ディンは二〇年以上にわたり、貧しい国がいかにして製造業を誘致できるかを研究し、発信してきた。「エチオピアが良い結果を出せたのは、今は亡き［メレス・ゼナウィ］首相が中国に行って衣料品や靴の工場を誘致したからです(83)」

ロドリックは、貧しい国は製造業以外の発展の道を探す必要があるかもしれないと言っているが、それに共感するかとディンに聞いた。「アメリカでは、一九七八年に製造業の雇用が二〇〇〇万人でピークに達し、その後は低価格の産業から、より高度で専門的な製造業に集中しました。ナイジェリアで製造業が成熟期に入る前の［GDPに占める製造業の割合が］七〜八％の段階で脱工業化が始まったのとは違います」

さらにディンは付け加える。「多くの開発途上国では、脱工業化は貧しい政策や悪いガバナンス、怠慢から起こっています。アメリカやヨーロッパのように自然なピークから始まったのではありません」

ディンは、中国の高い生産性がアフリカ諸国での製造業の拡大を無意味なものにしているという考えを否定する。「開発途上国では金持ちでも貧乏人でも、誰もが椅子や靴のような単純なものを必要としています。けれども、私はザンビアにいたときに靴を買いに行きましたが、そこで靴は一足もつくられていませんでしたよ！」

「どの国でも、貧しい国でも豊かな国でも、生産するべき消費財はたくさんあります。一家で消費される商品の総量は、所得に応じて、また時間の経過とともに増加し続け、決して止まることはありません。衣類や靴、生活用品などの基本的な必需品のことを言っているのですけど」

ディンもファン・ベンテムと同じ現象を観察している。「私たちの祖父母がもっていたものは、私たちがもっているものとは全く違います。私たちはもっと多くのものをつくるでしょう。需要が飽和状態になって、ある時点で工業化が止まるのではないかという心配はしていません」

ブラジルが試みたように、貧しい国が農業で豊かになれるのかディンに聞いた。

「農業で成長することは何も悪いことではありません」「ただし歴史的に見て、それができた国はありません。というのは、イノベーションの幅が限られているからです。私たちは五〇年前よりうまく小麦を生産することができます。でも、小麦そのものはほとんど変わっていません。それとは対照的に、今日のテレビは三〇年前のテレビとは別物です」

彼は、一人当たりのＧＤＰが三万ドルの韓国と一万四〇〇〇ドルのアルゼンチンとの違いを説明する。

「一九二〇年のアルゼンチンは、イタリアより一人当たりの所得が高く、韓国よりも高かったのです。さまざまな要因が関係していますが、韓国の発展は製造業をベースにしていて、アルゼンチンはそれ以外、とくに農業をベースにしていることを指摘しないわけにはいきません」

もしもコンゴが行動を起こすとすると、どうすればいいのか聞いてみた。「［ナイジェリアの］オスン州にアドバイスをしてほしいと頼まれたことがあります。外国からの直接投資に開放して、できるだけ多くの雇用を創出するようにと答えました。現時点では、誰からにするかは考えないほうがいい、とね。ただ連れてくるだけでいい、中国人でもベトナム人でもマレーシア人でも、誰でもいいから連絡を取り合って、工場をもってくるように頼むのがいいと」

成功への近道はないとディンは強調する。

「ハーバード・アフリカ［ビジネス］クラブで講演をしたときに、ある人がこう言いました。『私たちは中国のように衣料のような安物づくりから始めたくない。もっと付加価値の高いものをつくりたい』と。でも、自転車をつくってすぐに、人工衛星をつくることはできません。まず自転車をつくって、そこから自動二輪車をつくる。そうして初めて自動車をつくることができます。自動車をつくれるようになったら、人工衛星のことも考えられるようになります」

「エチオピアの目標は、できるだけ多くの雇用を確保して、工場労働者を育てる教育システムをつくることです。そのために私は軽工業を勧めています。技能だけではなく規律を植えつけることも重要です。そうして国が第二ステージに入ったときには、教育システムでもっと熟練した労働者を育成して、中程度のハイテク製品を生産できるようにならなければいけません」

政府は小規模農家の農民が工場労働者になれるよう訓練すべきだと、ディンは言う。「一九九〇年代初頭にベトナムで工業化が始まったとき、農村では女性や少女が畑から村のインフォーマルな店に行って裁縫をしているのを目にしました。彼女たちは服をつくり、それを国内や輸出用に販売していたのです。服が破れたら針と糸で縫うという文化がありました。それが本当に良かった」

8 アフリカのためのファストファッション

私や他の多くの人が長らく信じてきたことに反して、製造業の良い影響は悪影響に勝る。だから、スパーティのような人たちがつくった製品を買うときには、罪悪感ではなく誇りを感じるべきだ。環境主義者やニュースメディアが、H&Mのようなファストファッションのブランドが貧しい国の工場と契約していることが倫理に反していると言うが、そのようなことは言うべきではない。

だからといって、マテルやナイキ、H&Mのような企業が工場の労働環境を改善しなくていい、というわけではない。消費者は企業に正しいことをするように圧力をかけることで、積極的な役割を果たすことができる。しかし、それは消費者が、そもそも開発途上国で生産された安価な製品を買い続けるかどうかにかかっている。

世界人口がどれだけ早くピークを迎えて減少し始めるかは、どれだけ早くコンゴのようなサブサハラの国が工業化し、バーナデットのような人々が都会に移り住んで工場で仕事を得てお金を稼ぎ、子供の数を減らすことを選択するかにかかっている。多くの人口学者は、そう考える。

このプロセスを理解すると、明らかに直観に反する結論が導き出される。マサチューセッツ工科大学の気候科学者ケリー・エマニュエルは言う。「二〇七〇年の大気中二酸化炭素を最小限に抑えたいなら、今のインドでは石炭の燃焼を加速させたほうがいいのかもしれない。理に適っていないように聞こえるかもしれないが。石炭は炭素にとってひどいものだ。けれども、石炭をたくさん燃やすことで、彼らはより裕福になる。そして、もっと裕福になれば子供の数はより少なくなる。人口は増えないし、炭素を燃やす人も増えない。だから、二〇七〇年にはうまくやっていけるかもしれない(84)」

コンゴのような後発国は、アメリカやヨーロッパのような先行国と比べると、国際市場でずっと困難な立場に置かれている。だから、先行国である今日の豊かな国々は、貧しい国々の産業化支援をできる限り行うべきだ。けれども、これから見るように、これらの国々の多くは真逆のことをしている。つまり、貧困を過去のものにするのではなく、持続させようとしている。

帰る前にスパーティに、労働組合のまとめ役として、どのような達成感を得たか聞いてみた。「私の最も誇らしい成果は、生理休暇を勝ちとったことです。生理中に二日間の休みをとれるようになりました。痛みがひどくて泣いたり、気絶したりする同僚がいたので、良かったです」

彼女に寂しいか、村に戻ることを考えたことがあるかも聞いてみた。「実家は恋しいです。とくにお母さんとのおしゃべりや料理は最高の思い出です。でも、帰りたいという気持ちはありません。自分がやりたいと思っていることをできることに感謝しています」

両親のことを心配しているかどうかも聞いた。「老後のことはまだ心配していませんが、プレゼントとしてメッカ巡礼に行ってもらえるようにお金を貯めています」

スパーティは、結婚したら専業主婦になりたいと、私に語る。子供は四人ほしいという。「前は子供を二人ほしいと思っていましたが、今はそれでは家が静かすぎるだろうと思い直しています。それから、一人にはなりたくありません」

出発前に、写真を撮ってもいいか聞いた。「どこで?」と彼女。

家の中で一番好きなところを選ぶようにお願いした。彼女は滅多に使わないミシンの隣に立った。ミシンの前と上には、額縁に入った家族や友人の写真、プラスチックの花、小さなおもちゃのエレキギターが置かれている。

私が撮った写真の彼女は、スクーターのヘルメットに左腕を載せている。彼女の上にはイスラムの祈りの敷物がある。スパーティは微笑んでいて、誇りをもっているように見えた(85)。

第6章 クジラを救ったのは貪欲（グリーンピースではない）

1 グリーンピースとクジラ

自然の奇跡と言えばシロナガスクジラだ。子供は母乳を飲んで一時間に一〇ポンド（四・五キロ）ずつ大きくなる。大人になるのに一〇年かかるが、成長したシロナガスクジラは地球上に生息する最大の生物で、恐竜の約三倍の大きさがある[1]。一〇階建てのビルと同じ長さ、ナショナル・フットボール・リーグの全選手と同じくらいの体重になる[2]。

五〇年前に比べれば、クジラについての知識は格段に増えているが、神秘的な存在であることに変わりはない。ザトウクジラはニシンなどの魚の群れを食べるとき、口を開けて海面に向かって突進し、同時に気泡を吹いて獲物を気絶させ、巨体の中に閉じ込めることがわかっている。けれども、毎年ハワイからアラスカへ移動するのに、音響を利用しているのか、星空を利用しているのか、地球の磁場を利用しているのか、それとも他の手段を使っているのかは、わかっていない[3]。

先住民は、クジラに尊敬の念を抱いていたと言われる。ベトナムでは、海に出た人々がクジラを「ナイ【訳注：ベトナム語で王】」または「主」と呼んで祈りを捧げる。今も続く伝統だ[4]。漁師は浜に打ち上げられたクジラには、王を弔うのと同じように厳かな葬儀を行う(5)。イヌイットの伝説では、打ち上げられたクジラを見つけた漁師が偉大な精霊からこう言われる。魔法のキノコを食べて力を得よ、そしてクジラを海に戻して世界の秩序を回復せよと。

しかし二〇世紀半ばになると、人間は巨大な捕鯨船を使い、クジラを絶滅寸前まで捕獲した。科学者たちがクジラ資源の減少に警鐘を鳴らす。すると、情熱をもった若い運動家たちの小さなグループが、クジラを救うために立ち上がった。運動家たちは、捕鯨の残虐さとクジラがいかに人間的な動物であるかを記録し始めた。

一九七五年の夏、事態は大きく動く。反捕鯨運動家の小さなグループが、六六フィート（二〇メートル）のオヒョウ漁船に乗ってバンクーバー港を出港した。ソ連の捕鯨船と対決するために北太平洋の捕鯨海域に向かったのだ。

目的地に着くと、運動家たちは高速ゴムボートのゾディアックに乗り込み、ソ連の捕鯨船ブラストニー号とマッコウクジラの群れの間を走り回った。運動家は期待に胸を膨らませながら、スーパー8のカメラを手にする。ブラストニー号の捕鯨砲が鳴り響き、二五〇ポンド（一一三キロ）の銛《もり》が、髭を生やした運動家の前を通り過ぎた。それは小さなメスのザトウクジラの背中に突き刺さる。

一九七五年のバンクーバー事件に参加した青年の一人は、後に捕鯨船との対決についてこう語った。

クジラはゆらゆら揺れて、私たちの頭上に横たわっていた。私は六インチ（一五センチ）の短刀のような歯の向こうにある巨大な目を覗き込んだ。私の拳《こぶし》ほどの大きさの目、知性を映し出す目、無言の思いやりの言葉を発する目、そして、私たちが何をしようとしているかを識別し、理解している目だった……

その日、私は、クジラを殺そうとする人間の欲望よりも、感情的かつ精神的に何よりもまずクジラを守らなければいけないという忠誠心で満ちあふれた(6)。

数日後の夜、ウォルター・クロンカイトはアメリカCBSのイブニングニュースで、ゾディアックのクルーが撮影したスーパー8の映像を放送した。何百万もの人々が新しい組織の名前、「グリーンピース」を知る。

それからさらに七年に及ぶメディアを通じた宣伝、草の根の組織化、そしてロビー活動を行い、こうした環境運動家による運動の成果として、一九八二年に世界の商業捕鯨の完全禁止令を出させることに成功した。現在では、ザトウクジラを含むすべての種のクジラが個体数を回復している。

2 「クジラの大舞踏会」

自然を愛する少数の人々が環境を救う物語は、私たちの心に訴えかける。テレビや映画のドキュメンタリー、本、ニュースで見る、明らかなヒーローと悪役がいる刺激的なドラマだ。一方では、貪欲で卑怯な連中が自己の利益のために自然を破壊し、もう一方には理想的で勇敢な若者たちがいる。この運動も、何百万もの人々が行動を起こすきっかけとなった物語だ。

この物語の唯一の問題は、環境保護のモデルとしては、ほとんど全部間違っていることだ。

クジラに敬意を示す伝統が少しあったとしても、世界の人々はほとんどの場合、クジラを崇拝するのではなく、獲物として扱い、食べようとしてきた。イヌイットは打ち上げられたクジラを逃がしていたかもしれないが、同時にクジラを狩ることで生き延びてきた。

一六〇〇年代初頭、イギリスの探検家が現在のマサチューセッツ州ケープコッド周辺で、ネイティブアメリカンが捕鯨をしていたのを目撃している。「彼らは多くの船を引き連れて酋長とともに進み、ロープに固定された銛のような形の骨でクジラを叩く」クジラを矢で撃って溺れさせたり、出血死させたりしてから、クジラと岸に戻り、「喜びの歌を歌う」(7)。

スペインのイエズス会の探検家は、現在のフロリダで先住民の戦士たちが行う大胆な捕鯨の様子を記録している。カヌーを漕いで近づき、一人がクジラの上に飛び乗って、その噴気孔に槍を突き刺す。その瞬間、クジラは海中に沈んだと探検家は伝えている。そして再び浮上すると、命がけでしがみついていた男は、その生き物を刺し殺す(8)。

組織的な捕鯨の歴史は、少なくとも八世紀まで遡ることができる。現在のスペインにあたる地域にいたバスク人は、当時、クジラを見つけて狩るために塔を建てていた(9)。一七世紀の日本では、一〇年間に六つの捕鯨集団が鯨組を結成してクジラ狩りを行っていた。一〇隻から一二隻の船が半円をつくり、網を落として、岸の近くでクジラを捕獲していた。「クライマックスは、一人の男が長い剣で情けの一撃を行ったときに訪れる」ある歴史家が記している。「闘牛士と同じように、捕鯨者は英雄として敬われた(10)」

一八世紀から一九世紀のアメリカでは、帆船でクジラ狩りをしていた。クジラを見つけると、小船に乗った六人の男たちが二つのグループに分かれて海に漕ぎ出す。彼らは目標の横で静かに漕ぎ、小さな手漕ぎボートを獲物のすぐそばに近づけて、「木のボートが黒い肌」をこすったときに、一人の男が銛を投げる。やがてクジラは銛が刺さると、たいていはすぐに逃げようと、命懸けで男たちを引きずって突進する。やがてクジラは疲れ果てる。そのとき男たちはクジラの横にボートを近づけ、鋭い鋼鉄の槍を肺に突き刺してひねり、とどめを刺す。しかしあるときには、クジラは深い海に潜り込み、男たちを引きずり込んで死に至らしめることもあった。[11]

簡単にしとめられることもあるが、そうでないときもある。一七二五年に博物学者はこう記している。「クジラは、銛をもった漁師たちを半日近くもてあそぶこともあれば、銛を受けて血を噴き出しながら逃げてしまうこともある」クジラの噴気孔から吹き出る血は男たちを興奮させた。「煙突の火だ！」と男たちは叫ぶ。[12]

一八三〇年までにはアメリカが捕鯨の世界的リーダーになった。[13] 鯨油は、ロウソクよりも明るく、薪よりもきれいに燃えるので、贅沢品だった。他にも食料、石けん、機械の潤滑油、香水のもとになる油として利用された。クジラ髭もコルセット、傘、釣り竿など、多くのものになった。[14]

鯨油の需要が高まるにつれて、企業家たちは代替品を探すようになる。[15] サミュエル・キアはその一人だ。一八四九年、ある医師がキアの妻の病気を治療するために「アメリカ薬用オイル」という石油を処方した。そのアイデアは新しいものではない。イロコイ族は何百年もの間、虫除け、軟膏、強壮剤として石油を使っていたのだ。[16]

妻が元気に回復すると、キアは大きなビジネスチャンスがあることに気づく。自身のブランド「キアの石油」を立ち上げ、馬車で旅する営業チームを使って一本五〇セントで販売した。

キアは野心家で、この製品が他にも使えないか考えた。ある化学者は、蒸留して照明用の液体として使うことを勧めた。[17] キアはピッツバーグ中心部に最初の工業規模の製油所を建て、その後の石油革命に貢献することになった。

ニューヨークの投資家グループは、キアが大きなビジネスチャンスをつくったと信じていた。彼らは、身体は不自由だが各地を飛び回っている、塩の採掘に長けたエンジニアを雇い、ペンシルベニア州で石油を探し回らせた。このエドウィン・ドレイクという男が、ペンシルベニア州タイタスビル近くで油田を掘り当てた。一八五九年のことだった。

ドレイクが石油採掘に成功したことをきっかけに、石油を原料とした灯油が広く生産されるようになり、たちまちアメリカの照明用燃料の市場を席巻した。鯨油を必要としなくなったことが、結果としてクジラを救うことになる。捕鯨の最盛期には年間六〇万バレルの鯨油が生産されていた[18]。石油産業は、ドレイクの石油採掘から三年も経たないうちに、この量に達した[19]。ペンシルベニア州では、捕鯨航海なら三、四年かかるのと同じくらい多量の石油が一日で生産された。高いエネルギー密度をもつ石油が開発されたドラマチックな例だ[20]。

ドレイクの石油採掘成功から二年後の一八六一年、ヴァニティ・フェア誌がある漫画を掲載する。豪華な祝賀会でマッコウクジラがタキシードと舞踏会用ガウンを着て尾ひれで立ち、シャンパンで乾杯する様子が描かれている。表題にはこう書かれてある。「クジラ主催、ペンシルベニア州油田発見祝賀大舞踏会[21]」

過剰な捕鯨が行われてはいたが、歴史家たちは「クジラの頭数の深刻な減少のためにアメリカの捕鯨が縮小したという証拠はない」と結論している。はるかに高いエネルギー密度をもつ代替品が現れたので、それで十分になったからだ。代替品が現れるまで、環境面などで劣る製品がなくなるのを座して待っている必要はないことを示す重要な教訓だ[22]。

3　コンゴはどうやってクジラを救ったか

まるで運命のように資本主義がクジラを救ったのは、一度ではなく二度あった。

一九〇〇年までに捕鯨産業はほぼ消滅したように見えた。アメリカの捕鯨はピーク時の一〇％未満にまで減少した。[23] 完全に消滅しなかった理由は、ノルウェー人が低コストで特定種の捕鯨を続けられたことと、「クジラの髭」の需要がまだあったからだ。[24] その代わりになる石油を原料としたプラスチックは、まだ発明されていなかった。髭はクジラの口蓋《こうがい》から採ることができて、弾力性が高く評価されていた。

そして捕鯨が復活した。一九〇四年から一九七八年の間に、クジラ漁師は一〇〇万頭のクジラを殺した。一九世紀の捕獲数の約三倍になる。[25]

技術革新で、鯨油は新たにさまざまな製品に利用されるようになった。一九〇五年にヨーロッパの化学者が、液体の鯨油を固形の脂肪に変えて石けんをつくる方法を発明した。このプロセスは、鯨油にニッケル充塡剤を加えて水素ガスを吹き込むことから、水素化プロセスと呼ばれた。[26] 一九一八年に化学者は、臭いと味を消して鯨油を固める方法を発明し、マーガリンとして使えるようにした。[27]

しかしその後、工業化学者がパーム油からマーガリンをつくることに成功し、鯨油は必要なくなる。一九四〇年までには多くのパーム油がコンゴでつくられるようになり、鯨油より安価になった。一九三八年から一九五一年までの間にマーガリンに使用される植物油は四倍に増え、一方で鯨油と魚油は三分の二に減少した。[28] 石けんの原料としての鯨油は一三％から一％にまで減少した。油脂の世界貿易に占める鯨油は、一九三〇年代の九・四％から一九五八年には一・七％にまで減少し、一九五〇年代後半に鯨油価格は下落した[29]。

ジャーナリストたちは何が起こっているのかを調べて確信した。一九五九年、ニューヨーク・タイムズ紙は「植物油の生産量が増加しているため……鯨油の市場価値が下がり、最終的にはクジラを救うことになるかもしれない」と報じる[30]。一九六八年までには、ノルウェーのクジラ漁師たちはクジラ肉をペットフード工場に売るようになっていた。タイムズ誌は報じた。「かつて珍重されていた鯨油は、一九六六年の一トン二三八ドルから一〇一・五ドルにまで落ち込んでいる。ペルーの魚油やアフリカの植物油に負けてしまった[31]」

クジラの希少性が高まったことは、鯨油を植物油に置き換える動機にもなる。経済学者のグループは、「経済成長はクジラ製品の需要の減少をもたらし、一方で資源量の減少により捕鯨の費用はより高価になって……」と結論する[32]。

捕鯨のピークは一九六二年だった。グリーンピースが一九七五年にバンクーバーで大々的な反捕鯨活動を始める一三年前のことで、その後の一〇年間で劇的に減少した。一九七二年には国連が一〇年間の捕鯨の一時停止を呼びかけ、アメリカは海洋哺乳類保護法に基づいて捕鯨を禁止した。グリーンピースがバンクーバーで行動を開始した一九七五年までには、ザトウクジラ、シロナガスクジラ、コククジラ、セミクジラ、ナガスクジラ、イワシクジラの捕獲を禁止する四六カ国間の国際協定は、すでに結ばれていた[33]。

クジラを救ったのは植物油であり、国際条約ではなかった。国際捕鯨委員会（ＩＷＣ）が一九八二年に捕鯨の一時停止を実施するまでに、二〇世紀に殺されたクジラの九九％がすでに殺されていた[34]。このケースを詳細に調査した経済学者に言わせれば、ＩＷＣの一九八〇年代の捕鯨中止宣言は「すでに起こっている事象」のただの「後追い」であり……「規制は個体数の安定化にとって重要ではなかった」。

ＩＷＣは捕鯨枠を設定したが、過剰な捕鯨を防ぐ十分な枠組みにはなっていなかった。当時を代表する歴史家は、こう結論する。「理念的には、ＩＷＣはクジラの殺処分を科学的に規制することを目的としていたが、実際には国際狩猟クラブの機能を果たしていた。ＩＷＣの三〇年間の活動は大失敗だったことが証明された[35]」

グリーンピースが行動を開始した後に捕鯨反対を声高に叫んだ国々は、事実上、捕鯨を行っていない。「捕鯨に関心がない国にとって強い反捕鯨姿勢を示すことは、実質的なコストもかからないので、グリーンなイメージをつくり出すのに都合が良い[36]」

繁栄と富の増加は、クジラを救う代替品の需要を生み出した。人々がクジラを救えたのは、より豊富で、安価で、より良い代替品ができたからで、クジラが必要なくなったからだ。

現在、心配されているシロナガスクジラ、ザトウクジラ、ホッキョククジラの三種の個体数は、どれも大型で繁殖速度が遅いことから想像がつく通り、ゆっくりとではあるが回復している[37]。絶滅の危機に瀕しているのは北大西洋のセミクジラだけになった。世界の鯨類捕獲量は年間二〇〇〇頭以下で、一九六〇年に殺された七万五〇〇〇頭近くの鯨類より九七％も少ない[38]。

植物油がどのようにしてクジラを救ったのかを研究した経済学者たちにとって、この物語の教訓は「経済は、深刻な環境搾取をある程度『凌駕』できる」ということだ[39]。

４　スケジュールのないシステム

一九七〇年代初め、陽気な四〇代のイタリア人核物理学者チェーザレ・マルケッティがゼネラル・エレクトリック社（ＧＥ）でコンサルティングをしていたとき、ＧＥの社内経済学者と親しくなった。当時、その経済学者は「技術変化の単純代替モデル」という論文を共同で著したばかりだった[40]。このモデルは、新製品が旧製品を代替する時間の予測を可能にした。ＧＥのようにさまざまな技術製品を生産する企業にとって、こうしたモデルは重要だ。

マルケッティは経済モデルにはあまり関心がなかった。「経済学者の友人たちは、実際には決して使われることはない、俗世界の泥をかぶることもない、美しく構造化されたモデルをつくり上げるだけの人なので、根っからの物理学者の私は、彼らの素晴らしく高い能力を見下しがちだった[41]」

今回は違った。ＧＥの経済学者たちは、モデルが機能するかどうかを確かめるために、実際のデータをモデルに突っ込んでいた。マルケッティは「モデルが泥の中で楽しそうにドタバタしているのに感銘を受けた[42]」。彼はそのモデルの虜になり、一九七四年にＧＥを離れて、経済協力開発機構（ＯＥＣＤ）が資金提供した珍しい共同研究所である国際応用システム分析研究所（ＩＩＡＳＡ）で働くことにしたが、そのモデルももっていった。

アメリカとソビエトは、資本主義の西側と共産主義の東側を近づけるために、（両陣営が接するオーストリアのウィーン近郊に）科学協力の手段としてＩＩＡＳＡを創設した。そこでは、国家間だけでなく異分野間の壁を壊すことにも焦点を当てていた。ＩＩＡＳＡは、後にＩＰＣＣが採用する「システム分析」という学際的アプローチのパイオニアになる。

進化を入れ替わりの連続としてとらえることで、マルケッティはインスピレーションを得る。彼は半生を通じて、タイプライターを初期のモデルから最後のモデルまで多数集めていた。この収集癖が、技術革新をダーウィンの進化論になぞらえようとする彼の考え方につながった。

ＩＩＡＳＡでマルケッティは、一次エネルギー源を「市場を争う商品」のように扱い、交代あるいは代替のモデルをテストした[43]。マルケッティの言う一次エネルギーとは、木材、石炭、石油、天然ガス、ウランなど、さまざまな方法で使用される天然資源や燃料を指す（これに対して二次エネルギーとは、電気、灯油、水素、ＬＰＧ、ガソリンなど、一次エネルギーからつくられるものだ）。

マルケッティたちは次の年の夏の間に、世界でエネルギーが入れ替わった三〇〇に上る事例データを入力した。木材から石炭へ、鯨油から石油へ、石炭から石油へなど、さまざまな組合せだ。「私は自分の目を信じられなかった。でもうまくいった」と彼[44]。そして「エネルギー源のすべての運命は、生まれたときに完全に決まっているようだ[45]」。現在、私たちが「エネルギー転換」と呼ぶ研究が生まれたのだ。

マルケッティは、戦争やエネルギー価格の大きな変化、そして恐慌さえも、エネルギーが転換する速さには何の影響も及ぼさないことを発見した。「まるでシステムにはスケジュールや意志、時計があるかのようだ[46]」

古い歴史観では、価格が上がってイノベーションが刺激されたときに生じる希少性が強調されていた。たとえば、ヨーロッパ人の間では、木材はますます遠くの森林から調達しなければならなくなって、より高価になり、相対的に安価な石炭が新しく使われ始めた[47]。しかし、マルケッティは「少なくとも世界レベルでは、一つの一次エネルギー源について見ると、それが枯渇するずっと前から市場は規則的に離れていった」ことを見つけた[48]。

エネルギーの希少性は、（ペンシルベニア州で石油を掘り当てた）ドレイクのような起業家が代替案を生み出そうとする動機にはなるが、多くの場合、経済成長や、照明、輸送、熱、産業など特定のエネルギーサービスに対する需要が高まることによって、石炭が石油やガスといった化石燃料に置き換わり、さらに化石燃料が再生可能エネルギーに置き換わってきたのだ。

クジラにも起こっていた。ペンシルベニア州で油田が発見され、石油を蒸留して灯油にするようになる前から、すでに代替品として豚の脂肪やエタノールが登場していた。そして石油の豊富さと優れたエネルギー密度が、最終的にバイオ燃料を凌駕することになる。[49]

第一次世界大戦を契機に、石炭は石油や天然ガスに取って代わられた。「石炭の埋蔵量はある意味無限大」であったにもかかわらず、エネルギーとしてのシェアは低下した。[50]

マルケッティが予測したように、エネルギー転換は希薄かつ炭素を多く含む燃料から、水素の密度が高い燃料へと変化してきた。石炭が木材の二倍のエネルギー密度をもつように、また天然ガスを液体（LNG）に変換するときと同様、石油は石炭よりエネルギー密度が高くなる。[51]

それは化学で簡単にわかる。石炭では炭素原子一個に水素原子がおよそ一個の割合で結合している。石油は炭素原子一個に水素原子二個の割合で構成される。そして天然ガスの主成分であるメタンは、炭素原子一個に結合している水素原子は四個で、分子式はCH_4だ。[52]

こうしたエネルギー転換の結果、エネルギーの炭素強度は一五〇年以上にわたって低下してきた。一八六〇年から一九九〇年代半ばまでに、世界の一次エネルギーの炭素強度は毎年約〇・三％減少してきた。[53]

人間社会ではエネルギー密度の低い燃料からより高い燃料に転換する傾向があるというマルケッティの考えは正しかった。しかし、「このシステムにはスケジュールがある。……そして時計も」は間違っていた。彼が予測したエネルギー転換の方向はおおむね正しかったが、時期はずれていた。たとえばアメリカでは、石炭による電力シェアは二〇一〇年の四五％以上から二〇一九年には二五％弱まで減少した。[54] ヨーロッパでも過去二〇年間に石炭火力発電が同様に大きく減少し、天然ガス火力発電が増加した。[55] マルケッティは石炭からガスへの移行を一九八〇年代から一九九〇年代にかけて起こると予測していたので、二〇年ほどのずれがあったことになる。さらに彼は、木材やバイオマスに頼る人は現在までにほとんどいなくなるだろうと楽観的に予測していたが、実際はまだ二五億もの人が使っている。[56]

エネルギー転換の速さを決定するのは政治だ。そして、この本でこれから見るように、ときとして政治は、社会をエネルギー密度の高い燃料から離れて、エネルギー密度の低い燃料に逆戻りさせることもある。

５　『ガスランド』の欺瞞

二〇一〇年春、一人のドキュメンタリー映画作家が、アメリカのシェールガス採掘が引き起こしている問題を描いたドキュメンタリー映画『ガスランド』の予告編を公開した。ホラー・ファンタジー映画の予告編のようなＢＧＭが、音量とスピード感を増す。地下の岩盤をつくるシェール（頁岩《けつがん》）の水圧破砕（フラッキング）が水を汚染し、神経疾患や脳の病変を引き起こしているという人々の声が聞こえてくる。そして、肺の病気やがんについて書かれた文書が映し出される。

予告編の四分の三ほどの時間が過ぎると、ドラゴンが飛び立つときに流れるような不吉なコーラスが聞こえてくる。キッチンの流し台の上に「この水は飲むな」と書かれた手書きの紙が貼ってあり、その前に男が立っている。そして南部訛りの議員が不満気に言う。「私たちはありもしない問題を探している！」

それから流し台のシーンに戻る。男が火のついたライターを近づけて、蛇口をひねると同時に大きな炎が起きて、彼は後ろに飛び退く。[57]

ニューヨーク・タイムズ紙をはじめとする全米メディアはこの映画を取り上げ、シェールガス採取の水圧破砕をアメリカの自然環境に対する重大な脅威だとした。そして、その行為を止めようとする草の根運動を巻き起こした[58]。

しかし、燃える水のシーンは嘘だった。二〇〇八年と二〇〇九年、映画に登場する男性と二人のコロラド州住民が、石油・ガス規制機関であるコロラド州石油・ガス保全委員会に正式に苦情を申し立てた。委員会はこの三世帯から水のサンプルを採取し、民間の研究所に送る。研究所は、この男性の家の蛇口と他の一軒から出たガスは一〇〇％「生物起源」、つまりもとから存在していた天然ガスであり、人々が何十年も安全に扱ってきたものだという検査結果を出した。ガスは破砕業者によって出てきたものではなく、母なる自然がつくり出したものであると。なお三軒目の住宅では、生物起源メタンとシェールガス開発によるメタンの混合ガスであることがわかり、所有者とガス採掘業者は和解をした[59]。

委員会は、映画『ガスランド』に対して強く異議を申し立てた。注目すべきは、監督のジョシュ・フォックスは映画を制作する前に事実関係を伝えられていたが、その場面は映画に盛り込まないことにした[60]。

人類は何世紀にもわたって、自然に火がつく「燃える水」を記録してきた。古代ギリシャ、インド、ペルシャにも「燃える水」の報告がある。今、私たちは、それが自然に発生したメタンが水に溶けたものであることを知っている。一八八九年のルイジアナ州コルファックスでは、掘削した井戸水に火をつけて髭を燃やしてしまった掘削作業員がいた。リプリーの『信じられますか？』【訳注：信じられないような出来事や物を紹介するアメリカの本やラジオ、テレビ番組】で紹介された井戸跡は史跡になっている[61]。

アイルランドのドキュメンタリー映画作家であるフェリム・マカリアーが、二〇一一年の『ガスランド』の上映会で、フォックス社が水圧破砕法を誤解を招くように映し出していることを非難した。

マカリアー：一九七六年には［燃える水の］報告があります。……

フォックス：一九七六年の報告は気にしていません。ニューヨーク州で水に火をつけることができるという人たちに関する報告が一九三六年にありました。

マカリアー：どうして一九七六年や一九三六年の報告をドキュメンタリーに入れなかったのか不思議です。あなた方の映画を見た人は、水が燃える原因がシェールガス開発のための水圧破砕だと思うでしょう。あなた方はご自分でも認めていますが、人々は水圧破砕が始まるずっと前から、水に火をつけていました。それは正しくありませんか？

フォックス：それとは関連がありません[62]。

このアイルランドの映画作家は、やりとりをユーチューブに投稿した。フォックスは著作権侵害を主張する。ユーチューブがフォックスの要求に応じて動画をいったんは削除したが、最終的に動画は元に戻された[63]。

6　気候の破砕

ビル・マッキベン率いる350.orgの気候運動家たちは、およそ一〇年にわたって、天然ガスは石炭よりも気候変動に悪影響を及ぼすと主張してきた[64]。

しかし実際には、すべての指標で天然ガスは石炭よりもクリーンだ。天然ガスからの排出量を石炭と比べると、二酸化硫黄は一七～四〇倍少なく、亜酸化窒素はわずか、水銀はほとんど排出しない[65]。事故と大気汚染の両方を考慮すれば、致死率は石炭の八分の一だ[66]。そして、天然ガス火力発電は石炭火力発電に比べて二五〜五〇%少ない水量で済む[67]。

技術革新によって企業は、シェール油田や海底からはるかに多くの天然ガスを採掘できるようになった。これが、二〇〇五年から二〇一八年の間にアメリカのエネルギー起源の二酸化炭素排出量が一三%減少した主な理由であり、世界の気温が産業革命以前のレベルから三度以上上昇する可能性が低くなる主な理由でもある[68]。

マッキベンは、わずか二〇年という不適切に短い地球温暖化の時間軸を使って、石炭が天然ガスよりも優れていると主張する。アメリカ政府とほとんどの専門家は、考慮すべき適切な時間軸は一〇〇年であることに同意している。だからマッキベンの時間軸では、熱を保持する（温室効果）ガスとしての天然ガスの影響が過大視されてしまう[69]【訳注：天然ガスの主成分であるメタンは、二酸化炭素より強い温室効果を発揮するが、大気中に出ると約一二年で分解してほぼ消滅する。このため、メタンの地球温暖化係数（二酸化炭素の何倍の温室効果があるかを示す係数）は二〇年のタイムスケールでは八四だが、一〇〇年のタイムスケールだと二八に低下する。ＩＰＣＣは後者の値を採用している】。

一九九〇年以降、天然ガスの生産量は四〇%近く増加しているにもかかわらず、ＥＰＡは二〇一三年にメタンの大気中への排出量が二〇%減少したと報告している。これには、ガスケット、監視、メンテナンスが改善されたことが要因となっている[70]。

またシェールガスにより、二〇〇八年から二〇一四年の間に石炭の露天掘りが六二%減少した[71]。

天然ガス採取のための水圧破砕は、地下の頁岩に亀裂を入れるので地表面への影響は限定的だが、石炭の露天掘りは山の生態系を荒廃させる。アパラチア中部と南部に広がる一〇〇万エーカー（四〇〇〇平方キロメートル）以上にまたがる二〇〇以上の山が、露天掘りで破壊された[72]。鉱山会社は石炭を採掘するために爆発物を使って山を破壊し、何百万トンもの砕石を近くの谷に投棄し、森林や源流の小川を破壊する。露出した岩石からは重金属などの毒素が溶け出し、野生動物や昆虫、人間に被害を及ぼす。採掘から空に舞い上がる粉塵は、炭鉱労働者や近隣のコミュニティーに住む人々にも害を及ぼす可能性がある[73]。

人間や環境への影響を与えずにエネルギー転換は起こらない。水圧破砕はパイプライン、掘削装置、トラックを呼び込み、人々が当然のように考えている平和な風景を乱す可能性がある。水圧破砕業者が小さな地震を起こし、水圧破砕に伴う排水を不適切に処分することもある。これらの問題は深刻であり、対処すべきだが、石炭の露天掘りほどではない。山頂除去や河川生態系の破壊など、露天掘りは多くの点で、数十年の間に悪化してきた[74]。

水圧破砕による天然ガス採掘が石炭採掘より環境影響が小さいのは、出力密度の違いによる。オランダの天然ガス田は、世界で最も生産性の高い炭鉱と比べても三倍の出力密度を有している[75]。

現在、ほとんどではないにしても多くの科学者や環境保護主義者は、石炭の代替エネルギーとして天然ガスを支持している。気候科学者のレイ・ピアハンバートはワシントン・ポスト紙に語る。「メタンが気にされすぎている。メタンの排出量を減らすのに十分な努力をしているかどうかを心配する前に、まず二酸化炭素の排出量を本当に削減できることを証明すべきだ[76]」

公害規制により、石炭火力発電所の建設と運営にはコストがかかるようになった。しかし、マルケッティが予測したように、そして私たちが鯨油の変化で見てきたように、最も重要なことは、より出力密度が高く、豊富で、より安価な代替エネルギーが発見されたことだ。マルケッティが予見していなかったのは、新しい技術に向けられる反対論が、とくに社会の上流階級からの反対がエネルギー転換の場合には非常に強力で重要になるということだ。

7 養殖魚がいい

二〇一五年後半、アメリカ食品医薬品局（ＦＤＡ）は遺伝子組換え技術を使ったサケを承認した。既存の養殖サケより環境面で大きなメリットがあり、批評家たちはその新しいサケを高く評価した。「肉質は絶妙で」フードライターが書く。「バターのように軽くてジューシー。まさにアトランティックサーモンのあるべき姿だ[77]」

一九八九年にアクアバウンティ・テクノロジーズ社が開発したアクアドバンテージサーモンは、アトランティックサーモンの二倍の速さで成長し、飼料は二〇％少なくて済む。牛肉一ポンドの収穫には八ポンドの飼料が必要なのに対し、アクアドバンテージサーモン一ポンドに必要な飼料はわずか一ポンドだ。

沿岸部の浮体式ケージの中で成長する養殖サケとは違い、アクアドバンテージサーモンは陸上の倉庫にある孵化場や施設で養殖される。そのため、養殖による海洋環境への影響を最小限に抑え、病気を引き起こす可能性のある野生種との有害な相互作用を防ぐこともできる。伝統的に養殖されたサケと比較すると、二三～二五％の二酸化炭素排出の削減につながると見積もられてもいる[78]。

すでにアトランティックサーモンは世界で最も健康的な食品の一つである。低カロリーで飽和脂肪酸やトランス脂肪酸が少なく、タンパク質とオメガ3系多価不飽和脂肪酸を多く含んでいる。公衆衛生当局が抗生物質耐性菌の発生を促すと注意している抗生物質の使用も、サケの遺伝子組換えを行うことで避けられる。「アクアドバンテージサーモンは、遺伝子組換えでないアトランティックサーモンと同様に安全に食べられ、栄養価も高い」とFDAは報告する。[79]

天然の魚類やキイロアヤメペンギン、アホウドリなどの海洋生物を保護するためにも、養殖漁業は不可欠だ。なぜなら、人間が食べる海洋魚の総個体数は一九七〇年から四〇％近く減少しているからだ。人間による海洋生物の乱獲は、サメを含む多くの種の局地的な絶滅をもたらした。

今日、世界の魚資源の九〇％は限界近くになっているか、すでに限界を上回っている。つまり、これ以上収穫すると個体数が減り始める最大量の直前に近いか、上回っているのだ。[80]地球の陸上面積の一五％が保護されている一方、海上面積は八％未満しか保護されていない。[81]

一九七四年以降、漁獲量は三倍に増え、もはや持続不可能なレベルになった。[82]しかも自然の魚への圧力は高まり続けている。富の拡大と人口増加により、世界の魚の需要は今から二〇五〇年までに倍増すると予測されている。[83]

良いニュースは、魚を育てること、つまり養殖漁業が急速に発展していることだ。水産養殖の生産量は二〇〇〇年から二〇一四年の間に倍増し、現在では人間が消費するすべての魚類の半分を生産している。[84]FAOは二〇一八年に、水産養殖は「他の主要な食料生産部門よりも急速に成長し続け」、二〇三〇年までには「世界は二〇一六年より二〇％多くの魚を食べるようになるだろう」と報告する。[85]

養殖による環境面の大きなメリットは、養殖場を海から陸地に移すことにある。そうすることで海洋環境への影響が軽減され、水は常に浄化されてリサイクルされる閉じたシステムが可能になるからだ。[86]

遺伝子操作の魚を生み出すために開発された技術は、副次的利益ももたらしている。科学者は、このような遺伝子組換え技術が、致命的とも言われている鳥インフルエンザウイルスを排除する可能性を提供しているとも言う。[87]

天然の魚の消費を養殖魚に置き換えようとすることに対する最も直接的な批判者は、自然資源防衛会議（NRDC）やシエラクラブなどの環境保護団体で、アクアドバンテージサーモンは自然のサケの個体群を汚染する可能性があると主張する。[88] FDAがアクアドバンテージサーモンを承認した後、別の環境活動グループである食品安全センターのトップは、「この危険な汚染食物の販売」を停止するために訴訟を起こしていると発表した。[89]

こうしたクレームを受ける形で、トレーダージョーズやホールフーズなどの大手スーパーマーケットチェーンは、すでに傘下の店舗が遺伝子組換え成分や飼料で生産された食品を販売していることを認めているにもかかわらず、アクアバウンティ社の魚を取り扱わないことを発表する。[90]

養魚業に全く問題がないわけではない。エビ養殖など初期の養魚場は、マングローブ林の伐採や、化学物質の使用、餌による水路の汚染など、非常に破壊的なものだった。[91] しかし、時が経つにつれ、魚やエビの養殖場での配置の工夫や、ホタテやムール貝の海藻や微細藻類との共同養殖によって、負の環境影響は大幅に減少した。

遺伝子操作された魚が天然の魚資源を脅かすのではないかという懸念を最初に提起した科学者は、現在では、遺伝子操作された養殖魚の最も率直な擁護者の一人となっている。「遺伝子操作されたサケが海に出てくることはないと主張するつもりはない」彼は語る。「しかし、この魚は適応力が低く、一世代以上続くものは存在しない[92]」

トレーダージョーズとホールフーズの決定について、アクアバウンティの元CEOであるロン・ストーティッシュは、彼らの考えを変えることができると楽観的に考えていた。「時間が経てば、私たちの製品を受け入れてくれるでしょう[93]」

しかし、それから五年を経ても、天然魚の将来を心配していたはずの環境保護団体も、トレーダージョーズ、ホールフーズ、コストコ、クローガー、ターゲット【訳注：すべてアメリカの大手小売業者】の誰も考えを変えていない[94]。

8 階級闘争

チェーザレ・マルケッティは九〇歳を超えた。友人で論文の共著者でもあるジェシー・オーズベルが言うには、「フローレンス近くで紳士の農夫」として「オリーブ畑、ぶどう畑、ヤギ、黒猫」、そしてタイプライターのコレクションと一緒に暮らしている[95]。

ウッズホール研究所とロックフェラー大学に勤務するオーズベルは、一九七〇年代にＩＩＡＳＡで出会って以来、マルケッティと親交を深めてきた。今、二人はルネサンス期の偉大な芸術家であるレオナルド・ダ・ヴィンチが所有していた本などのアイテムから採取した微量のＤＮＡから、ダ・ヴィンチのゲノム塩基配列を明らかにしようとしている。「ダ・ヴィンチが描いた嵐や雲の絵を見れば、多くの人間の営みがあっても自然は全く無関心なことを、彼は理解していたとわかる」オーズベルは言う。

マルケッティのエネルギー転換モデルは、方向性こそおおむね正確だったが、時期がこれほどにずれていた理由を、私はオーズベルに尋ねてみた。「長期的に見れば、方向性の力学が勝つよ」彼は答えた。「でも、どんな現象でも、中断や休止、脱線、分岐というものがある。それがエネルギーでも起こったのではないかな」

新しい燃料に抵抗するのは、たいていは富裕層からだ。イギリスではエリートたちが石炭を「悪魔の排泄物」と呼んだ。硫黄の臭いから、人々はその通りだと信じていた[96]。石炭の煙は、薪を燃やす甘い匂いに比べると臭い。ヴィクトリア朝イングランドの上流階級は、薪から石炭への移行にできる限り抵抗した[97]。

同じように水圧破砕による掘削との戦いを繰り広げたのは、教育を受けたエリートたちだった。主な敵は、ニューヨーク・タイムズ紙の他、ビル・マッキベン、そしてシエラクラブや自然資源防衛会議など資金力のある環境保護団体だった。

オーズベルは、一九七〇年代に天然ガスの探査拡大に反対する石炭利権者たちがどのように戦ったかを話してくれた。「人は自分の立場を守るためなら粘り強く戦う。アメリカの石炭産業でもそうだ。ワイオミング州の［共和党アラン・］シンプソン上院議員と、ウェストバージニア州の［民主党ロバート・］バード上院議員との間で東西同盟が結ばれた。国政レベルで彼らは、石炭産業を延命させるためにいろいろやってきた」

オーズベルは、一九七六年のジミー・カーター大統領選を例としてあげた。カーターは主要な環境保護団体の支持を得て、原子力や天然ガスの代わりに石炭の増産を推し進めた。

アメリカでは一九七〇年代にエネルギー自給ができないことが懸念されていたが、オーズベルはそれが見当違いだったと信じている。「ガス輸出で国家安全保障が損なわれると心配する者がいたが、馬鹿げた話だよ。本当のところは、ちゃんとした大規模産業をもてば、より強い国力を得ることができる」

そして、天然ガスがとくに海洋域に豊富に存在することを科学者たちは知っていたと言う。「八〇年代初期から中期になれば、沖合の大陸縁に膨大な量の天然ガスやメタンハイドレートがあることは、アメリカ石油地質学協会の会員なら誰でも知っていたよ。私は一九八三年の全米科学アカデミーの報告書に書いた」

「地質学者たちは、天然ガスは貴重でそれほど多くないから保存しなければいけないという思い込みを許してきた。今、［石油・ガス］メジャーは、自分たちが石油会社よりも天然ガス会社になっていくと見ている。二〇～三〇年前にいろいろな所でそうなっていてもおかしくなかったが、そうはならなかったね」(98)

幸いなことに、水圧破砕に対する戦争は失敗に終わった。天然ガスのために水圧破砕をすることについて、アメリカは他国に比べて規制が少なく、その結果、莫大な利益を上げることができた。政府は土地所有者に所有地の地下採掘と掘削の権利を認めている。他のほとんどの国では、これらの権利は政府にあり、水圧破砕が普及しない大きな理由になっている。

政治がクジラの保護を妨害したこともある。環境主義者が環境問題を資本主義のせいにするのはよくあることだが、捕鯨を必要以上に悪化させたのは共産主義だった。共産主義が崩壊した後になって、旧ソ連では認められていた数をはるかに上回る捕鯨が行なわれていたという記録を、歴史家が発見する。捕鯨では利益を得られなくなっていたにもかかわらず、ソ連政府の中央計画体制がそうさせたのだ。歴史家は、「一九六六年の捕鯨禁止後に世界で殺されたシロナガスクジラの九八％は、ソ連の捕鯨船によるものである。一九六七年から一九七八年の間に商業的に殺されたザトウクジラ一二〇一頭の九二％も同様である」と記録している。(99)

もしもより自由な市場があったなら、日本やノルウェーのような国々はもっと早く、鯨油から植物油に切り替えていたかもしれない。「植物油の輸入に対抗して捕鯨産業を支えていたのは、おそらく外貨を節約したいという捕鯨国の願望である」と一九五九年にニューヨーク・タイムズ紙は報じている。「一般的に、捕鯨国は自分たちの必要とする植物油を十分に生産していないため、捕鯨を行うか、海外から油脂を買わなければならなかった」(100)【訳注：欧米諸国では、油や髭、歯を使うためだけに捕鯨を行い、鯨肉などはほとんど廃

棄していた。日本では鯨肉をはじめ、捨てるところがないと言われるほど徹底的に利用された】

この話から得られる教訓は、経済成長と食糧、照明、エネルギーへの需要の高まりが製品やエネルギー転換を促進するが、政治がそれを抑えてしまうことがあるということだ。エネルギー転換は人々が望むかどうかにかかっている。優れた代替品に移行することで環境を保護する行動ができるかどうかは、国民感情と政治行動による。

第7章　ステーキも召し上がれ

1　動物を食べること

小説家のジョナサン・サフラン・フォアは九歳のとき、自分や兄のフランクが食べている鶏肉を、どうしてベビーシッターが食べないのか聞いた。

「何も傷つけたくないの」ベビーシッターが答える。

「何が傷ついたの？」フォアが聞く。

「チキンは鶏の肉だということは知っているわね？」

「私はフォークを置いて食べるのをやめた」二〇〇九年にベジタリアンとしての回想を記した『イーティング・アニマル――アメリカ工場式畜産の難題（ジレンマ）』の中でフォアは書く。

彼の兄はどうしたんだろう？　「フランクはそのまま食事を済ませた。この本を書いている今も、おそらくチキンを食べている[1]」

似たような経験が多くのベジタリアンにある。私も四歳のとき、もう豚肉を食べないと両親に告げた。一頭の豚に出会ったからだ。

環境面からの菜食主義指向は強まるばかりのようだ。二〇一九年八月、ＩＰＣＣは特別報告書『気候変動と土地』を発表した。「科学者は、気候危機に歯止めをかけるために、土地の管理や食糧生産の方法をすぐにでも改め、肉食を減らさなければならないと述べています」とＣＮＮは報じる。(2)

ＩＰＣＣの科学者たちは、食糧需要が二〇五〇年までに人口増加を五〇％以上上回ると予想し、一〇〇億人に食糧を供給するためには、牛肉と豚肉の消費量をアメリカ人は四〇％、ヨーロッパ人は二二％削減しなければならないと報告した。(3)

「人は何を食べるべきかとは言いたくありません」ＩＰＣＣで「気候変動の影響と適応に関するワーキンググループ」の共同議長を務めた科学者は語る。「しかし、豊かな国の人々が肉の消費量を減らし、政治がその方向にうまく誘導することができれば、気候と人間の健康の両方に有益です」(4)

「気候変動のニーズに対応した地球規模の土地利用と食糧システムの形成に向けて、段階的シフトではなく、根本的な変革が必要とされています」と語るのは環境慈善団体の代表。「ＩＰＣＣがこのような強いメッセージを発信していることは、実に素晴らしいことです」(5)

ＩＰＣＣはさらに、すべての人が肉類だけでなく卵や乳製品も口にしないビーガン主義の食生活になれば、二〇五〇年までに陸上からの二酸化炭素の排出量を七〇％削減できると言う。(6)

複数の環境団体が、牛肉の消費量を減らす一番効果的な戦略は、牛肉の値段を上げることだと主張する。(7)そのうちの一団体は、牛肉と乳製品の気候への影響を考慮すれば、消費者価格は今より三〇％高くなると試算した。(8)

肉食を減らすことは、気候への影響を減らすだけでなく、人間の健康にも良いと多くの科学者が言う。アメリカ農務省によれば、二〇一八年にアメリカ人は二二二ポンド（一〇〇キロ）の赤身肉と鶏肉を食べたと見られていて、二〇一七年の消費者一人当たり二二七ポンド（九八キロ）から増えている【訳注：消費者庁統計によれば日本では約五〇キロ】。確かにアメリカ人は一日に約一〇オンス（二八〇グラム）の肉を消費しているが、それは政府の栄養士が推奨する量の約二倍だ[9]。

「赤身肉を食べる量を減らすことは地球にとって良いことになるでしょうし、あなたの健康にも役立つかもしれません」とＣＮＮ。また、「これまでの研究によれば、赤身肉を食べることが糖尿病や心臓病、がんのリスクの増加に結びついています[10]」

肉食と気候変動を結びつける科学に呼応して、グレタ・トゥーンベリなど気候運動家の中には、肉を断つことを誓い、自分の両親にもベジタリアン、さらにはビーガンになるように説得する人もいる。

多くの科学者や環境保護主義者は、肉の消費量を減らし、工業的農業をやめ、放し飼いの牧草で育てられた肉を食べるようにすることで、地球をより自然に戻すことができると言う[11]。

でも、本当にそうか？

2　ミートフリーのナッシングバーガー

私は二〇年近くにわたって気候変動とエネルギー政策について調査し、執筆してきたが、ＩＰＣＣの二〇一九年報告書の見出しに掲げられた「二〇五〇年までに七〇％の排出量削減」という数字が、温室効果ガス排出量全体のわずかしか占めない農業からの排出量を指していたとは思ってもいなかった。他の多くの人たちも同じように、この数字は全排出量のことだと考えていたのではないか[12]。

ある研究によれば、菜食主義に転向することで、食生活に関係する個人のエネルギー使用量を一六％、温室効果ガス排出量を二〇％削減できるかもしれないが、生活全体からの個人のエネルギー使用量はわずか二％、温室効果ガス排出量は四％の削減にしかならない[13]。

結局、「二〇五〇年までに人類が動物性食品の消費を完全にやめて、すべての家畜用地を再植林する」というIPCCの「最も極端な」世界規模の菜食主義シナリオが実現されたとしても、全体の二酸化炭素排出量の削減率は一〇％にしかならない[14]。

別の研究でも、アメリカ人全員が肉の消費量を四分の一ずつ減らしても、温室効果ガス排出量は一％しか減らないという結果が出ている。アメリカ人全員がベジタリアンになったとしても、アメリカ全体の排出量はわずか五％の減少にしかならない[15]。

次から次へとさまざまな研究が行われているが、同様の結論が導かれている。ある研究では、先進国に住む人が全員ベジタリアンになったとしても、平均で四・三％の排出量の削減にしかならない[16]。さらに別の研究では、アメリカ人全員がビーガンになったとしても、排出量はたった二・六％の削減にしかならない[17]。

研究者によれば、植物中心の食生活は肉を食べる生活よりも安く済む。そうすると人々は、より多くのお金を消費財のようなエネルギーを使うものに回す傾向がある。この現象はリバウンド効果として知られている。消費者が、(肉食をやめて減らした支出分を回した)貯蓄をエネルギーが必要な消費財に充てた場合、実エネルギーの削減はわずか〇・〇七％で、二酸化炭素の実排出量の削減は二％にすぎなくなる[18]。

だから二酸化炭素排出量を削減するためには、食料や土地利用ではなく、エネルギーの削減が最も重要なのだ。エネルギーは電気、輸送、調理、暖房などに使われるが、そのうちの約九〇％は化石燃料から生み出されている。

だからといって、豊かな国の人々の食生活を変えるように説得できないということではない。たとえば一九七〇年代以降、アメリカをはじめとする先進国の人々は、より多くの鶏肉を食べるようになり、牛肉の消費量を減らしている。鶏肉の世界生産量は、一九六一年から二〇一七年の間に八〇〇〇万トンから一億九〇〇〇万トンへと一四倍近く増加している[19]。

しかし、鶏肉生産が牛肉生産よりも環境の観点から効率性が優れているのは、フォアがまさに強く嘆いたことに由来する。食肉生産の高密度化は工場畜産をすることで可能になるのだ。養鶏場を見学した後にフォアは書いている。「一部屋に三万三〇〇〇羽もの鳥がいることに衝撃を受けて、頭が回らなくなった[20]」

3　肉の本質

食肉生産が気候変動に及ぼす影響はそれほど大きくはないが、自然景観に及ぼす人による影響としては最大だ。今日、人類は全地表面積の四分の一以上を食肉生産のために使用している。そして、牛などの家畜のために放牧地を拡大して、マウンテンゴリラやキンメペンギンなど多くの絶滅危惧種を脅かしている。過去三〇〇年間に北米とほぼ同じ面積の森林や草原が放牧地に転換され、その結果、野生動物の生息地が大規模に失われ、個体数が大幅に減少した。放牧地は一九六一年から二〇一六年の間に、アラスカ州とほぼ同じ広さが拡大している[21]。

人が食肉生産に使う土地の総面積が二〇〇〇年でピークを迎え、減少が始まったのは良いニュースだ。FAOによると、二〇〇〇年以降、世界の家畜放牧地は五四万平方マイル（一四〇万平方キロメートル）以上減少していて、その面積はアラスカ州の八〇％に相当する[22]。

このことは、ベジタリアンに転向するという革命とは関係なく起こった。今のアメリカでベジタリアンやビーガンは二〜四％ほどと言われている。一度はベジタリアンやビーガンになった人も、約八〇％が最終的にはその食生活を放棄している。しかも、その半数以上は最初の一年以内に諦めている。[23]

アメリカなどの先進国では、食肉生産のための土地利用は一九六〇年代にピークを迎え、インドやブラジルなどの開発途上国でも同様に、牧草地としての利用はすでにピークを迎えて減少している。[24]

要因の一つに牛肉から鶏肉へのシフトがある。牛肉のタンパク質一グラムを生産するには、豚肉一グラムの二倍、鶏肉一グラムの八倍のエネルギーを飼料として投入しなければならない。[25]

ただし、この違いのほとんどは効率化による。アメリカで鶏肉を屋内で生産し始めた一九二五年から二〇一七年までの間に、養鶏家は給餌時間を半分以下に短縮しながら体重を二倍以上に増やした。[26]

アメリカの食肉生産量は一九六〇年代初頭から約二倍に増加したが、家畜からの温室効果ガス排出量は同期間に一一％減少した。[27]

フォアは著書の中で、工場畜産は放し飼いの牛肉より自然環境にずっと悪いと主張している。彼は「私たち消費者の豚肉や家禽類に対する欲求を土地の容量で制限することが［もしも本当に］できるなら、［放牧］畜産に反対する決定的な理由はない」と書いているが、[28]フォアが言う「増えすぎた人口を抱えている我々の世界」では、放牧に切り替えたほうが本当に自然に良いのだろうか？[29]

一五件の研究を分析した結果によれば、牧草牛肉は工場牛肉に比べて一キログラム当たり一四倍から一九倍の土地が必要なことがわかっている。[30]水の投入についても同じだ。豊かな国の高効率の工場農業は、貧しい国の小規模農家の農業に比べると、生産量当たりの水の必要量は少ない。[31]牧草牛肉は工場牛肉より一キログラム当たり三〇〇〜四〇〇％多くの炭素を排出する。[32]

この排出量の違いは、牛の餌と寿命に起因する。工場で飼育された牛は、通常、生後約九カ月で放牧場から肥育場に送られ、その後、一四カ月から一八カ月で屠畜される。牧草飼育の牛は、全生涯を放牧地で過ごし、生後一八カ月から二四カ月までは屠畜されることはない。牧草飼育のほうが体重増加が遅くて長生きするため、糞尿やメタンの産出量が多い[33]。

牛の寿命が長いことに加えて、有機農場や放牧農場で典型的な粗飼料を多用した場合、牛はより多くのメタンを放出する。これらの事実を総合的に勘案すると、（トウモロコシなどの）濃厚飼料を食べさせた牛が地球温暖化に寄与する割合は、（牧草などの）粗飼料を食べさせた牛より四〜二八％低いと考えられている[34]。

工場畜産から有機畜産に転換しようとすると放し飼いになるので、広大な土地が必要になる。そしてマウンテンゴリラ、キンメペンギンなどの絶滅危惧種が必要な生息地を破壊しかねない。フォアは一九世紀の農法を意図せずに提唱しているが、もしもこのように転換されたら、ヴィルンガ国立公園のような野生生物が豊富な保護地域を巨大な牧場に変えなければならなくなる。

農家たちがこの点をフォアに指摘していることが、彼の著書でも紹介されている。「何十億人もの人々に放し飼いの卵を届けることはできない。……ケージに入れる大規模な養鶏場で卵を産ませるほうが安上がりである」そして「その方法は、より効率的であり、つまり持続可能であることを意味している。……家族経営の農場で一〇〇億人の世界を維持できると思えるだろうか？[35]」

4 肉は生命

二〇〇〇年、科学ジャーナリストのニーナ・タイショルツは、ニューヨークのある新聞にレストランの紹介記事を書き始めた。彼女には「食事代を払うほどの予算はなかったので、シェフが出してくれるものなら何でも食べていた」そして、彼女自身が長い間避けていた牛肉やクリーム、フォアグラといった食物を口にしていることに気づく[36]。

彼女は二〇年にわたって、ほぼベジタリアンだった。そして「地中海式ダイエットが一九九〇年代に紹介されたとき、私は赤身の肉を減らして、オリーブオイルともう一皿の魚を追加した」と語る。「とくに動物性食品に含まれる飽和脂肪酸を避けることは、人が健康のためにできる最も効果的な対策のように思っていた[37]」

それまでの二年間、彼女は広く勧められていた野菜、果物、穀物を多くとり、毎日運動をしていたが、それでも余分かつ頑固な体重を落とすのに苦労していた。ところが、シェフが彼女に提供した高脂肪の食事を食べ始めると、奇妙なことが起こる。飽和脂肪酸の多い動物性食品を食べたにもかかわらず、二カ月間で一〇ポンド（四・五キロ）も減量できたのだ。そして、自分は高脂肪の料理を食べるのが大好きだということに気づく。高炭水化物の地中海料理に比べて、「複雑で、驚くほどの満足感が得られた[38]」。

同じ頃、タイショルツは雑誌『グルメ』から、植物油からつくられるトランス脂肪酸をめぐる論争が大きくなっていることについて執筆を依頼された。けれども、この問題について調べ始め、さまざまな資料を読めば読むほど、「この話がトランス脂肪酸よりもはるかに大きく複雑なものだと確信するようになった」[39] そこで、さらに調査を進めることにした。

九年後の二〇一四年、サイモン&シュスター社からタイショルツの『大きな脂肪の驚き（*The Big Fat Surprise*）――なぜバター、肉、チーズを食べることが健康的なダイエットにつながるのか』が出版され、ベストセラーになった。彼女は本の中で一連の根拠を報告する。動物性脂肪が多く含まれる食事が心臓病や肥満につながるという栄養学の常識に挑戦し、一九五〇年代と一九六〇年代に実施された一連の臨床試験の結果を証拠として使った。証拠群からは、心臓病や肥満への影響は見受けられないこと、あるいは飽和脂肪酸の高い食事は逆に有益であるかもしれないことが示唆されていた。

「現在、臨床試験の結果についての文献を調べた論文が少なくとも一七編あり、そのほぼすべてが飽和脂肪酸が死亡率に影響を与えないと結論している」と彼女。

タイショルツの本は、二〇〇七年に出版された科学ジャーナリストのゲイリー・タウベスによる『良いカロリー、悪いカロリー（*Good Calories, Bad Calories*）』に強い影響を受けている。タウベスの本は、脂肪を「悪」としていた従来の常識に初めて挑戦するものだった。

タウベスは二〇〇〇年代初めにサイエンス誌やニューヨーク・タイムズ・マガジンに執筆していたとき、アメリカ心臓協会とアメリカ政府がそれぞれ一九六〇年代と一九八〇年代から推奨してきた植物性の低脂肪食と比較して、高脂肪食が体重減少と心臓病リスク因子の改善につながるという研究結果を発掘した。

「何十年もの間、肥満研究者たちは肥満がホルモン調節の欠陥によるものだと言っていたが、一九六〇年代になってインスリンが脂肪の蓄積を調節していることが明らかになった」とタウベスは述べる。「その発見で彼らはノーベル賞を受賞した。その一人は、『インスリンが脂肪の蓄積を調節するのであれば、肥満が糖尿病を引き起こすのではなく、軽度の糖尿病が肥満を引き起こすのではないか？』とも語った」

しかし、それから何十年経っても高脂肪食は危険であるという科学的常識が消えることはなかった。その常識に従い、多数の政府が、炭水化物が多く、動物性タンパク質が少なく、動物性脂肪が非常に少ない食事を勧めた。

タイショルツとタウベスは、「一カロリーは一カロリーである」というエネルギーバランス理論として知られる従来の常識は間違っていると信じている。体が炭水化物を処理する方法と脂肪を処理する方法とは根本的に異なるからだ。私たちが炭水化物を体に取り入れると、体は脂肪を貯蔵庫に閉じ込めておこうとする。肥満や糖尿病は、体が適切に取り扱うことのできる炭水化物よりも多くの炭水化物を取り入れることで生じるホルモンのアンバランスの結果だと、彼らは言う。

正統派の常識に挑戦していた人々は少数派であった。だからといって、彼らが異端の科学者であったわけでもない。「二〇世紀半ばの小児肥満症の最高権威と、同じ時代の著名な内分泌代謝科医も同じ主張をしていた」とタウベス。

「肥満、心臓病、がんはすべて、西洋型食生活に切り替えて砂糖や精製穀物を食べ始めた人たちに現れたと、イギリスの研究者は語っている。砂糖や精製穀物はインスリン分泌に独特の影響を及ぼす」タウベスは説明する。

「アメリカの中年男女の約半分に見られる体重増加や高血圧などの身体異常であるメタボリックシンドロームは、脂肪分ではなく食事の炭水化物含有量に関連していることが発見された。そして糖尿病と肥満に直接関連している」【訳注：日本では農林水産省が、健康づくりのために、一日に何をどれだけ食べたら良いかを示した「食事バランスガイド」を作成している】

5 生命のための死

人類の私たちより前の祖先は、生肉を食べるのをやめて火で肉を調理することで、はるかに大量のタンパク質を消費できるようになった。そして人類進化の新しい理論によれば、消化の働きが少なくて済むため、腸が小さくなり、脳を大きくすることが可能になった。

脳が大きくなったので、人類の祖先は、他の霊長類のように妊娠期が一二カ月ではなく、九カ月で早産するようになる。母親は「未熟な」赤ちゃんを、動物の膀胱や皮で抱きとめた。こうした技術によって赤ちゃんを、「妊娠第四期」と呼ばれる期間を子宮外で効果的に過ごさせることが可能になった。最終的に完成したのが脳だ。人間の脳は他の霊長類の脳と比べると、単位重量当たり二〜三倍のエネルギーを必要とする。(40)

二〇〇万年前の狩猟採集民は、タンパク質や炭水化物よりも動物性脂肪を大切にしていた。理由は明らかで、動物性脂肪はタンパク質の二〜五倍、果物や野菜の一〇〜四〇倍のエネルギーを含んでいるからだ。動物性脂肪の密度が高いため、初期の人間は炭水化物より少ない労力で、より多くのエネルギーを得ることができた。(41)

「肉の消費は常に男性的な力、肉欲やテストステロン、性欲と結びついている」とタイショルツ。「強さの元になる。強くなるために必要なタンパク質と栄養素を与えてくれる。だから、それは性的で男性的な欲望につながっていると考えられる」

狩猟採集民は定住すると、早く効率的に成長させるために動物を家畜化した。主に家畜化されたのは、人が食べることのできない物を食べる動物で、たとえば反芻《はんすう》動物は哺乳類が食べられない草を消化するために腸内に特殊な微生物をもっている(42)。

現在でも、多くの人にとって肉が重要なエネルギー源であることに変わりはない。「私の代謝には肉と卵が必要だ」と動物福祉の専門家テンプル・グランディンは言う。「動物性タンパク質を食べないと、頭がフラフラして、しっかり考えられなくなる。ビーガンの食事を試したことがあるが、私はそれだけでは働けない(43)」

私も同じだ。ベジタリアンだった一〇年間、炭水化物の多い昼食を食べた後は、前の晩にどれだけ睡眠をとっても、午後にはたいてい疲れが出てきた。肉を食べるようになってからは、眠気を感じることもなく午後まで仕事ができるようになった。

ビーガンやベジタリアンは、赤身の肉を食べないのでビタミンB12や鉄分が不足し、結果として疲労感や頭痛、めまいが起こりやすいということを示す研究もある(44)。

人がベジタリアンになる理由はさまざまで、やり方もまたさまざまだ。倫理的な理由でベジタリアンになる人もいれば、健康のためにベジタリアンになる人、環境のためにベジタリアンになる人、そしてバーナデットのように肉を食べる余裕がないからベジタリアンになっている人もいる(45)。

多くのベジタリアン同様、私の動機も時間とともに変化した。一方で私は熱帯雨林を救いたいと思っていた。もう一方で、尋ねられたら健康のためと答えていた。なぜなら、倫理的な理由をあげると、そこから始まってしまうかもしれない議論を避けたかったからだ。

私の経験は珍しいことではない。リベラリストと環境主義者は、保守派よりもはるかにベジタリアンになる可能性が高い。そして、女性は男性よりもベジタリアンになる可能性が高いが、男性も女性も思春期や若年世代が他のどの年齢よりベジタリアンになる可能性が高い(46)。

「僕は一四、一五歳のときに肉を断ったんだ」私の知り合いで四〇代半ばのエリックは言う。「ストレートエッジ【訳注：アルコール、タバコ、違法ドラッグを摂取しないというスタイル】のバンドをやっていたんだ。ストレートエッジを知ってるかい？　フガジの曲を知ってるかい？」

私は知っていると答えた。フガジは一九九〇年代に影響力があったポスト・ハードコア・バンドだ。

「女はダメ、マリファナもビールもなしのベジタリアンさ」とエリック。「でも四週間しか続かなかった。マリファナの売人と友達になってスカ【訳注：ジャマイカ発祥の音楽】のバンドになったからね。それでも菜食主義にこだわったのは、そのほうが人生をより良いものにしてくれたから」

エリックは肉の食感が嫌いだと言う。「シェフに言われたことがあるんだけど、僕の問題は食べ物をすり潰すのが好きじゃないってこと。生のトマトが気持ち悪い。肉を焼いて手にもってみたら、生まれたての赤ちゃんのようで嫌な気持ちになったこともある。［肉を使っていない］『インポッシブル・バーガー』も注文してみたけど、肉にまつわる嫌なことがいろいろと思い出されて、気持ち悪かった」

何十年もの間、心理学者は菜食主義と嫌悪感との関係に関心をもっていた。イギリスの思春期の少女を対象にした研究によれば、ベジタリアンは肉を残酷さ、殺人、血の摂取、嫌悪感と結びつけている(47)。

「そう、嫌悪感」とエリック。「肉による汚染も気になる。チーズとペパロニが半々なら、そのピザは食べないよ。チーズがペパロニに触れた可能性もあるから」

ベジタリアンが肉を「汚染の素としての死の象徴」と見なしていることを、最近、イタリアの心理学者チームが見つけた(48)。このテーマは、ベジタリアンが書く文章には何度も何度も取り上げられている。「私たちが工場で飼育された肉を食べれば、私たちは文字通り、拷問された後の肉に生かされていることになる」とフォアは書く。そして「その拷問された肉は徐々に私たちの体の一部になる[49]」

一九八九年に私が大学に入学したとき、動物愛護運動家たちは、工場畜産の恐ろしい飼育環境が写っているビデオをしきりに見せたがった。「もし誰かが、肉がどのように生産されているかの動画を見せたいと言ってきたら」とフォア。「それはホラー映画だよ[50]」

インターネットが普及する以前は、PETA（動物の倫理的扱いを求める会）のような団体がそのようなビデオをつくって配布していたので、一九八〇年代後半に私や大学時代のガールフレンドやインディアナ州のクエーカー大学の友人の多くが肉食をやめた。

そして、今でもこうした動画が若者をベジタリアンへと引き寄せている。「小学五年生のときにベジタリアンになりました」二〇二〇年に二五歳になった同僚のマディソンは言う。「私のディベートのテーマは菜食主義で、目標はクラスを説得することでした。動物虐待や動物飼育についてのビデオを多数見て、本当に動揺しましたよ。人生の大きな目的になりました。それから一二年経っていますが、肉を必要としているとは感じません」

一九九〇年代になると、PETAは巨大ブランドを追い詰める力を学ぶ。マクドナルドのサプライヤーである農場が動物を虐待しているビデオを配布したのだ。

一九九九年、マクドナルドは動物福祉の専門家テンプル・グランディンを雇い、サプライヤーの農場を監査した。彼女はこの監査で見たことに嫌悪感を覚えた。[51]「壊された気絶処置装置、怒鳴り声と叫び声、牛を殴り、電気棒で何度も牛を突いて。それは恐ろしかった」

そのときグランディンは、すでに動物の人道的扱いの第一人者だった。一九七〇年代に彼女は、屠殺に向かう牛のストレスを軽減させる屠畜場の設備を設計していた。一九九三年には、家畜の最善の扱い方についてテキストを編集した。

グランディンは自身が自閉症だったので、牛の気持ちを想像するのは簡単だったと言う。「私は神経過敏だった。天井の水垢のようなちょっとしたことでもパニック反応を起こした。そして牛も同じようなものを怖がる」(52)

科学者たちは自閉症を発達障害として定義している。コミュニケーションや社会的な交流に困難を伴い、限られた反復的な思考や行動が特徴だ。

しかしグランディンは、自閉症であることが自分に独特の洞察力を与えていることに気づく。肉牛などの動物が音や視覚刺激に敏感であるのと同じように、自閉症は彼女を敏感にさせた。「動物は言葉では考えない」と彼女は言う。「絵で考える」(53)

フォアは自著でこう述べる。「工場で飼育された豚肉を食べるのは明らかに間違いだ。……家禽や海洋動物も……肥育場で飼育された牛肉であれば、少しはましだ。「そして一〇〇％放牧場で飼育された牛肉は、屠殺の問題はさておき、おそらくすべての肉の中で厄介さは少ないだろう……」(54)

しかしグランディンは、牛を穏やかに育てるために牧草地が必要であるとは思ってはいなかった。むしろ、牛が最もほしがっているのは清潔さと予測可能性だと考えていた。「牛舎を乾燥させておくこと、牛を清潔にしておくこと、これが本当に重要なのである」(55)

グランディンは、それまで無視されていた鎖の振れる様子や、何かを叩く大きな音など、視覚的、聴覚的な驚きによって牛が神経質になることを発見している。いつもと違うと感じると、牛は危険と感じ、ストレスを受ける。(56)

「経営者を納得させて慣行を変更させるには、倫理的な理由だけでは十分ではなかった」彼女は人道的かつ利益になる方法を見いださなければならなかった。すぐに彼女と学生たちは、飼育中に落ち着いていた牛のほうが、ストレスを受けていた牛よりも体重の増え方が早いことを証明した。ストレスホルモンは肉にダメージを与えるので、家畜の恐怖心を減らすことも利益につながる[57]。

グランディンの監査によって、最終的には五〇以上の農場がより人道的かつ効率的になった[58]。ただし、すべての問題を解決することはできなかった。監査を開始してから一〇年後の二〇〇九年、グランディンは、監査した牛肉と鶏肉の屠殺場の四分の一がそもそも合格するレベルではなかったことを見いだしている[59]。しかし「昔の悪かった時代に比べれば、劇的に改善されている[60]」。

6 死の本質

ベジタリアンがよく聞かれる質問に、なぜ人が動物を食べるのは倫理に反するのに、動物が動物を食べることは倫理に反しないのか、というものがある。

「肉を食べることは『自然なこと』かもしれないし、ほとんどの人はそれを受け入れられるかもしれない。確かに人間は非常に長い間そうしてきたが、それが自然であるかどうかは道徳上の議論ではない」とPETAのスポークスマンは述べる。「事実、人間社会と道徳的進歩の全体を見れば、『自然』と言われているものを明らかに超越している[61]」

大学の学部生だった私は、ベジタリアンの意味を理解しようとして、この意見に説得力を感じたのを覚えている。私たちが強姦や殺人を禁止しているのは、不自然だからではなく不道徳だからだ。

しかし、動物の権利を主張する道徳的議論は一見すると確かに思えるが、実際には動物福祉の議論であることが多い。

よく使われる奴隷制と肉の比較を考えてみる。奴隷制が不道徳であると理解された結果、人は自由になった。しかし、肉を不道徳だと決めたとしても、動物は自由にはならない。そこから動物は生まれてこない。

生命を創造して奪うより、生命を創造しないほうが倫理的か？　正解はないとフォアは言う。その代わり、彼は残酷さの問題に立ち返る。

フォアは、グランディンが最初に仕事を始めた頃に作成した工場畜産に関する報告書を引用している。グランディンは「意図的な残虐行為」を記録していると、フォアは指摘する。そして「意図的な行為が」フォアが強調する。「定期的に発生している」(62)

しかし自然界には、屠畜場よりも残酷な行為がたくさんある。

「西部の牧場で、コヨーテに体の片側の皮を完全にはぎ取られた子牛を見た」とグランディンは書いている。「子牛はまだ生きていたが、牧場主は子牛を撃つしかなかった。もしも私に選択の余地があったなら、生きたまま引き裂かれるよりも、よく管理された近代的な屠畜場に行くほうがいい(63)」

子牛の視点から見れば、自然界の無作為で痛みを伴う本能的な残酷さよりも、意図的で制御された痛みのない現代の食肉処理場のほうが良いかもしれない。いずれにしても食肉の倫理は主観を避けられない。独断的に考えるべきものではない。

それなのに、ベジタリアンのジャーナリストや運動家、科学者の中には、環境保護の名の下に、とくに気候変動に関連して、自分たちの考えに従うように要求する者がいる。しかも、目立たないようにだ。

「私が出会った気候科学者や環境主義者の九〇%はベジタリアンです」とフォアは二〇一九年にハフィントンポスト紙に語る。「そうではない人も、ほとんど肉を食べていません。言わずもがなのようです。彼らがもっと話をしてくれればいいのですが、見ていて心強いです[64]」

しかし、科学者がこのことを語ろうとしないのは、ベジタリアンであるために科学的な客観性に偏りが生じているのではないかと、人々が疑問に思うからかもしれない。私は調査する中で、動機を隠しているベジタリアン運動家に何人も会っている。

「私の友人が数年前に経験したことです。若い二人の男が来て、農場生活のドキュメンタリー映像を撮りたいと尋ねてきました」と、ある農家がフォアに語る。「良さそうな人に見えました。でも、彼らは鳥が虐待されて見えるように映像を編集していました。……文脈から外れたものが撮られていたんです[65]」

「私が一九九〇年代にこの調査を始めて、食品中の塩分を調べていたときのことです」科学ジャーナリストのゲイリー・タウベスが話してくれた。「ハーバード大学の栄養士から話を聞く機会がありました。彼は自分の食べ方が正しいことを人々に示せるように、一九六〇年代後半にバークレーで菜食主義者の学生として栄養学を学んだと、私に話してくれました[66]」

フォアによれば、PETAの運動家たちは気候変動に関する科学的権威として、IPCCのトップだったラジェンドラ・パチャウリを利用しているが、その理由は「彼が純粋に環境の観点から、菜食主義こそ先進国の誰もがとるべき食事であると主張しているからである[67]」

フォアは、環境よりも反資本主義的なイデオロギーから畜産を非難することもある。「市場の経済状態は必然的に不安定化に向かう[68]」

そのような論理に基づいてフォアは、養殖サケを天然のサケより環境に悪いと攻撃する。しかし、養殖サケは天然のサケと同等の栄養価をもつだけでなく、天然のサケの代わりとなって乱獲を減らす可能性を秘めている。乱獲はほとんど話題にならないが、それこそが人間が野生動物に及ぼす最悪の影響なのだ。[69]

「ベジタリアンの道徳的明快さを羨む自分がいると言わなければならない」と、カリフォルニア大学教授でジャーナリズムを教えるマイケル・ポーランは、二〇〇七年に発刊された自著『雑食動物のジレンマ（*The Omnivore's Dilemma*）』で記している。「その一方で、彼らを哀れむ自分がいる。無邪気な夢は、たそれだけであり、彼らはたいてい現実を否定することに頼っていて、それ自体が傲慢の一形態となり得る[70]」

独断的なベジタリアンは独断的な環境主義者と同じように問題だ。動物の生活環境を改善し、農業の環境影響を減らすために必要とされる人材を疎外してしまう。

「一九八〇年代に、産業界が動物団体とコミュニケーションを図ろうとしましたが、本当にひどい目に遭いました」と、ある農家がフォアに語る。「七面鳥の農業団体は、もうこれ以上のことはしないと決めました。私たちは心の壁をつくり、それでおしまいです。話すこともないし、農場に人を入れることもありません。これまで通りです。ＰＥＴＡは農業について対話をしたいとは思っていませんでした。彼らは農業を終わらせたいのです。彼らは、世界が実際どのように機能しているのかを全く理解していません[71]」

二〇一九年夏の終わり、英国医学ジャーナル誌（ＢＭＪ）が数十年来の正統派の考えを覆す栄養科学のレビュー論文を掲載し、タウベスとタイショルツは自分たちの主張が部分的にでも立証されたように思った。

「飽和脂肪酸を多価不飽和脂肪酸に置き換えた食事が心血管疾患や死亡率を減らすとは、説得的には言えない」と、その論文にある。著者らは「食事と心臓が関係しているという仮説は無効であるか、あるいは修正が必要であると考えるべきだ」としている。

著者の一人は、フランス人が脂肪分の多いものをたくさん食べるのに太らない理由を説明するために、「フランス人のパラドックス」という言葉をつくっている。BMJ誌の論文と、タウベスとタイショルツによって収集された科学的な証拠は、それがパラドックスではないことを示唆していた。[72]

一カ月後、菜食主義の批評家がBMJ誌に反応し始めたのと同じ時期に、アメリカの有名な科学雑誌である内科学紀要に、肉消費に関する最大規模でより厳密な二つの研究が発表された。それらの研究は、赤身の肉を食べることによる健康への悪影響は、あるとしても小さすぎて問題にならないことを明らかにした。[73]

「だからといって、好きなだけ肉を食べていいと解釈するべきではない」と、飽和脂肪酸の少ない食生活を五〇年間提唱してきたニューヨーク・タイムズ紙の医学コラムニストは書く。「しかし、この研究が対象にした範囲は広く、多くの人が信じているほど肉食を否定する根拠は確固としたものではないという、先行研究を確認している[74]」

炭水化物支持で反脂肪を推し進めることは、人間だけではなく環境にも悪いことがわかった。豚の脂肪を減らすと、飼料を体重に変換する効率が低下する。低脂肪を進める方法では、通常の脂肪の方法を実施するのに必要とされるよりも、多くの穀物、したがってより多くの土地が必要となる。[75]

このように、食肉に関して人々が抱いている懸念の多くは見当違いだった。FDA、WHO、FAOは、成長促進ホルモンを使用して生産された肉が人間に安全であると結論づけているにもかかわらず、消費者は肉にそのホルモンが使用されていることに不安を感じ続けている。ホルモンの使用よりも、肉に脂肪が含まれていないことに関心をもつべきだ[76]。

7 野生の肉を食べてはいけない

貧しい国や開発途上国で野生動物が減少している要因の一つが野生動物の狩猟と消費であることに変わりはない。世界の野生動物の数が一九六〇年から二〇一〇年までの五〇年間で半減していることを思い出してほしい。つい最近まで野生動物が生息していたアフリカ、アジア、ラテンアメリカの森林が狩猟によって「空っぽの森症候群」に陥っている[77]。コンゴ盆地ではすべての哺乳類の分類群（生物を分類するための単位）の五〇％以上が持続不可能な形で狩猟されている[78]。

コンゴのような貧しい国では、マウンテンゴリラやキンメペンギンなどの絶滅危惧種の生息地を圧迫しないためにも、食肉の生産性を高めて国民にもっと多くのタンパク質を供給しなければならない。

開発途上国では、一九六四年から一九九九年の間に一人当たりの食肉消費量が年間一〇キロから二六キロに増加したが、コンゴなどのサブサハラアフリカ諸国では、一人当たりの食肉消費量に変化はない[79]。私がバーナデットに、彼女と家族がどれくらいの頻度で肉を食べているか尋ねたら、悲しそうにため息をついて「たぶん年に一度のクリスマスだけ」と答えた。

コンゴの人々はマウンテンゴリラを食べるわけではないが、それでも毎年二二〇万トンもの野生動物を殺して食べている。家畜化された安価な肉が不足しているからだ[80]。

家畜化された食肉という形で、安価で容易に入手できる代替品を生産することは、自然保護運動家の優先事項であるべきだ。食肉生産に必要な土地の面積を減らせば、人と野生動物のためにより多くの土地が得られる。

「コンゴ東部などの地域では、野生動物の肉の消費を減らすために、養魚場のような代わりになるものを導入する努力がされてきました」と、霊長類学者のアネット・ランジュは私に話す。「人々はキャベツとニンジンが食卓に上れば、それで十分に幸せでしたけど、商品になる唯一の物は輸送するだけの価値があって、[現金を手に入れるために] 売ることができる肉でした。肉は燻製にして乾燥させれば都市部まで長距離輸送することができます」[81]

北米の最も効率的な食肉生産は、アフリカの最も効率的な食肉生産の二〇分の一の土地しか必要としない。野生動物の肉を鶏、豚、牛などの近代的な肉に置き換えて必要になる土地は、全世界の農業に使用されている土地の一％未満だ。[82]

専門家の言う「家畜革命」を実現するための技術的要件は単純明快だ。農家は動物の繁殖、飼料、そして採餌のための草の生産性を改善する必要がある。肉を増産するためには、飼料の質の改善や収量の増加にも併せて取り組まなければならない。

アルゼンチン北部では、農家は牧草飼育の牛肉を最新の工場生産に置き換えることで、牛の放牧に使用される土地を九九・七％削減することができた。[83]

私たちも考え方を変えなければならない。本物の毛皮、象牙、べっ甲を好む傾向を克服したように、野生動物が再び繁栄するために、家畜化された肉をもっと好むように考え直し、野生の肉や魚から離れていかなければならない。

8　食と罪を超えて

心理的な理由が何であれ、菜食主義は合理的な根拠と考察に基づいているというよりは、動物を殺すことへの感情的な拒絶から生じているように見える。それはフォアも認めている。「食べ物というものは、どれに使われる水が少ないかとか、どれの苦痛が少ないかということから単純に計算して決めることはできない[84]」

確かに、私が肉食に戻ったときは、ほとんど本能のおもむくままだった。知的な判断ではなかったし、倫理的な疑問について読んだり話し合ったりする時間を割いたわけでもなかった。妊娠中の妻がフィレミニヨンを料理していて、いい匂いがしたので食べてみただけだ。

肉食への欲求を合理化する人もいる。「〔サンフランシスコ〕ベイに引っ越してきたとき、おいしい食べ物があるという評判を聞いていたので、自分に課していた制限のせいで損をすると思ったのよ」同僚のマディソンが言う。「シーフードは明らかに倫理的に違うから食べようと思っていた。でも、パリに行って間違えてパテを食べたら、『もういいや』って感じ」

「でも動物を殺すという行為は、まだ気になるかい？」

「そうね…考えないようにしてる」

「でも、倫理的には大丈夫だと判断したんだろう？」

「大人になってから、小さかったときみたいに物事を白か黒で見なくなった。それが気候変動との戦いには思っていたほどのインパクトがないことを学んで、やる価値がないと思った。実際に地球を助けていないなら、判断は間違いなく変わる。それに人と動物との区別がはっきりしてきた。鶏を殺すことと人間を殺すことは同じじゃない。そこには大きな違いがある」

フォアはそれを理解していた。そして、動物を食べることが倫理的か非倫理的かという根本的な問題についても、私たち全員に当てはまるような唯一の道徳的答えはないことを認め、こう結論している。「もしも動物を食べるのをやめて不健康になるのだったら、それはベジタリアンにならない理由になるかもしれない。……もちろん、肉を食べるような状況は思いつくし、犬を食べるような状況さえあるかもしれない。しかし、私がそのような状況に遭遇することはないだろう(85)」

私たちは単純に個人の好みで動いている。そして、世界中でほとんどの人が肉を好んで食べている。ベジタリアンであっても本当のベジタリアンではない。研究者によると、欧米諸国のベジタリアンの大多数が、魚や鶏肉、ときには赤身の肉を食べることもあると答えている(86)。

フォア夫妻は婚約した週にベジタリアンの誓いを立てたが、その後でも「私たちはときどきハンバーガーやチキンスープ、スモークサーモンやツナステーキを食べていた。でも、たまにしか食べない。気が向いたときだけだ(87)」

フォアの本のクライマックスは、彼がより共感的な立場を受け入れたところだ。「動物を食べるかどうかは、つまるところ直感的に何を理想と思うかによる。もしかしたら、この理想のことを間違って『人間的であること』と言ってしまっていたかもしれない(88)」

PETAも同様だ。「グランディン博士が示してくれたように」と創設者のイングリッド・ニューカークは語る。「檻の中で一生を過ごすことになる動物たちに、少しでも快適さと安らぎを与えるために闘う価値はある。檻を空にすることを求める人々がいたとしても(89)」

結局のところ、フォアは道徳者としてではなく、個人の物語として読まれたいと思っている。「動物を食べないという私の決断は、私にとって必要なことだが、そこにはまた限界もあり、個人的なものである。それは人生の中で私が自分自身に交わした約束であり、他の誰のものでもない」と。

第8章　自然を守るのは爆弾

1　原子力の終焉

二〇一一年三月一一日、大地震による津波が日本の東海岸にある福島第一原子力発電所を襲った。津波の高さは四九フィート（一五メートル）に達し、バックアップ用のディーゼル発電機が浸水した。電気が止まってポンプが停止し、三つの原子炉の炉心にある高温のウラン燃料棒へ冷却水を安定して流すことができなくなった。数時間のうちに燃料棒は過熱して溶解し、一九八六年のウクライナ・チェルノブイリ原発事故以来、最悪の原発事故の引き金となった。

福島の事故のずっと前から、原子力発電は斜陽になっていた。一九七九年のスリーマイル島の事故以来、アメリカで新しい原子炉は一基も建設されておらず、老朽化が進み、代替計画も進んでいない。

福島原子力発電所の事故は、新たな原子力発電所建設計画にさらにブレーキをかけ、承認済みの原子力発電所の建設を遅らせ、ドイツ、台湾、韓国は、原子力エネルギー利用を段階的に完全停止させる方向へ切り替え、原子力利用の衰退を加速させた。そして福島は、世論をさらに反原発へ押し進めた。

専門家によれば、原子力発電所をより安全にするためのあらゆる努力がコストを押し上げるので、費用対効果を高めるためには政府からさらに多くの補助金が必要になる。福島のような事故による経済的損失コストを日本の民間シンクタンクは三五兆円から八一兆円（三一五〇億ドルから七二八〇億ドル）と見積もっていて、補助金と相まって原子力は最もコストのかかる発電方法となった。[1]

フィンランド、フランス、イギリス、アメリカでは、原子力発電所の計画が予定より大幅に遅れ、予算も大幅に超過する。イギリスのヒンクリーポイントCにある二基の新原子炉は、二六〇億ドルの費用がかかると見積もられていたが、今では二九〇億ドルになると言われている。[2] ジョージア州オーガスタ近郊の発電所拡張には四年が必要で、二基の原子炉の新設には一四〇億ドルかかると言われていたが、今では工事期間は一〇年に延長され、総計も二七五億ドルに増えると予想されている。[3] こうしたことで、原子力発電所は気候変動に対処するには遅すぎ、費用もかかりすぎると多くの専門家が言う。[4]

エネルギー専門家は、原子力発電には造れば造るほど悪くなる「負の学習曲線」があると言う。たいていの技術には「正の学習曲線」がある。たとえば二〇一一年以降、ソーラーパネルの費用は七五％、風力タービンは二五％低下した。[5] つくればつくるほど良くなり、しかも安くできるようになったのだ。対照的に、アメリカとフランスでは、二〇〇〇年以降に建設中または完成した原子炉の平均建設期間は一二年で、一九七九年のスリーマイル島のメルトダウン事故前の二倍の期間がかかっている。[6]

先進国は原子力の利用を放棄しつつある。ドイツは段階的廃止をほぼ完了している。フランスは原子力を電力の八〇％から七一％まで削減して、さらに五〇％にまで削減することを約束している。アメリカでも二〇三〇年までに二〇％から一〇％に削減される可能性がある。ベルギー、スペイン、韓国、台湾はすべて、原子力発電所の段階的廃止に入った。原子力産業は新しい小型原子炉を推進している。けれども、韓国がアラブ首長国連邦で実施している四基の大型原子炉を有する発電所建設プロジェクトを、アメリカがデザインする先進的設計のものに置き換えようとすると、約一〇〇基の小型原子炉、つまり一二基の小型原子炉を備えた発電所が八カ所必要になる。

将来の世代は、世界の電力の一八％を原子力が発電していた一九九六年を、原子力技術のピークとして振り返るのかもしれない。二〇一八年には一〇％まで落ち込んだ。数年以内に五％になるかもしれない。

誰も気がつかないうちに、原子力エネルギーは遠い記憶になっているかもしれない。あるいは、人類が核兵器の発明という過ちを償おうとしたときに行うべきことが、その技術を完全に廃棄することだったという、人類共有の悪夢になっているのかもしれない。

これがよく言われている話だ。ここまでに書いてきたことは技術的には正確な話だが、反核運動家が五〇年前から行ってきたのと同じように、私もわざと誤解を招くように重要な事実を注意深く省いてみた。

2 「大変なことになりそうだな」

「科学の世界に進むことに疑いの余地はありませんでした」ジェリー・トーマスは話す。(7)二〇一八年七月下旬、私たちはマサチューセッツ州ボストン都市圏近郊のブルックラインにある私の姉の家で裏庭に座っていた。

ジェリー（ジェラルディーンの通称）は、とくに福島とチェルノブイリの原発事故に関する放射線と健康全般についての専門家だ。ロンドンのインペリアルカレッジで分子病理学の教授を務め、チェルノブイリ組織バンクを立ち上げていた。

「両親は病院で知り合ったみたいです。母は組織学、父は血液学の研究をしていました。逆だったかな」

彼女は笑う。「思い出せません」

私が自分の原稿やスピーチに引用したかったので、事故について彼女に何度も電話をかけて以来の付き合いだった。同じ頃に私たちはボストンにいたので、仕事と人生について話を聞けないか尋ねた。

ジェリーは一一歳のときに、最初の悲劇に見舞われた。「水泳の授業の後、更衣室にいた同級生が私に向かって、『君のお母さんは白血病で死ぬんだよ』と言ったんです。私は『違うよ、がんじゃなくて二次性貧血だよ』と答えました。彼女は『そうじゃないよ！』と言って走り去っていきました」

それから数カ月経って、北ウェールズのサマーキャンプに行く四時間のドライブの間に、ジェリーの父親が恐ろしいニュースを彼女に伝える。母親は本当に白血病を患っていて、すぐにも死ぬかもしれないと。「私は一時間泣いていました。それから、父が私を車から降ろしました。今思うと、泣き続ける子供を相手にしたくなかったのかもしれませんね」

その年の九月に学校が再開する頃には、ジェリーは母親も良くなっていると思っていた。実際には、母親は終わりに近づいていた。

「最後に母に会ったときには、もう私が誰だかわからなかったです。母は私と同じ体格でしたが、そのときにはもう、がい骨のようでした。母をトイレに連れて行きましたが、その何日か後に亡くなりました」

そのときの悲劇がきっかけで、ジェリーはこれから生きていくうえで何か大切なことをしたいと思うようになった。

「子供の頃にあのような経験をすると、人生で何かを成し遂げようという決意が生まれます。人生は短いと気づきます。待ってはいられません。私は待ちませんでした。クラスメートからはかなりきつい子だと思われていたでしょうけど、二歳年下の弟は重度の発達障害をもっていて、何が起こったのか理解できませんでしたし、父が毎日仕事に行けるように、一緒にがんばらなければいけませんでした」

ジェリーは医学の勉強を決意する。大学生になると大気汚染の危険性を知る。「大学の授業で、病院で検死の様子をグループで見学することになりました。私が見た最初の死体は年配の男性でした。病理医が肺を取り出して切り込みを入れると、黒い恐ろしいものがにじみ出てきました」

ジェリーは病理医に、故人が喫煙者だったかどうかを尋ねた。「先生は『いや、それは大気汚染の影響だね』と答えたのです。私たちはみな、とても驚きました。その人はヘビースモーカーだと思っていたのですが、そうではなくて、煙に覆われる街で角の窪地に住んでいたからだというのです」

一九八四年、ジェリーは甲状腺がんと乳がんの両方を評価する技術を開発する。上司は彼女に甲状腺がんを研究する機会を与えた。

「農薬が動物の細胞に及ぼす影響を研究しました。動物で副作用を理解しようとしていました。副作用が一つの細胞から来るのか、そしてそれが人間の健康と関係があるのか。がんを発症させるには、高線量の放射線を長時間浴びせる必要があることもわかりました」

一九八六年、彼女が二六歳のとき、テレビでチェルノブイリ原発事故のニュースを見る。

「これを見たとき『大変なことになりそうだな』と思ったのを覚えています。それ以上は考えませんでした。そして一九八九年、上司でもあった有名な内分泌病理学者の先生とイタリア人の内分泌臨床医の先生がベラルーシに行くことになりました。先生は帰ってくると、小児甲状腺がんの多さに明らかに震えていました」

一九八六年、ウクライナ共和国（当時はソ連の一部）で起こったチェルノブイリ原発事故は、史上最悪の原子力事故だった。プラントのオペレーターが無許可の実験をして制御不能に陥り、原子炉が火災を起こしたのだ。封じ込めドームはなく、放射性の粒子状物質が放出された。

ジェリーは甲状腺がん患者の研究のために、ベラルーシとウクライナへ定期的に通い続けた。彼女は最終的に「チェルノブイリ組織バンク」を設立し、摘出した甲状腺を保存して、放射線の影響を理解しようとする研究者が広く利用できるようにした。

国連によれば、チェルノブイリの消火活動後に消防士二八人が死亡し、その後二五年間に一九人の初期対応者が結核、肝硬変、心臓発作、外傷などの「さまざまな理由」で死亡している。[8] 国連は「死因としての放射線の影響は明確ではない」と結論している。

消防士の死はどれも痛ましいが、その数字の規模感を押さえることも重要だ。二〇一八年にアメリカでは八四人の消防士が死亡し、二〇〇一年九月一一日のテロ攻撃では三四三人が死亡している。[9]

ジェリーが指摘するように、チェルノブイリ事故による公衆衛生への影響は、初期対応者の死亡の他には、事故当時一八歳未満だった二万人の甲状腺がん患者の記録だけだった。国連は二〇一七年、チェルノブイリの放射線に起因する症例はその二五％の五〇〇〇件にすぎないと結論した。[10] それより前の研究では、国連は二〇六五年までにチェルノブイリ放射線に起因して最大一万六〇〇〇件の症例が出てくる可能性があると推定していたが、現在まで五〇〇〇件に留まっている。

甲状腺がんの死亡率は一％にすぎないので、チェルノブイリによる甲状腺がんによる死亡者数は、寿命を八〇年と考えると五〇～一六〇人だけになる。[11]

「甲状腺がんは、多くの人ががんとして考えているようなものではなく、適切な治療を受けた場合の死亡率は非常に低いのです。怖がる必要がないものに突然変わります。死刑宣告ではないんです。患者の命

オランダ人は海面下の土地で農業を行いながら裕福な国をつくった。現在、オランダ人専門家たちは、バングラデシュで海面上昇の適応策を支援している。(frans lemmens/Alamy Stock Photo)

オーストラリアやアメリカでは、森林に木質燃料が蓄積され、さらに、火事が発生しやすい地域に住宅が建てられている。これが、カリフォルニア州マリブで火災が増えている要因であると科学者たちは指摘する。(ZUMA Press, Inc./Alamy Stock Photo)

コンゴ民主共和国のヴィルンガ国立公園近くで、ヒヒにサツマイモを食べられた翌日のマミー・バーナデット・セムタガ。(著者撮影)

その国にごみの回収・管理システムがあるかどうかが、海に流出するプラスチックごみの量を決める。日本（上）のような先進国にはそうしたシステムがあるが、コンゴ（下）のような貧困国にはない。（日本：ton koene/Alamy Stock Photo; コンゴ：mauritius images GmbH/Alamy Stock Photo）

タイマイなどの天然材料が眼鏡フレームなどに使われていたが、石油からつくられたプラスチックがそれに取って代わった。(眼鏡：shinypix/Alamy Stock Photo; タイマイ：Andrey Armyagov/Alamy Stock Photo)

スパーティは17歳のときに村を出て、都市の工場で働き始めた。生活が苦しくなっても、農業に戻りたいとは思わなかった。(著者撮影)

コンゴのような貧しい国の女性は、大人も子供も薪割りをして運び、火を起こすのに時間を使わなければならないことのほうが、薪の煙より不満に思っている。(著者撮影)

テンプル・グランディンは、自身が自閉症なので普通の人より家畜のストレスに共感できると言う。マクドナルド社などでは、彼女の方法を採用して、より人道的な畜産を行っている。(Alison Bert/Elsevier)

カリフォルニア州のアイヴァンパ太陽光発電所がディアブロ・キャニオン原子力発電所と同じ電力を発電するためには450倍の土地が必要になる。エネルギー密度が低い再生可能エネルギーが環境に与える影響が本質的に大きいことを示している。(aerial-photos.com/Alamy Stock Photo)

19世紀には灯油に、20世紀にはパーム油に救われて、クジラの個体数は回復してきている。ディアブロ・キャニオン原子力発電所の前をクジラが泳いでいる。(John Lindsey)

産業用風力発電機の導入拡大が続くと、ホアリーコウモリの肺に圧力が加わる。それがコウモリの直接的・間接的死亡原因となって、絶滅が危惧されていると、2017年に野生生物学者が警告した。(Rick & Nora Bowers/Alamy Stock Photo)

カリフォルニア州知事ジェリー・ブラウンは、州の大気汚染規制の導入や、原子力発電所の計画中止や閉鎖によって、家族の石油独占を守った。(Associated Press)

絶滅の反乱の活動家たちは気候変動が人類を絶滅させると主張し、2019年の春と秋にロンドンの交通を麻痺させた。(Guy Corbishley/Alamy Live News)

ヴィルンガ・ダムのケイレブ（左）とダニエル。ダムは経済発展を支え、木質燃料の利用を減らし、マウンテンゴリラに対する脅威を軽減させる。(著者撮影)

2014年、ホワイトハウスの科学アドバイザーであるジョン・ホルドレン（左）は、ロジャー・ピエルケ（下）が議会を欺いたと主張した。1年後、アリゾナ州選出のラウル・グリハルバ下院議員は、ピエルケを調査すると発表した。（ホルドレン：NASA Image Collection/Alamy Stock Photo; ピエルケ：CSPAN）

ゴリラとヘレン。マウンテンゴリラのような絶滅危惧種を人間が保護するのは、人間の文明がそれに依存しているからではなく、精神的・審美的な価値があるからだ。(著者撮影)

を縮めるようなものではありません。重要なのはホルモンの補充です。チロキシンはとても安価なので問題になりませんでした」

甲状腺以外のがんはどうだったのか？　二〇一九年にアメリカのHBOで放映されたミニシリーズ「チェルノブイリ」では、「ウクライナとベラルーシで、がんの発生率が劇的に増加している」と伝えられた(12)。この主張は間違っている。WHOによると、これら二カ国の住民は「自然界の放射線レベルをわずかに上回る線量を被曝していた」仮にがん死亡者が増えたとしても、「他の原因によるがん死亡者の約〇・六％である(13)」。

WHOのホームページでは、チェルノブイリではまだ四〇〇〇人が早期死亡する可能性があることを報告している。しかしジェリーによれば、その数字は十分には実証されていない方法論に基づいているという。「WHOの数字はLNTに基づいているからです」と説明する。LNTとはLinear No-Threshold（閾《いき》値《ち》のない線形モデル）の略語で、放射線による死亡者数を外挿で推定する方法だ。

LNTは、放射線にはそれ以下なら安全だという閾値はないと仮定している。けれども、私の住むコロラド州のようにバックグラウンド放射線が高い場所に住んでいる人でも、がんの発生率が高くなることはない。コロラド州は標高が高く、土壌中のウラン濃度が高いために放射線量が高いが、住民のがん発生率はアメリカで最も低い(14)。

福島の原発事故で被曝した放射線で死ぬ人はいないと、ジェリーは言う。がんになったと訴える原発作業員の家族に日本政府は和解金を支払った。けれども、作業員が被曝した放射線のレベルは明らかに低すぎるので、原発事故が原因でがんになったというのはありそうにないと、ジェリーは言う。

福島と同じように、一九七九年にはペンシルベニア州スリーマイル島原子力発電所二号機でメルトダウンが発生した。事故は国民的パニックを引き起こした。誰も死なず、がんのリスクを高めることもなかったのだが、原子力エネルギーの拡大を止めてしまう原因になった。

一人も死なない大規模な産業事故を他で見つけるのは難しい。二〇一〇年にはディープウォーター・ホライズンの石油掘削施設が火災に見舞われて一一人が死亡し、一億三〇〇〇万ガロン以上の石油がメキシコ湾に流出し、メキシコ湾は数カ月間汚染されたままになった[15]。その四カ月後、パシフィック・ガス・アンド・エレクトリック（ＰＧ＆Ｅ）の天然ガスのパイプラインがサンフランシスコのすぐ南で爆発し、八人が死亡した[16]。

史上最悪のエネルギー事故は、一九七五年に中国で起きた板橋《ばんきょう》水力発電ダムの崩壊だ。犠牲者は一七万人から二三万人の間と言われている[17]。

原子力エネルギーが人を殺さないということではない。原子力発電による死者がごくわずかだということだ。いくつかの年間死者数例をあげてみる。歩行で二七万人、車の運転で一三五万人、労働で二三〇万人、（室外）大気汚染で四二〇万人[18]。対照的に、原子力を原因とする総死者数は一〇〇人を超えたくらいだ[19]。

最悪と言われる原子力の事故を見れば、この技術が常に安全であったことがわかる。それは、原子力の環境影響が常に小さいことと同じ本質的な理由、すなわちその燃料がもつ高いエネルギー密度によるものだ。化学結合を切断して熱を得ようとするのではなく、原子を分裂させて熱を得るのであれば、燃料はごく少量あればよい。ウランが入ったコカ・コーラの缶一つで、高エネルギーの生活すべてに十分なエネルギーを供給することができる[20]。

そのため、燃料が溶融するという原子力で最悪の事態が発生した場合でも、発電所から排出される粒子状物質の量は非常に少ない。化石燃料やバイオマスの燃焼によって、家庭や自動車、発電所から排出される粒子状物質が原因で二〇一六年には八〇〇万人が死亡したと報告されている。これに比べれば取るに足らない。[21]

だから原子力は、信頼できる電力を得るための最も安全な方法と言える。[22] 実際、原子力は、年間七〇〇万人の寿命を縮めている致命的な（室外と室内の）大気汚染を防ぎ、これまでに二〇〇万人以上の命を救ってきた。[23]

だから、原子力エネルギーを化石燃料に置き換えると人が死ぬ。二〇一九年後半に発表された研究は、ドイツでの原子力の段階的廃止が年間一二〇億ドルのコストを市民に課していることを明らかにした。そのコストの七〇％以上が「停止した原子力発電所の代わりに稼働している石炭火力発電所が排出する局所的な大気汚染」による一一〇〇人の超過死亡に起因している。[24]

3 フランスはドイツに勝つ

フランスとドイツは隣接し、経済発展レベルも同様に高い主要経済国（第六位と第四位）として、数十年という時間スケールで比較することができる。[25]

フランスの電力はドイツの一〇分の一の炭素排出量で、費用も約半分だ。[26] この違いは、ドイツが原子力を段階的に廃止して再生可能エネルギーに切り替えているのに対し、フランスはほとんどの原子力発電所を維持していることから来ている。

もしもドイツが太陽光発電や風力発電のような再生可能エネルギーではなく、新たな原子力発電所に五八〇〇億ドルを投資していたら、自動車や小型トラックのすべてに電力を供給できる一〇〇％ゼロカーボン電力を確保できただろう[27]。

原子力は長い間、世界で最も安価な電気をつくる方法の一つだった。ヨーロッパやアジアを含む世界のほとんどの国で、原子力は通常、天然ガスや石炭の電気より安い[28]。

世界レベルでは、一九六五年から比較実験が行われていたと言える。一九六五年から二〇一八年の間に世界は原子力に約二兆ドル、太陽光と風力に二・三兆ドルを費やした。実験終了時には、世界は太陽光と風力の約二倍の電力を原子力から得ていた[29]。

新設の原子力発電所の建設が予定より遅れてコストも上がるのは事実だが、大規模な建設プロジェクトではよくあることで、現在稼働中の非常に収益性の高い多くの原子力発電所にもよく見られる。比較的安価で運転できるので、コスト超過の重要性は時間の経過とともに低下する。寿命が四〇年から八〇年に延びれば、もっとそうなる。

核廃棄物についても、発電で発生する廃棄物の中では最も安全なものと言えるだろう。これまで誰も傷つけたことはないし、これからそうなると考える理由もない。

核廃棄物と言われれば、たいていの人は使用済み核燃料棒を思い浮かべる。使用済み核燃料棒は、発電所の使用済み燃料プールで二～三年間冷やされた後、鉄やコンクリートのキャニスターに入れられ、ドライキャスク貯蔵【訳注：使用済み核燃料棒の保管方法】と呼ばれる方法で陸地に貯蔵される。だから、原子力は廃棄物を内包する唯一の発電形態だ。他のすべての発電は、廃棄物を自然環境に放出している。

核廃棄物の最大の特徴は、量が非常に少ないことだ。アメリカでこれまでに発生したすべての使用済み核燃料をフットボール場一面に積み上げても、高さは七〇フィート（二一メートル）以内に収まる[30]。

使用済み燃料の容器に飛行機が衝突しても、飛行機は爆発するかもしれないが、セメントで密封されたスチール製の容器はそのまま残る。燃料の一部が漏れたとしても、世界の終わりにはならない。緊急作業員が簡単に回収できる。

使用済み核燃料棒が河川などの水域を汚染することは、現実的にはあり得ない。核燃料棒は原発内の陸地で厳重に監視され、保護されている。それがどうしたら川に落ちるのかを想像するのは難しい。仮に落ちたとしても、燃料が水にさらされるとは考えにくい。仮に使用済み燃料が水に触れたとしても、影響は計り知れないほど小さい。原子力発電所の作業員は、使用済み燃料が冷却されているプールにダイブスーツを着て入ることがある。水が危険なレベルの放射線を遮断してくれるから安全なのだ。

核廃棄物を恐れる人たちに話を聞いても、なぜ危険だと思うのかを明確に説明できないことが多い。核兵器に対する意識的あるいは無意識的な恐怖に由来しているように見える。使用済み燃料棒を原爆にするためには、巨大な貯蔵キャスクを世界の数カ国にしか存在しない巨大で複雑な施設に運ぶか、あるいはそのような施設を建設しなければ兵器の材料にはならない。

テロリストが原子力発電所に侵入し、クレーンを使って使用済み燃料棒の入った一〇〇トンのキャニスターを一八輪のトラックに載せ、高速道路で原子力発電所から沿岸の港まで運転し、船で再処理工場のある場所まで送り、荷を下ろして再処理するというシナリオを現実的なものとして想像することは不可能だ。現実の世界では、原子力発電所の入口を通る前にテロリストは銃殺されてしまうだろう。

一九九五年から二〇一八年まで、太陽光と風力に前代未聞の大規模な補助金が与えられた期間に、ゼロエミッション・エネルギー源から得られたエネルギーが世界の全エネルギーに占める割合は、一三％から一五％へとわずか二％増加しただけだった。太陽光発電と風力発電によるエネルギーの増加が、原子力発電の減少分をほとんど補っていないからだ(31)。

そして電気は、世界全体のエネルギー使用量の三分の一にすぎない。残りの一次エネルギー消費の三分の二は、暖房、調理、輸送などに使用される化石燃料が占めている。

豊富で信頼性が高く安価な熱を提供できるのは、太陽光や風力ではなく、原子力だけだ。だから現在、化石燃料で提供されている暖房、調理、輸送などのサービスを水素ガスと電気で置き換えようとすれば、これらを手頃な価格でつくり出すことができるのは原子力だけになる。

人と自然環境の双方に非常に有益な肥料生産、魚の養殖、工場畜産などの需要が高まり、増大するエネルギー消費に対応できるのも原子力だけだ。

それなのに、気候変動を最も気にかけて心配だと言う人たちは、私たち人類には原子力発電所は必要ないと主張する。

気候運動家のビル・マッキベンの場合を考えてみよう。彼は二〇〇五年、バーモント州の上院議員で二〇二〇年の民主党大統領候補になったバーニー・サンダースとともに、同州の議員たちに、再生可能エネルギーや効率的なエネルギー利用によって二〇一二年までに一九九〇年比で二五％、二〇二八年までに一九九〇年比で五〇％の排出量削減を公約するように促していた(32)。バーモント州の主要電力会社はソーラーパネルや蓄電池を利用した顧客の「オフグリッド化」を支援していて(33)、同州の積極的なエネルギー効率化プログラムは五年連続で全米第五位にランキングされていた(34)。けれども実際には、バーモント州の排出量は一九九〇年から二〇一五年の間に、二五％の減少ではなく一六％増加した(35)。

バーモント州で排出量が増加した理由の一つに、同州が原子力発電所を閉鎖したことがあるが、これはマッキベンが提唱したことでもある。彼は、「バーモント州はすべての発電量を自然エネルギーに置き換えることが可能だと信じている。そのため、私の家の屋根はソーラーパネルで覆われている」と述べていた。[36]

私は二〇一九年の初めにマッキベンにメールを送り、バーモント・ヤンキー原子力発電所の閉鎖を提唱したことを後悔しているかどうか尋ねた。彼は、閉鎖が「バーモント州の発電による排出量を大きく増やすことにはつながらなかったと思う」と返信してきた。そしてニューヨーク・タイムズ紙のデータベースを使って、「この州はケベック州から水力発電による電力を大量に購入することで［原子力発電を］代替している」と述べた。[37]

しかしニューヨーク・タイムズのデータは、そうは示していない。実際にはバーモント州の電力会社は、バーモント・ヤンキーから失われた電力を州内発電では代替することができず、天然ガスを主原料とするニューイングランド【訳注：バーモント州を含めた六州】の電力プールからの輸入に頼っていた。[38]

マッキベンのような反原発の姿勢は、環境主義者の間では珍しいことではなく、お決まりと言ってもいい。ニューヨークのアレクサンドリア・オカシオ・コルテス下院議員の事務所は、二〇一九年初めにグリーン・ニューディールに言及し、「計画は脱原発に移行すること……できる限り速やかに」と宣言している。[39]

数週間後、環境運動家のグレタ・トゥーンベリは、彼女のフェイスブックに、原子力は「非常に危険で、費用が高くついて、手間もかかる」と書き込む。[40]しかし、ここまで述べてきたように、事実はその逆だ。

「彼らは両方をとることはできません」と、マサチューセッツ工科大学の気候科学者ケリー・エマニュエルは言う。「［この気候変動が］終末的なものであるとか、許容できないリスクであるなどと言いながら、それを回避する最も明白な方法の一つ［である原子力］を排除するというのは、単に一貫性がないだけでなく、不誠実だとも言えますよ」(41)

原子力発電所が環境に優しく、化石燃料に代わる必要なものであるならば、なぜ気候変動を最も恐れていると言う人々の多くが原子力発電所に反対するのだろうか？

4 普通に原子力

一九六〇年代初頭、カリフォルニア州の中央海岸に住むアーティストのキャスリーン・ジャクソンは、近くのニポモ砂丘の保護活動を始めた。彼女の戦略は、カリフォルニア州の有力者を集めて、その美しさをそれぞれの目で確かめてもらうことだった。その一人が、シエラクラブの会長でカリフォルニア大学バークレー校の生物物理学者ウィル・シリだった。「こんな風景だとは知りませんでした」とシリは一九六五年に訪れたとき、彼女に話している。そして「すごいですね」とも。(42)

シリは世界的な登山家として自然保護関係者の間でも有名だった。一九五四年にはアメリカ人初のヒマラヤ登山遠征隊を率いて、世界で五番目に高いマカルー山に登った。途中でシリはエドモンド・ヒラリー卿の登山チームと遭遇した。ヒラリー卿は、その前年にネパール人のシェルパガイドとともにエベレスト登頂に最初に成功して、歴史に名を刻んだ人物だ。そして、そのチームの一人がクレバスに落ちていたところをシリが助けた。(43)

シリはシエラクラブの理事を一八年間務め、その間にサンフランシスコを拠点とする紳士的なハイキングクラブを、アメリカで最も強力な環境保護団体の一つにまで成長させた。「私たちは田舎の紳士を演じることはできませんでした。運動家であり、勝つために多くの戦いをしてきました。でも、政府機関の知人には遠慮していましたから、いつもパンチを繰り出せたわけではありませんでした」(44)

シリのリーダーシップのもと、シエラクラブは、古代レッドウッドの森やグランドキャニオン、そしてウォルト・ディズニーがスキーリゾートにしようとしていた北カリフォルニアの渓谷の保護で大きな勝利を収めた(45)。

ニポモ砂丘はほとんど未開発だったが、経済的に低迷していたサン・ルイ・オビスポ郡は工業地域に指定して、積極的な開発を行おうとしていた。「砂丘を見学しましたが、そこを保存しなければならないことは明らかでした。他では見ることのできない貴重な動植物が生息していました」後にシリは振り返る(46)。

PG&Eは、そこに原子力発電所の建設を検討していた。

シリとジャクソンはPG&Eの関係者に面会して、妥協案を示した。彼らによれば、PG&Eは水辺から一マイル（一・六キロ）ほど離れた場所に発電所を建設することができるという。しかし経済的には、この提案は筋が通っていないことがわかった。発電所は水辺になければいけないからだ。シリは動じなかった。彼らに「砂丘を守りたいのです」と強く求めた。「他の場所を探してください」(47)

PG&Eの関係者はいったん引き下がり、アビラビーチ近くの海岸沿いに六基の原子炉を備えた発電所を一つ建設するという新しい提案をもってきた。そうすることで、海岸沿いにそれ以上の発電所を建設することを避けられる。「海岸の一部を破壊するなら、一基も二基も同じことです」とシリは後で説明している。「彼らの目的は、複数基を設置できる場所を見つけることだったのです」(48)

シリとジャクソンは、このニポモ砂丘開発の代替案をシエラクラブの理事会に持ち込んで検討した。理事会は一日半にわたって、この問題について議論した。シリは、高エネルギー社会が自然を守り楽しむための前提条件であると主張する。

「原子力発電は環境保全の長期的な希望の一つであり、おそらく人口管理の次に重要なものである」と彼は書いている。「無限で安価なエネルギーは、急増する人口から原生地やオープンスペース、景観価値の高い土地を保全するための主要素である。……こうした贅沢を楽しむ私たちの能力や余暇さえ、安価なエネルギーを利用できるかどうかにかかっている[49]」

シリが、第二次世界大戦中には最初の核爆弾を製造したマンハッタン計画の研究開発チームの一員だったこと、そして石炭と原子力の相対的な健康リスクを理解している生物物理学者であったことも助けになったのかもしれない。

シリのような考えをもっていたのは彼だけではなかった。一九六〇年代には、ほとんどの自然保護主義者が、石炭火力発電所や水力発電ダムに代わるクリーンなエネルギーとして原子力発電を支持していた。ほとんどの民主党員やリベラル派も同様だった。実際、アメリカ人やヨーロッパ人など世界中の人々の間で、原子力エネルギーはクリーンでエネルギー密度の高い、実質的に無限のエネルギーであると考えられ、広く支持されていた。

「[偉大な自然写真家であり、シエラクラブの理事でもあった]アンセル・アダムスは、確かに私を強く支持していました」とシリ。アダムスは「[原子力が]難しい問題への合理的な解決策であると固く信じていました[50]」。

シリの主張には説得力があり、一九六六年、シエラクラブの理事会は九対一でPG＆Eの計画に反対しなかった。原子力発電所は、カリフォルニア州で最も強力な組織から暗黙の了解を得て進められることになった。そしてスペイン人探検家によってこの地に与えられた名前が、発電所にも与えられることになる。

ディアブロ（スペイン語で悪魔）・キャニオンと。[51]

5 平和のための原子力

一九五三年初め、最初の原子爆弾を開発したロバート・オッペンハイマーは、外交問題評議会で演説した。彼が聞いてほしかったのは、アメリカ大統領に選出されたばかりのドワイト・アイゼンハワー将軍だったが、そこにはいなかった。

オッペンハイマーは演説で、核兵器が外交政策に革命をもたらしたと説明する。核兵器に対する防衛は不可能であり、確実な破壊の脅威によって敵は抑止される、あるいは逃げ出すしかない。

「二大国のそれぞれが我が身を危険にさらしながらも、もう一方の文明と生活に終止符を打てるという状態ができあがるでしょう」とオッペンハイマーは語る。[52] アイゼンハワー大統領は、この恐ろしくも新しい現実をアメリカの人々に認識させる必要があると語った。「私たちは、瓶の中の二匹のサソリにたとえられるかもしれません。それぞれが相手を殺すこともできますが、自らの命の危険を冒すことにもなります[53]」

アイゼンハワーはオッペンハイマーの意見を尊重し、それに基づいて行動した。大統領はスピーチライターに、アメリカ国民に向けた大演説の準備を指示した。[54] しかし、初期の草稿は病的にすぎた。原爆戦争の生々しい描写で埋め尽くされていたのだ。そして「両国とも全員が死んで、何の希望もない」という印象になるので、アイゼンハワーは不平を言った。大統領の顧問たちは、冗談交じりでこれを「バン！バン！」演説と呼んだ。

アイゼンハワーは、この原稿案で演説したら軍事費削減に向けた彼の努力が損なわれてしまうと感じた。それはオッペンハイマーが恐れていたことにもつながりかねない。つまりアメリカ国民が脅えてしまって、予防戦争を要求するようになるかもしれないということだ(55)。

アイゼンハワーは原子力の革命的な力について考えれば考えるほど、単なる「公平無私」よりも大きなものを求めるようになる。本当にやりたかったことは、ソビエトに軍縮の「公正な申し出」をすることだった。それはまた、「世界の人々に希望を与え、世界をとてつもない高揚感で包むもの」でなければならない(56)。

解決策を探すため、アイゼンハワーは夕食後に顧問たちと話し合った。そして、原子力がもたらすホロコーストは現実のものだということを国民に知らせる必要性について議論した(57)。ある科学顧問が「すぐに国民を怖がらせて、核防衛構築のための大型予算案を理解させせようと主張した」と、参加者の一人が後に記している。これにはアイゼンハワーも絶望し、「私たちが子供たちのためにできることはこれだけなのか」と聞き返したという(58)。

そのとき「アイクは非常に気合が入った」と、後に会議参加者の一人が大統領のニックネームを使って書き残している。「我々の最大の強みは精神的強さであり、これこそが最大の攻撃と防御の武器だと彼は言った(59)」しかし、大統領の熱意が彼らに共有されることはなった。共感を得るためには、アイゼンハワーは他の場所に目を向けなければならなかった。

少年時代のアイゼンハワーは、戦争を否定するプロテスタントの一派である平和主義者のメノー派教徒に育てられたので、信仰を呼び覚まされたのかもしれない。彼はイザヤ書の有名な一節を思い返したのだろうか。「主は国々の争いを裁き、多くの民を戒められる。彼らは剣を打ち直して鋤《すき》とし、槍を打ち直して鎌とする。国は国に向かって剣を上げず、もはや戦うことを学ばない」[60]

核軍拡競争が国家にとっての大事であるだけでなく、世界の大事でもあることがアイゼンハワーや顧問たちにも明らかになり、大統領は国連総会で演説する機会を求めた。そして、世界に向けて演説をする前にヨーロッパの同盟国を味方につけたかったアイゼンハワーは、イギリスのウィンストン・チャーチル首相と会談した。「人間はどこでも電力が必要です」とアイゼンハワーは言う。「もし私たちが希望を与えることができれば、これらの国々は東西の争いに関わっていこうと、もっと強く思うでしょうし、そのような気持ちは私たちの側にもあるでしょう。そして、かなり些細なことから希望が生まれてくるかもしれません[61]」チャーチルは強く支持した[62]。

翌日の一九五三年一二月八日、アイゼンハワーは希望のメッセージをもって国連総会に立つ。国連総会議事堂は、高さ七五フィート（二三メートル）の天井と教会のような腰かけがあって、大聖堂のような雰囲気を醸し出している。ただし、アメリカ大統領の背後に掲げられていたのは十字架ではなく、国連の印章と平和の象徴であるオリーブの枝の花輪、そして地球全体の地図だった。

信徒たちが静寂に包まれる中、元軍人の彼は二〇世紀で最も重要な演説を始める。

アイゼンハワーは「宗教の決まり文句」を唱えるためではなく、普遍的重要性の問題に対処するためにここにいるのだと述べた。「世界に危機が存在するならば、それはすべての人が共有する危機であります」元陸軍大将は演説の冒頭で、人類は自滅するのに十分なだけの原子爆弾の火力をもっているという「恐ろしい算術」を認める。ゲームのルールは取り返しのつかないほど変わってしまったと、アイゼンハワーは演説したのだ。

もはやアメリカは、この恐ろしい力をもつ唯一の国ではない。「この秘密は、友好国や同盟国にも共有されています」と彼は言い、「現在、いくつかの国が所有しているこの知識は、最終的には他の国々、ひょっとしたらすべての国に共有されることになるでしょう」と付け加える。これまでの軍事的優位性は、もはや国家の安全を保証するものではない。「兵器や防衛システムに巨額の費用を投じても、どの国であっても都市や市民の絶対的安全が保証されるとは考えないでいただきたいのです[63]」

演説の中盤、暗い部分に差し掛かったアイゼンハワーは、全滅の可能性は物語の終わりではないと宣言する。「そこで立ち止まってしまえば、文明が破壊される可能性をただ無力に受け入れることになります。我が国の目的は、恐怖の暗い部屋から光の中に移ることを後押しすることです」どうやって？　武器の削減だけでは十分ではないとアイゼンハワーは言う。何十億もの人々が貧困の中に留まるような平和に意味があるのだろうか[64]？

人類は普遍的繁栄の夢を実現することによってのみ、核兵器の惨禍から立ち直ることができ、そのためには安価で豊富なエネルギーが必要だ。「専門家を動員し、農業、医療、その他の平和的活動のために原子力を応用するのです。大切なことは、世界の電力不足の地域に豊富な電気エネルギーを提供することであります。このようなことに貢献できる大国は、人類の恐怖よりもむしろ必要に応えるために、その力の一部を捧げることになるでしょう[65]」

アイゼンハワーは、ガラスの下にいるもう一方のサソリにオリーブの枝を伸ばして、演説を閉じた。「もちろんソビエト連邦は、この『主要関係国』の一員でなければなりません」

アイゼンハワーのビジョンは物質的かつ精神的、愛国的かつ国際主義的、そして利他的かつ利己的なものだった。「合衆国は……人類の奇跡的発明を人類滅亡に捧げるのではなく、生命に捧げる方法を見つけるために、全身全霊を注ぐことを誓います[66]」

演説が終わった後、会議場では短い沈黙があった。しかし、驚くべきことが起こった。共産主義者と資本主義者、イスラム教徒とキリスト教徒、黒人と白人、裕福な国と貧しい国など、あらゆる国の代表者が立ち上がり、一〇分もの間一斉に拍手を送ったのだ。

「平和のための原子力」という演説と、その中心に置かれた偉大な人間主義的思想が誕生した。アイゼンハワーが提示した原子力に向けた明るいビジョンが、このような恐ろしい兵器をつくったことを帳消しにするだろうと、アメリカ国民は楽観した。「平和のための原子力」が世界中の人々に好意的に受け止められたことは、アイゼンハワーを大統領としてこれまでにないほど幸せな気分にさせた。

しかし、原子力の希望は長くは続かなかった。この演説の後一〇年もしないうちに、原子力をめぐる争いが始まってしまう。

6 原子力をめぐる争い

一九六二年、シエラクラブの若手スタッフだったデイヴィッド・ペソネンは、カリフォルニア州北部のボデガ・ヘッドを訪れた。そこではＰＧ＆Ｅが原子力発電所の建設を計画していた。その数年前にはカリフォルニア州議会が海岸線を公園にすることに決め、カリフォルニア大学は近くに海洋研究所を建設することにしていた。しかし、ＰＧ＆Ｅはそれらの計画をすべて取り止めさせてしまい、地元には心配する人もいた。

ペソネンはシエラクラブの理事会に、原子力発電所の建設を止めることはできるかもしれないが、そのためには景観の美しさというような典型的自然保護主義者の言い分だけでは十分ではないと語った。勝つためには、原子力発電所が田園を放射線で汚染してしまうと地元の人たちに確信させる必要があると主張した[67]。

ペソネンは、一九六一年に学術誌サイエンスに発表されて広く取り上げられた研究に触発されていた。その研究とは、核兵器の実験中に生まれた子供の歯を分析したところ、がんの原因になる放射性同位元素であるストロンチウム90の濃度が実験前の五五倍になっていたというものだ[68]。発がん性が現れるには二〇〇分の一の濃度だったが、トップニュースになるには十分だった。子をもつ親たちはジョン・F・ケネディ米大統領に核実験中止をソ連と交渉するように要求し、一九六三年にケネディ大統領は実行に移した[69]。

核実験の放射性降下物に注目した一人が、第二次世界大戦の退役軍人であり、社会主義者であり、セントルイスのワシントン大学の植物学者でもあるバリー・コモナーだった。コモナーは、一九五〇年代初頭にノーベル賞を受賞した化学者で平和運動家のライナス・ポーリングとともに、核実験中止を求める請願書の署名集めに協力して有名になった。彼らは、核兵器実験が国民に汚染を拡散する危険性があると訴えていた[70]。

コモナーは、原子力発電所を「原子力開発を継続するための非戦争的な口実……ある種の政治的ポチョムキン村【訳注：貧困など政治的に都合の悪い実態を訪問者の目から隠すためにつくられた見せかけだけの村】」だと見なしていた。そして、原子力発電はアイゼンハワー大統領が核実験を正当化するためにつくり出したものだと主張する。「史上最高額の見せかけだ[71]」

シエラクラブの理事会はペソネンの提案に呆れた。「公共の安全に口を出すな」と一人がペソネンに警告する。「シエラクラブは風光明媚な美しさや、その喪失について声を上げることはできるが、公共の安全についてはしない。それは私たちの仕事ではない[72]」

理事会に原子力発電自体を問題視している者はほとんどなく、ウィル・シリをはじめとする数名は支持していた。ペソネンを「過激派」と呼ぶ理事もいた(73)。

ペソネンはシエラクラブを辞め、新しい組織を立ち上げる。そして、計画されている原子力発電所は核の放射性降下物のような「死の粉塵」を発生させ、地元産の牛乳を汚染すると訴える報告書を作成して配布した(74)。

ペソネンたちは、何百ものヘリウム風船にメモを貼りつけ、ボデガ・ヘッドから空に放った。メモには「この風船をストロンチウム90かヨウ素131の放射性分子［原子のこと］と考えてください。この風船をどこで見つけたかを地元の新聞社に知らせてください」とある(75)。危険を感じた酪農家はペソネンの活動に資金を寄付し始めた(76)。

ペソネンとコモナーは、ベビーブーマーが抱いていた核兵器に対する深刻なトラウマを利用する。政府やハリウッドのプロパガンダ映画は言うまでもなく、ベビーブーマーたちは学校で世界の終わりに備えて机の下に隠れる訓練を繰り返し行っていたからだ。

その結果、当初は核軍縮に絞っていた運動家の中から、自分たちの不安をぶつける先を原子炉に置き換える者が出始めた(77)。置き換えはスケープゴートによく似た心理学的概念だ。より強い対象を恐れるあまり、自分の負の感情をより弱い対象にぶつけてしまう。上司に怒鳴られても言い返すのは怖いから犬を蹴り飛ばすという現象だ。今回の場合は核兵器が上司で、原子力発電所が犬になる。

一九七〇年代には、憂慮する科学者同盟などの団体が、核軍縮を求めるところから原子力発電所の建設阻止に向かうようになっていった。最終的には、別の反原発グループである地球の友（ＦＯＥ）、自然資源防衛会議（ＮＲＤＣ）、シエラクラブ、グリーンピースと手を組むようになる。一九七〇年代には、これらの団体は原子力発電所の建設阻止や当時原子力の主要な代替手段であった石炭火力発電所の阻止に、他のどの課題よりも力を入れるようになっていた(78)。

二〇一九年、グローバル・エクスチェンジで働いていた友人が、気候変動に対処するために、一九七〇年代には反対していた原子力エネルギーを推進したいと私に連絡してきた。私より一〇歳ほど年上の友人は、一九七〇年代に反核兵器の運動に参加していたこと、そしてそのまま原子力に反対するキャンペーンに移行したことを率直に語ってくれた。

「あなたは、そのことをどう思っていたんですか?」と聞いてみた。「原発をなくせば、それで何かの理由で爆弾もなくせると思っていたのですか?」

彼は間を置き、数秒間遠くを見てから、くすくすと笑った。「そこまでしっかり考えてはいなかったと思うよ」

一九六〇年代半ばから原発反対の声が高まり始めた。一九六二年から一九六六年までは、電力会社による原子力発電所の建設申請に対して異議が出たのはわずか一二%だった。それが一九七〇年代の初めまでには申請の七三%に異議が出るようになっていた(79)。

そのような騒動があったにもかかわらず、一九七〇年代初頭の原子力発電は工業地帯であるオハイオ州のような場所では、大気汚染に対処するための有力な方法のように思えた。大気汚染があまりにひどかったため、煙の中で車のヘッドライトをつけなければならない日もあった(80)。酷い日には、車に積もった煤を払ったり、干していた洗濯物を洗い直したりしなければならなかった。

何とかしなければならないと、みなが認めたので、オハイオ州の電力会社は四カ所の原子力発電所に八基の原子炉を建設しようとした[81]。

一九七〇年のオハイオ州の人々は、よりクリーンな空気を求めるならば原子力発電が必要であることを理解していた。その年、新しい原子力発電所の公聴会が開かれた際には、当初の原子力への警戒心が支持に変わっていたようにも見えた。「人々はもう原子力を恐れなくなった」とガソリンスタンドの店員がピッツバーグ・プレス紙に語っている[82]。

一九七一年までに反原発派はシエラクラブを支配し、オハイオ州の原発停止に全力で取り組むようになった。ロビイストを雇い、訴訟を起こし、使用済み燃料棒の搬出について地元の親たちを不安にさせた[83]。

クラブの弁護士たちは秘密主義を貫く。「我々は訴訟やそれ以外の計画を続けるつもりだが、今は情報開示できない」と、一九七一年に弁護士がオハイオ州のイブニング・レビュー紙に語る[84]。

シエラクラブの弁護団には、一九六〇年代半ばにアメリカで製造される車の安全性を批判して国民の信頼を勝ち取り、一躍有名になった、ラルフ・ネイダーというカリスマ的かつ攻撃的な若手弁護士が加わっていた。国民を反原発に向かわせる彼の影響力は計り知れない。「原発事故でクリーブランドが全滅するかもしれません」とネイダーは一九七四年にオハイオ新聞に語る。「生き残った人も死んだほうがよかったと思うでしょう[85]」

反核団体は、「核実験の放射性降下物で四〇万人の乳児が死亡した」と主張するピッツバーグ大学教授の報告書を取り上げる[86]。

ネイダーをはじめとする反原発運動家たちは、原子力は化石燃料よりはるかに環境に悪いと主張する。原子力発電所から出る水はきれいだが、高温であり、環境を変え、動物に影響を与える可能性がある。原子力発電所は大気汚染を発生させないが、過熱して溶け、爆弾と同じくらい多くの人が死ぬ可能性があると、彼らは言う。また、核廃棄物は唯一の廃棄物で、生産現場で安全に保管されているにもかかわらず、ネイダーをはじめとする運動家たちは、核廃棄物が何らかの形で水路を汚染したり、爆弾として使用されたりする可能性があると、いつも主張していた。

反原発運動家には「無能で取るに足らないヒッピー」というイメージとは裏腹に、アイビーリーグの弁護士、高給取りのロビイスト、ハリウッドの強力なセレブなどが加わっていた。多額の資金を集め、抗議活動やロビー活動、訴訟の資金源に使って恐怖心を植えつけた。

女優のジェーン・フォンダほど、原子力について国民を恐怖に陥れた人物はいないだろう。反核災害映画『チャイナ・シンドローム』に主演し、制作も主導した。映画の中で科学者は、原発事故が「ペンシルベニア州ほどの面積を永久に居住不能にする可能性がある」と言う。プレミア上映の一二日後、ペンシルベニア州のスリーマイル島原子力発電所で事故が起こった[87]。

国民を反原子力に向かわせることにハリウッドが果たした役割はきわめて大きい。映画やテレビの制作者は、原子力を爆弾だけでなく、発電所だけでもなく、ほとんど無害な使用済み燃料棒でさえも恐怖のテクノロジーとして扱った。一九九〇年代初頭までには、テレビアニメ「シンプソンズ」でも核廃棄物がドラム缶から漏れ出る緑色の汚泥として描かれていた。一九九〇年のエピソードでは、主要登場人物のリサとバートが原子力発電所近くの川で三つ目の魚を捕まえる[88]。当時の私は、きっと部分的には本当なのだろうと思いながら、それらのエピソードを楽しく見ていた。

欧米の原子力産業、とくにその最も強力なメンバーである原子力発電所を所有・運営する電力会社は、反原発運動の文化的な力に愕然とし、ほとんど何もできなかった。この技術が最も必要としていたのは、シリのような人道主義者や環境主義者だったのだ。実際には彼らの代わりに、原子力技術者や電力会社の重役たちがこの技術を擁護していたが、彼らは人を見下していて、思いやりがないように見えた。原子力産業は世論との対話を避け、その後の四〇年間は、発電所周辺の地域社会からの支持を維持することに注力した。原子力の科学技術団体は、大学の原子力工学科や政府の研究所の中にひきこもってしまった。

二〇年間、誰も反論しない誤った情報が広まった結果、核兵器に対してすでに神経質になっていた人々が、原子力発電所のすべてと核廃棄物が公共の安全にとって重大な脅威であると考えるようになったのも不思議ではない。

ネイダーやシエラクラブなどの団体は、エネルギー効率と省エネルギーによって電力消費量を経済的に削減できるから原子力は必要ないと主張していた。「[省エネは] 我々がなすべきことのすべてである」と一九七四年にシエラクラブのブラウワーは述べた。「それに加えて、我々が有する代替技術を少しずつ改良していく。太陽光発電、風力発電などを改良すれば、今世紀末にはかなり良い状態になっているはずだ[89]」

しかし、エネルギーの効率化によって電力の必要性がなくなるわけではなかった。一九七〇年代のアメリカの一人当たりの電力消費量は、一九六〇年代とほぼ同程度に増加し、一九七〇年から一九八〇年の間に人口も一四％増加した。その結果、電力会社が原子力発電所を建設しなかった場合、通常は石炭火力発電所を建設することになる[90]。

反原発の環境主義者たちは、原子力よりも石炭などの化石燃料を公然と支持していた。「私たちに原子力は必要ありません」とネイダー。「この国には、私たちが考えているよりもはるかに多くの化石燃料があります。……タールサンド……頁岩から出る石油……石炭層のメタン……[91]」シエラクラブのエネルギーコンサルタントのエイモリー・ロビンスは書いた。「石炭の採掘を一時的に少し拡大する（ピーク時でも二倍以下）だけで、私たちの燃料経済における真のギャップを埋めることができる」(92)

シエラクラブは意図的に原子力発電所を高価にしようとした。「私たちはこの［原子力］産業に対する規制を強化すべきだ」と、常務理事が一九七六年の理事会に宛てたメモに書いている。「これによりこの業界のコストが増加し、経済的に魅力的でなくなることが予想される」(93)

その後間もなく、シエラクラブとネイダーによる反原発運動がきっかけとなって、ジミー・カーター大統領が原子力発電所の新設ではなく石炭火力発電所の新設を進めるようになった。(94)

石炭の危険性を誰も知らなかったわけではない。一九七九年、ニューヨーク・タイムズ紙は一面トップに掲載した記事で、もし原子力発電所の代わりに石炭火力発電所が建設されたら、石炭による死者数は五万六〇〇〇人に上るだろうと指摘した。(95)

反原発グループは規制の追加を求め、建設を遅らせたり阻止したりするために訴訟を起こす。新しい規制を追加することでコストを押し上げようとする反原発戦略や、不確実性と遅れを生み出すために新しい規制の検討を要求するだけの戦略は功を奏した。

「まだ経済的ではありません」一九七九年にデービス・ベッセ原子力発電所に二基の原子炉の新設はしないと発表した電力会社の責任者は、こう続けた。「けれども、すべての規制要件と遅延とを考慮すると、それはかなり微妙なものになります」(96)

反原発派はオハイオ州にある六基の原子炉を中止に追い込んだが、その中には石炭火力に転換されるまでに九七％完成していたジマー発電所も含まれていた。環境保護団体のシエラクラブ、自然資源防衛会議、環境防衛基金（ＥＤＦ）は、ジマー発電所の原子力から石炭への転換を受け入れた。(97)

彼らの活動はオハイオ州に留まらなかった。ウィスコンシン州へブンでは、シエラクラブの提唱によって建設中の原子力発電所を石炭火力発電所に転換することが強要された。そうして反原発運動は、アメリカの電力会社が予定していた設計中や建設中、建設後の原子炉計画の半分を中止に追い込んだ。そこには代替案として石炭火力発電所が建設されることを環境保護団体だけではなく誰もが知っていたものもあった(98)。

反原発運動家自身は本当に核を恐れていたのか？　疑うに足る理由がある。ディアブロ・キャニオン撲滅運動を主導したシエラクラブのメンバーは告白する。「世界にはとにかく人が多すぎるので、「原発の安全性など」本当は気にしていなかった。……崇高な目的があるのなら、汚いことをしても構わないと思った(99)」

ペソネンは「目的は手段を正当化する」というマキャベリ的な考えの持ち主だった。嘘をつかなかった仲間を非難した。「もしあなたが今回だけでも「反対派のように」節操のない態度をとっていたなら」ペソネンは語る。「私たちの立場は計り知れないほど強くなっていただろう(100)」

「何が起こっているかについて人々を興奮させたいなら」反原発団体のペソネンの同僚は語る。「一番感情的な問題を利用するべきだ(101)」

この経験は、シエラクラブ理事で風景写真家のアンセル・アダムスに苦い思いをさせた。「人がどれほど芯から不誠実になれるかがわかります」と彼は言う(102)。

7 原子力の危機

反原発派が勝利するや否や、彼らは、訴訟、遅延、抗議、規制によって原子力発電所の建設コストが大幅に増加したことと彼らの運動とは無関係であると主張する。ロビンスは、原子力は「市場の力というかわすことができない攻撃」によって死んだと言う[103]。オハイオ州の電力需要は一九七〇年代に一九六〇年代とほぼ同じくらい増加したにもかかわらず、彼らはエネルギー効率の向上によってそれが満たされていたと信じていた[104]。

現在、反原発グループは、アメリカ、ヨーロッパ、そして世界中の原発を停止させようと、原子力エネルギーについて国民を欺き、怖がらせ続けている。核の黙示録という恐怖を煽りながら。再生可能エネルギーがあるから原発は必要ないと主張している。実際には、原子力発電所が使用されないときはいつも化石燃料が使用されて排出量が増加する。使用済みの核燃料棒や原子力発電所自体がテロリストを引き寄せると主張しているが、実際に原発を攻撃したのは反原発運動家だけだ。そして放射線には漫画のように害があると主張している[105]。

原子力技術に向けられた国民の恐怖心は、原子力の拡大を阻む大きな障害となっている。世界中の人々を対象とした調査によると、原子力は石炭よりもわずかに人気がなく、天然ガスよりも人気がなく、太陽光や風力よりもはるかに人気がない[106]。

人類と自然は、反原子力とこの技術に向けられた私たちの絶え間ない恐怖のために、高い代償を払ってきた。石炭火力発電による大気汚染は、原子力エネルギーで救えたはずの何百万人もの命を縮めた。

旧ソ連や日本では核への恐怖がパニックを引き起こし、精神衛生上の悪影響をもたらした。放射線を浴びた人は伝染性があるという考えは、まず広島と長崎の人々に汚名を着せた(107)。チェルノブイリではその歴史が繰り返される。事故から遠く離れた西欧の女性たちは、チェルノブイリの放射線に汚染されていると誤って信じ込まされ、パニックに陥って一〇万から二〇万人が妊娠中絶した(108)。事故当時チェルノブイリ近くにいた成人からは、事故処理班と同様に、「心的外傷後ストレスなどの気分障害や不安障害」が二倍多く報告される傾向にあった(109)。

福島の事故に対応して日本政府は原子力発電所を停止し、化石燃料に置き換えた。その結果、電気料金が上昇し、二〇一一年から二〇一四年の間に最低でも一二八〇人が寒さによって亡くなった(110)。さらに科学者は、年間約一六〇〇人の（不必要な）避難死と四〇〇〇人以上の（回避可能な）大気汚染死があったと推定している(111)。

問題の発端は福島県の過剰避難とも言われている。約一五万人が避難したが、二万人以上がまだ帰宅できていない。一時的な避難は仕方なかったかもしれないが、これほど大規模で長期的な避難をする理由はなかった。一〇〇〇人以上が避難中に亡くなり、避難した人たちはアルコール依存症、うつ病、心的外傷後ストレス、不安などの症状に苦しんだ(112)。

「後から考えれば、避難は間違いだったと言えます」と二〇一八年に原発事故に関する大規模な研究プロジェクトを主導したブリストル大学のリスクマネジメント教授、フィリップ・トーマスは語る。「我々だったら誰も避難させないことを推奨しました(113)」

コロラド州の高原は、事故後の福島のほとんどの地域より自然放射線量が高い(114)。「コロラドよりも放射線量が高い場所も世界にはありますが、そこの住民のがん発生率が他と比べて高いわけではありません」

とジェリーは言う。そして、福島の放射線量は急速に低下したのに対し、「他の地域では放射線は汚染の結果ではなく、自然のバックグラウンド放射線の結果であるので、生涯にわたって高いままです」。

福島の土壌汚染が最も高かった地域に住む住民でさえ、事故後三年間に八〇〇〇人近くの住民を対象にした大規模な調査では、放射線の影響を受けていなかった(115)。

二〇一七年夏、原子力発電所の管理者チームが、韓国で最近建設された二つの原子炉「新古里《シンコリ》三号炉」と「新古里四号炉」、そして現在建設中の二つの新しい原子炉「新古里五号炉」と「新古里六号炉」を案内してくれた。その間、私はプロの通訳を介して三人の建設管理者から話を聞いた。彼らは同じような原子炉を一九八〇年代から建設していた。ともに三五年間に八基の原子炉を建設し、それぞれが六〇代前半から半ばになっている。

二〇一五年、フランスの経済学者マイケル・ベルテレミイとリナ・エスコバール・ランジェルの二人は、包括的なデータセットと計量経済学的手法を用いて因果関係と相関関係を分離し、アメリカとフランスの両方で原発コストが上昇している原因を特定した。そして、同じ設計と同じチームに固執することによってのみ建設業者は建設期間を短縮し、時間の経過とともにコストを削減できることを明らかにした(116)。

私は建設管理者たちに、韓国では最近の原子炉設計は初期と比べて何が変わったのか尋ねた。答えは、格納容器のドームが厚くなったこと、原子炉容器の鋼が強くなったこと、ドアが防水になったこと、ポータブル発電機が追加されたこと、冷却水の取水口が改良されて工場内に吸い込まれる魚の数が減ったことなど、追加的な変更だった。

二つの新しい原子炉はどう違うのか聞いてみた。建設方法に画期的な変化はなかったのか。彼らは同じようにつくっていると言う。

「何か違うことをしたんでしょう？」私は食いついた。

男たちの一人は、ちょっと考えてから答えた。「前よりも小さなクレーンをもっとたくさん使っていますね」

原子力には「負の学習曲線」しかないというわけではない。標準化は、私が会った韓国人のような建設管理者に「やって学ぶ」機会を与え、連続する原子炉を少しずつ速く、少しでも安く建設する機会を与えてきた。原子力発電所の建設コストについて入手可能な最高の査読付きデータセットを見ると、最も安価なプラントは、建設と運転の経験が最も豊富なプラントであることが示されている(117)。

ＰＧ＆Ｅがディアブロ・キャニオンで実施しようとしたように、複数の原子炉を一つの敷地に建設することも建設と運転の両面でコストを大幅に削減できると、経済学者のベルテレミイとランジェルは指摘している。

専門家の中には、「モジュール」と呼ばれる原子炉の大きな塊、あるいは原子力発電所全体を工場で製造することでコストを下げられるのではないかと考える人もいる。韓国人技術者にそのことを聞いてみた。彼らは、原子炉容器、蒸気発生器、冷却材配管などプラントの主要部品は、すでに工場の組立ラインで製造されており、これ以上モジュール製造に移しても大きな違いはないと思うと教えてくれた。

韓国は原子炉のサイズを一〇〇〇メガワットから一四〇〇メガワットへと四〇％も大きくすることに成功し、フランスで見られたような原子炉の大型化に伴うひどい遅れを回避しながら、効率と経済性で大きな飛躍を遂げることができた。アメリカとフランスでは原子炉のサイズを大きくすることで建設期間が長期化したと、ベルテレミイとランジェルは指摘している。彼らは「大型の原子炉は建設により時間がかかる」と書いているが、発電量に換算すると「コストは安い」。発電量を四〇％増加させても、労働力を四〇％増加させる必要はないからだ[118]。

原子力発電所は他の面でも生産性を飛躍的に向上させてきた。受け継がれてきた数十年分の知識によると、現在の原子力発電所は一九六〇年代の原子力発電所よりも、燃料の入れ替えやメンテナンスの期間が大幅に短縮され、フル稼働し続けることができるようになっている。

運転経験により、原子力発電所の寿命に対する期待も変わってきた。一九六〇年代の規制当局は、原子力発電所は四〇年しか稼働しないと考えていたが、今日では少なくとも八〇年は稼働できることが明らかになっている[119]。

8 爆弾による平和

ここまで見てきたように、核兵器の恐怖は長い間、原子力エネルギーの恐怖を助長してきた。テレビチャンネルＨＢＯで放映された二〇一九年チェルノブイリシリーズのクライマックスで、主人公が言う。「チェルノブイリの四号機は今、核爆弾になっている[120]」それはひどい間違いだったが、多くの視聴者が疑うことなく信じてしまった。私自身も大人になるまで原子力発電所が核爆弾のように爆発すると信じていた。

核爆弾の発明は、人々が恐れるように世界の終わりなのか。

『原子爆弾の誕生』でピューリッツァー賞を受賞した作家のリチャード・ローズに、核兵器の発明が人類にトラウマを与えたかどうかを尋ねた。ローズと私は、ロバート・ストーン監督による二〇一三年のドキュメンタリー映画で、原子力に対する考えを変えた環境保護主義者たちを描いた『パンドラの約束』で一緒に取り上げられたことがきっかけで親しくなった。

「ナチスドイツから逃れてきたオーストリア出身のユダヤ人で、素晴らしい理論物理学者であるヴィクトル・ワイスコフと話をしたことがあります」ローズは語る。「彼は、『我々はロスアラモスという物理学の最も深い暗闇にいた』と言ってました。人を殺す可能性があること、つまり核兵器開発による大量殺人を指していたのではないかと思います。それから彼はこうも続けました。『そこに［デンマークの物理学者ニールス・］ボーアがやって来て、この先にも希望があると言ってくれました』

「ボーアはどのように希望を与えてくれたかって？　彼は、核が自然との関係を根本的に変えるものだと言いました。必然的に、国家間の関係も変えることになると。どちらかがどちらかを支配し合うことはできなくなります。小さな国家でも、大きな国家の支配を抑止することが可能になります。もちろん暗黒面もありますよ。けれど一九四五年以降、［核］戦争が起こっていないという事実は、ボーアがいかに正しかったかを示しています」

世界が核戦争に最も近づいたのは、ソ連が核爆弾を開発してから一三年後の一九六二年だった。キューバにミサイルを移設したことがアメリカ政府に発覚したときだ。

ジョン・Ｆ・ケネディ大統領は、ソ連のニキータ・フルシチョフ首相にミサイルの撤去を要求し、アメリカは海上封鎖を行う。この危機の一、二年後にスタンリー・キューブリック監督の映画『博士の異常な愛情　または私は如何にして心配するのを止めて水爆を愛するようになったか』の中で皮肉っぽく演出されることになる空軍のカーティス・ルメイ大佐は、ケネディ大統領にキューバへの空爆を迫る。「我々には軍事行動以外の選択肢はありません。他に解決策はないのです」ケネディはルメイの助言を拒否する。

大統領とフルシチョフは、ソ連がキューバのミサイルを撤去する代わりに、アメリカはトルコのミサイルを後日撤去することで合意した。その後の研究によると、フルシチョフが強く求めていたなら、ケネディはトルコからのミサイル撤去を公に約束しただろうということだ[121]。そのことは、歴史家が以前に信じていたほど双方は戦争に近くはなかったのかもしれないということを示唆している[122]。

いずれにしても、米ソ間の緊張を和らげ、中国を含めたコミュニケーションの改善に向けて大きな努力が払われる結果になった。

アメリカを代表する冷戦史家の一人であるジョン・ルイス・ガディスは、何十年にもわたって米ソ間で平和が維持されたのは核兵器のおかげだと信じている。彼は一九八六年の講演で、「これほど異常な警戒心が抱かれたのは、やはり核抑止力の働きであったことは間違いないと思います」と述べている[123]。

大規模戦争の激しさとスケールは、一四〇〇年代に銃や大砲が広範囲に導入されてから、第二次世界大戦で軍人と民間人の死者が数千万人に達してピークを迎えるまでの五〇〇年の間に急激に拡大していった。戦後の戦死者数のピークは五〇万人以上の死者が出た一九五〇年だが、二〇一六年の戦死者数は世界人口が三倍になったにもかかわらず八四％減少している[124]。

たとえ核兵器が「長い平和」の要因であることを認めないとしても、核に関する終末的な恐怖が現実化していないことは認めなければならない。また、原子力爆弾の発明と使用から現在までの七五年の間で、現在が世界核戦争から最も遠いところにあることも認めなければならない。

冷戦後、欧米の多くの専門家がインドとパキスタンの間で核戦争が勃発することを恐れていた。二〇〇二年には、その危険性は高いと思われた。両国はカシミール地方の領有権をめぐる長期にわたる紛争の一環として、国境に沿って一〇〇万人の軍隊を動員した。アメリカの専門家は、「米ソ間の安定した核抑止力の政治的、技術的、状況的なルーツの多くは、南アジア、中東、または核兵器が拡散しているその他の地域にはないのではないか」と懸念した。[125]

しかし、インドとパキスタンの政治指導者たちは、アメリカやソ連が以前にやっていたように、核戦争がもたらす影響を考え、恐怖を煽り合って、平和へと向かわせた。「南アジアでは、すべての現実的な目的のために、［核爆弾が］全面戦争の可能性を消し去ってしまった」と、インドとパキスタンの軍事専門家は最近発言している。「核戦争は起こらないだろう。亜大陸では核武装がもたらすリスクは非常に大きく、どちらの側も本格的に戦争を始めることを考えることはできない」と述べている。[126]

今日、アメリカやヨーロッパの人々は、核兵器を保有する北朝鮮と、それをほしがっているイランとを心配する。しかし、最もタカ派的な専門家でさえ、北朝鮮は他の核保有国と同じように行動するだろうと考えている。

二〇一九年、ロスアラモスにある国立核兵器研究所の元所長は、北朝鮮は「二〇一七年末に比べると現在は危険度が低い」と結論している。[127]

そう、北朝鮮のミサイルは今でも日本や韓国に届く可能性があり、専門家は北朝鮮が核兵器を手放すことはないだろうと考えている。しかしアメリカと北朝鮮との関係は、ソ連や中国との関係がそうであったように安定している。

イランは、イスラエルが一九六〇年代から核武装していることを知っている。政権がときに暴力的で残酷になるからといって、自殺行為に出るわけではない。ジョージタウン大学のマシュー・クローニッヒは「核兵器とテロリスト集団は、ほぼ七〇年前から存在していた」と書いている。「しかし、テロリスト集団に核兵器をわたすような国家はこれまでなかった。……イランも同様の自制心を示す可能性が高い」[128]

一九四五年以来、人類が核兵器を放棄するという考え方は「空想的である」という国際関係学の創始者ケネス・ウォルツの主張を、一流の専門家たちが繰り返してきた。もし二つの国が原爆を解体してから戦争すれば、「狂乱の再軍備」に陥るだけだ。[129]

「すでにつくり方を知ってしまった以上、原子力エネルギーを我々の前から追い払う恒久的な方法はない」一九五二年にロバート・オッペンハイマーが監修してアイゼンハワー大統領に提出した報告書は、そう結論する。オッペンハイマーはこうも述べる。「どちらかの国が最後まで原子爆弾を製造せず使いもしないままで、どんな大規模戦争が起こるかは考えにくい[130]」

軍縮の提唱者さえ同意していた。アルバート・アインシュタインとイギリスの哲学者バートランド・ラッセルは、「水素爆弾を使わないという合意が平和時にあったとしても、戦争になればそのような合意は無効になるでしょう」と一九五五年に認めている。「一方が爆弾をつくり、他方がつくらなかった場合、製造した側が必然的に勝利を収めることになるからです[131]」

今のアメリカ人で核兵器をなくせると考えている人は二五％しかいない。[132]

ニューヨーク・タイムズ紙の記者が、一九四五年七月一六日に原爆が実験された後、オッペンハイマーにどう感じるかと尋ねたとき、原爆の父はこう答えた。「まだ大人になっていない多くの少年も、原爆のおかげで人生を歩めることになるでしょう[133]」

広島と長崎への原爆投下後、オッペンハイマーはこんな言葉を発した。「原爆はあまりにも恐ろしい兵器なので、戦争はもはや不可能です[134]」

第9章 環境保護が環境破壊につながる

1 「唯一の道」

二〇一五年春のことだ。イーロン・マスクは何百人もの支持者と招待客から盛大な拍手を受けながらステージに登った。「今夜のお話は、世界の仕組み、つまり地球全体にエネルギーを届ける仕組みを根本的に変えることについてです」と彼は宣言する。

大気中の二酸化炭素濃度が上昇しているグラフを見せて、「これが今の状況です。かなり悪い」「ダーウィン賞【訳注：愚かな行為をして死ぬ、あるいは自ら生殖能力をなくして自分の劣っている遺伝子を抹消するなど、人類の進化に貢献したとみなされる人に贈られるブラックユーモアの賞】を目指すのではなく、人類が一丸となって行動するべきです」

観客は笑い、イーロンも微笑む。そして続ける。「空には太陽という便利な核融合炉があります。何もしないでも、しっかり機能しています。毎日現れて、途方もない量のエネルギーを生み出しています」

マスクは土地が不足する心配もないと言う。「化石燃料を使った電力をアメリカから追放するのに必要な土地はごくわずかです」「必要な土地はほんの少しです。しかも、ほとんどは屋根の上です。既存の土地利用を妨げる必要もなく、新たに土地を開発する必要もありません。ほとんどが既存の家や建物の屋根の上になるでしょう」

「さて、太陽光発電の明らかな限界は、夜に太陽が輝かないことです」マスクは続ける。「多くの方が認識している問題です。なので、解決しなくてはなりません。夜に使えるように、昼間のうちに生産したエネルギーを蓄えるのです。また、日中でも発電量は変動します。明け方や夕暮れより、真昼のほうが多くのエネルギーが生まれます。ですから、エネルギー発生量の波を平準化し、夜でも使えるよう十分に蓄えることがとても重要です」

だからテスラの新製品が必要だと言う。パワーウォールという、ガレージの壁に掛ける家庭用蓄電池だ。停電が頻発するうえに高価な電力を使っている世界の僻地に住む人々のために、この蓄電池と太陽光パネルが安価で信頼性の高い電気を提供できるだろうとマスクは語る。

「実際、携帯電話と固定電話で起こったことと似たようなことが起こると思います。携帯電話は固定電話をリープフロッグして、多くの国や僻地で固定電話を設置する必要がなくなりました」「ソーラーパネルとテスラのパワーウォールを組み合わせれば、人里離れた村や島に住む人たちも、いつになったら電力系統につながるのかとイライラする必要はなくなります」

たった一億六〇〇〇万個のパワーパックでアメリカ全土に電力を供給できると、マスクは言う。二〇億個もあれば、世界全体に電力を供給できるとも[1]。

「基本的に世界中のすべての電力を再生可能なもの、主に太陽光に変えることができます」とマスク。「私が今日お話したソーラーパネルと蓄電池という組合せは、これを実現する唯一の道です。これこそ私たちがやらなければならないこと、やれること、やろうとしていることなのです」

マスクは話を終え、拍手喝采の中ステージを降りる。(2)

2 低い信頼性

ソーラーパネルと蓄電池の組合せで世界の社会経済が回ることを夢見ていた私は、再生可能エネルギーの提唱者として、二〇〇二年からグリーン・ニューディールの前身である新アポロ計画を提案していた。スマートフォンによって革命的な力を手に入れたのと同じように、ソーラーパネルと蓄電池によって同じような革命がすぐそこまで来ていると信じていた。

ではなぜ、革命は起こらなかったのか？

テスラのパワーウォールの需要は緩やかに増加してはいるが、それほどでもない。それはアナリストによれば、「テスラのストレージ事業の蓄電池の供給が追いついていないだけなのか、それとも家庭用蓄電池の需要が急増していないからなのかは不明である」ということだ。実際には、住宅所有者の間でパワーウォールを購入する需要が高まったという証拠はほとんど見つからない。(3)

最新のテスラのパワーウォールの購入・設置費用は一万ドルを下らない。加えて、ソーラーパネルの設置費用として一万ドルから三万ドルかかる。(4) 妻のヘレンと私が払う月々の電気代は約一〇〇ドルだ。つまり投資回収には、少なくとも二〇〇カ月、すなわち一七年以上かかる。

投資を回収した後の数年間は、利益を出す可能性はあるだろう。けれども、システムの寿命は二〇年か二五年と言われていて、パネルの発電量が年々減少することも考慮する必要がある。そして、もしもヘレンと私がその前に別の家に引っ越したら、投資を回収することはできない。老後のための蓄えの代わりに、ソーラーパネルや蓄電池に投機的な投資をする理由があるのか？　ソーラーパネルや蓄電池が高価であると私たちでさえ感じるのであれば、スパーティや、ましてバーナデットに買う余裕があるわけがない。

仮に彼らが買えたとしても、十分な電力を供給できるかという別の問題がある。ヘレンと私はウガンダで、ソーラーパネルと蓄電池を備えたエコロッジに泊まったことがある。そして、たった一日曇り空が続いたら、あっという間にロッジの蓄電池が消耗してしまい、ノートパソコンやカメラ、携帯電話に充電できなくなってしまった。もっと電気がいるとロッジのマネージャーに伝えると、サブサハラアフリカの中小企業がやっているように、ディーゼル発電機をつけてくれた。

それでもエネルギー・アナリストたちは、再生可能エネルギーに対する強気の姿勢を崩さない。アメリカ政府は、国内の電源構成は、再生可能エネルギーが二〇五〇年までに天然ガスを上回ると言う。世界的には、二〇一八年の二八％から二〇五〇年には五〇％近くまで再生可能エネルギーのシェアが増加すると予測している(5)。

しかし、このような数字は誤解を招く。二〇一八年の世界全体の一次エネルギーのうち、再生可能エネルギーは一一％で、そのうちの六四％（一次エネルギーの七％）は水力発電ダムによるものだ(6)。ダム建設は先進国の多くで限界に達していて、貧しい開発途上国では環境主義者から反対されている。

大げさに言い立てられていたにもかかわらず、二〇一八年の世界の一次エネルギーのうち、太陽光と風力のシェアはわずか三％で、地熱のシェアは〇・一％、潮力は小さすぎて数字すら出せない(7)。

今、蓄電池の価格が急激に下がっているが、太陽光や風力はもっと普及しないのか？

蓄電池は確かに安くなっているが、進歩はそれほど速くない。過去数十年の間にニッケルカドミウム電池がリチウムイオン電池に代わったが、それは素晴らしいことだった。コードレス電話、携帯電話、ノートパソコン、ワイヤレス電子機器、大小さまざまな電気自動車の普及を可能にした。しかし、電力系統の電力を安価に貯蔵できるまでには至ってない。

テスラの最も有名な蓄電事業は、オーストラリアにある一二九メガワット時のリチウムイオン電池貯蔵センターだ。七五〇〇世帯に四時間分のバックアップ電力を提供している[8]。しかし、オーストラリアの世帯数は九〇〇万で、一年間は八七六〇時間であることを忘れてはいけない。

世界最大級のリチウムイオン電池貯蔵センターは、カリフォルニア州エスコンディードにある。このセンターでも約二万四〇〇〇世帯分の電力を四時間分蓄えるだけだ[9]。アメリカの世帯数はおよそ一億三四〇〇万だ。

アメリカの電力系統につながっているすべての家庭、企業、工場を四時間分バックアップするためには、エスコンディードと同じ大きさの貯蔵センターが一万五九〇〇カ所必要で、その費用は八九四〇億ドルに上る[10]。

信頼性の低い風力発電を電力系統に組み込むための追加費用は高く、増えれば増えるほどさらに追加コストは高くなるということが、多くの研究から示唆されている。たとえばドイツでは、風力が電力全体の二〇％を占める場合、系統コストは六〇％上昇する。風力が四〇％になると、系統コストは一〇〇％上昇する[11]。

なぜかと言うと、風が弱まった瞬間にすぐに動作できるよう多くの発電所（多くは天然ガスベース）が待機していなければならないので、遠隔地にある再生可能エネルギー施設まで余分な送電線を建設する必要があるからだ。そして、根本的に信頼性が低くしばしば予測不可能なエネルギーを系統に組み込むために、さまざまな追加的な機器や人員が必要になる。

気候とエネルギーに関する科学者たちによる別の研究では、北米大陸全体の気候と季節変動を考慮すると、太陽光と風力でアメリカの総電力を供給するためのコストは、高い安定性を確保するために蓄電池を利用するとして、蓄電池のコストを含めれば二三兆ドル以上に上昇することがわかった。[12] この数字は二〇一九年のアメリカの国内総生産（ＧＤＰ）を一兆ドル上回る。

これほどのコストを負担することはできるのか？　ＡＰ通信社とシカゴ大学が二〇一八年に実施した調査の結果を見てみよう。それによると、気候変動対策に毎月一ドル以上負担することを厭わないアメリカ人は五七％だった。毎月四〇ドル以上を支払うことを厭わない人は二三％、そして毎月一〇〇ドル以上を支払うことを厭わない人は一六％でしかない。しかも四三％は全く負担する気がない。[13]

再生可能エネルギーを声高に主唱する人たちでさえ、太陽と風の日々と季節の変動から生じる問題を蓄電池では解決できないことは認識していて、別の解決策を探している。

完全な再生可能エネルギー化を提唱している人々にとって最も影響力があるのは、スタンフォード大学のマーク・ジェイコブソン教授だ。再生可能エネルギーへの転換を推奨するほとんどの提案は、既存の電力系統から得られるエネルギーの三分の一を代替しようとしているにすぎないと、同教授は指摘する。

ジェイコブソンの提案は、既存の水力発電ダムを巨大な電力貯蔵システムにして、電気だけでなく、すべてのエネルギーを再生可能エネルギーで代替することだ。つまり、日が照っているときや風が吹いているときに、大量の余剰電力を使い、ときには川の流れを長時間ほぼ完全に止めて、水をダムの上流に汲み上げておくというものだ。このようにして蓄えられた水を、必要になったら流して、発電タービンを回すというわけだ。[14]

ジェイコブソンの研究と構想は、アメリカの多くの州で計画になり、民主党大統領候補のバーニー・サンダース上院議員の公約にもなった(15)。

しかし、ジェイコブソンの提案は全米の水力発電ダムの発電量が瞬間的に一〇倍増えることを前提としていると、二〇一七年に科学者グループが指摘する。エネルギー省などの研究によると、実際に増やすことができるのは、そのうちのごくわずかだ。発電量を十分に増やせなければ、ジェイコブソンが構想する完全再生可能エネルギー化は実現不可能だ(16)。

カリフォルニア州は再生可能エネルギーの世界的リーダーだが、州内のダムを電力貯蔵システムに転換するようなことはしていない。転換するにはまず、そのためのダムや貯水池がいる。たとえあったとしても莫大な改築費用がかかる。またダムにためられた水は、灌漑や都市用など、電力以外にもさまざまな用途がある。カリフォルニア州の河川や貯水池はそもそも水不足で、しかも不安定なため、他用途への利用はこれまで以上に大変なことになるだろう。

カリフォルニア州には太陽エネルギーを貯蔵する大規模なシステムがないので、快晴の日には、ソーラーファームから発電される電気を遮断してきた。もしくは、電力系統がパンクしないよう、お金を払って近隣の州に引き取ってもらってきた(17)。

ドイツは何十億ドルも投じて、太陽光や風力発電から水素を製造する技術を開発している。つくられた水素は貯蔵され、後日、燃焼もしくは燃料電池を通じてエネルギーに変換される(18)。

しかし、この技術はきわめて高価なことが判明しつつある。二〇一九年にシュピーゲル誌は、有望と言われていた水素貯蔵プロジェクトについて「ビジネス的に価値はない」と報じる。「風の力を電気に変え、電気を水素に変え、水素をメタンに変える過程で多くのエネルギーが失われる。変換効率は四〇％以下で、持続可能なビジネスモデルとは言えない[19]」

仮に電気を貯蔵することがもっと容易だったとしても、電気代が高くなることに変わりはない。電気の価格がなぜ低く抑えられているかというと、効率的な大規模プラントでつくられ、低損失な共有送電網を使って消費者に送られているからだ。もちろん現在の電力系統でも、ある程度電気を貯蔵することは可能だが、それでは数分しかもたない。完全に再生可能な電力に転換したときに必要とされる数日分や数週間分ではない。また、電気をダムの水やバッテリー、あるいは水素ガスなどに変換し、再びそれらを電気に戻すとなると、エネルギー変換のたびに膨大な物理的ロスおよび経済的コストが発生する。

大手石油会社やガス会社は、蓄電池では電力系統を安定化できないことを完全に理解している。大量の太陽光発電や風力発電を電力系統に接続している地域では、天候の変動に対応するため、発電量を迅速に増減できる天然ガス火力発電への依存度が増々高まっている。

フランスが好事例だ。フランスは過去一〇年間、三三〇億ドルを投じて太陽光と風力を電力系統に導入した[20]。その結果、原子力の利用が減り、代わりに天然ガスの利用が増えた。電気料金は上昇し、より多く炭素を排出する電力になった[21]。

二〇一六年から二〇一九年にかけて、上場している大手の石油・ガス会社五社（エクソンモービル、ロイヤル・ダッチ・シェル、シェブロン、BP、トタル）は宣伝やロビー活動に一〇億ドルを投じて、再生可能エネルギーなどの気候変動対策への取組みを支持した[22]。

彼らの宣伝攻勢は、世界中のエリートに狙いを定めて空港やツイッター上で行われた。ノルウェーの石油・ガス大手であるスタトイルが出した空港広告は、「天然ガスは再生可能エネルギーの大切なパートナーです」と謳う[23]。シェルは「どのように #natgas が再生可能エネルギーの理想のパートナーであるかをご覧ください」とツイートする[24]。

私は気候科学者のジェームズ・ハンセンの招きで、二〇一七年にドイツのミュンヘンで開催された国連の気候変動の会議に参加した。飛行機を降りるなり、フランスの石油・ガス会社トタルの「太陽光にコミットしています」や「天然ガスにコミットしています」と書かれた広告が目に飛び込んできた[25]。

3 野生動物が再生可能エネルギーの餌食に

「一九六〇年代の地球が本当に汚れていた時代に私は育ちました」とリサ・リノウェスは言う。「川は不衛生で、人々は普通にごみを道に投げ捨てていました。私は熱烈な環境主義者になりました。当時それは、文字通りごみを拾うことを気にかけるということでした[26]」

リノウェスは生涯を通して環境運動家であり、北米やヨーロッパで産業用風力タービンの拡大に反対する草の根運動のリーダーでもある。二〇一九年末に彼女から話を聞いたとき、彼女は風力発電が鳥やコウモリに与える影響を科学的に評価した報告書のレビューを終えようとしていた。

二〇〇二年、リノウェス夫妻はニューハンプシャー州に土地を購入する。直後に夫妻は、町の近くに風力発電所の建設が計画されていることを知った。「私も他の人と同じように、『風力？　風力の何が問題なの？』という感じでした[27]」

「私たちは洗脳されていました。再生可能エネルギーが化石燃料より優れていて、それが普及しない唯一の理由は、石油・ガス産業が再生可能エネルギーを市場から締め出しているからだという考えにです」と彼女。「風力発電プロジェクトがどれだけ広大な土地を必要とし、それによってどれだけ環境に影響を与えるかを理解したとき、私たちは立ち上がらなければいけないと気づきました[28]」

リノウェスらは、風力発電所が天然ガス火力発電所の約四五〇倍の土地を必要とすることを知る[29]。ニューイングランドの小さな町の住民およそ五〇〇人のほぼ全員が、風力発電所について同様に感じていると知るまでに、リノウェス夫妻はそれほど時間を要しなかった。

「裁判に勝つためには、すべてを捧げなければいけませんでした。コミュニティーの協力を得たり、法律を理解し、それを用いて相手を打ち負かしたり、より説得力のある主張を組み立てたりしなければいけませんでした[30]」

多くの国で、コウモリにとって生息地の減少と白鼻症候群に次ぐ最大の脅威は、風力タービンであることを、リノウェスは活動を始めてすぐに知った。「風力発電業界はこの問題を十分に認識しています。にもかかわらず、コウモリの被害を減らせるほどほどの対策を稼働中の風力発電施設に導入することにさえ強く抵抗します。その結果、多くの種類のコウモリが絶滅の危機に瀕しています。五年前までは大量に生息していたコウモリ、とくにホアリーコウモリは、今では激減しました[31]」

テキサス州などでは、猛毒の菌による白鼻症候群は広がり始めたばかりであり、今のところ風力タービンがコウモリにとっての唯一そして最大の脅威だ。ある研究者は、「風力タービンが引き起こしているような規模で、渡りの習性をもつヒナコウモリが大量死したことは、歴史上、他に記録がない」と記している[32]。

コウモリだけではない。渡り鳥の移動範囲で広範囲にわたって建設されている風力タービンは、大型で絶滅の恐れがあり、保護価値の高い鳥にとって最大の脅威だ[33]。

「アメリカシロヅルを見てください。……風力発電業界は、その生息地にまで拡大したいと考えています」

「野生のアメリカシロヅルの個体数はわずか二三五羽です。遺伝子プールは非常に限られています。経験則として、少なくとも一〇〇〇羽以上の個体がいないと、遺伝子プールは広がらず、近親交配によって多様性が失われてしまいます」

リノウェスによると、風力発電はまた、イヌワシやハクトウワシ、アナホリフクロウ、アカオジロタカ、アレチノスリ、アメリカチョウゲンボウ、オジロトビ、ハヤブサ、ソウゲンハヤブサなど多くの鳥類を脅かしている。生息数が非常に少ないアメリカ西部のイヌワシがとくに被害を受けている。(34)

風力発電業界は、風力タービンよりも猫のほうが多くの鳥を殺していると主張するが、猫は主にスズメ、ツグミ、カケスなど小型でよく見られる鳥を殺すのに対し、風力タービンはタカ、ワシ、フクロウ、コンドルなど大型で希少、そして繁殖に時間がかかる種を殺している。(35)

風力タービンは、何種類かの重要な鳥類にとっては、ここ数十年間に出現した脅威の中で最も深刻なものだ。急速に回転するブレードは、食物連鎖の頂点に立つ捕食者のごとく振る舞い、大型の鳥はそれに適応するようには進化してこなかった。「鳥は何百年もかけて、特定の移動ルートを飛ぶように進化してきました。そのルート上に風力タービンを突然建てて、鳥たちが適応することを期待するのは不可能です。あり得ません」

そして、大型の鳥は小型の鳥と比べて繁殖率がきわめて低いため、個体の死は種全体の個体数に大きな影響を与える。たとえば、ツグミのような鳴き鳥は一年に二回、一回につき三～七個の卵を産むが、イヌワシは通常は一年に一回、そして一回に一つか二つの卵しか生まない。

野生動物が多い開発途上国となると、風力発電の影響はさらに大きくなる可能性がある。

研究者たちは、ドイツに影響されて資金もドイツから受けて建設される予定のケニアの新しい風力発電の一基が、渡り鳥たちの主要な飛行ルート上に位置しているので、絶滅の危機に瀕しているワシを何百羽も殺すことになると考えている。ある生物学者は、「絶滅の危機に瀕している鳥たちを殺す蓋然《がいぜん》性という観点からすると、私がアフリカで見た風力発電所の中でもワースト・スリーの立地に入ります」と語る[36]。

これに対して風力発電所の開発業者は、業界の常套手段を使う。危機に直面する動物を保護していることを表明する組織に対して、戦うのではなく協力するとして金を払ったのだ[37]。

ドイツほど再生可能エネルギーに力を入れている国はない。過去二〇年間にわたって、原子力や化石燃料から再生可能エネルギーへの「エネルギーヴェンデ」、つまりエネルギー転換が行われてきた。ブルームバーグのエネルギー・アナリストによると、二〇二五年までに再生可能エネルギーと関連インフラに五八〇〇億ドルが投じられるらしい[38]。

しかし、今までに五〇〇〇億ドル近くが投資されたにもかかわらず、ドイツにおける風力、太陽光、バイオマス発電のシェアは四二%に留まる。それに対して二〇一九年のフランスにおける原子力のシェアは七一%だ。風力と太陽光に限って言うと、ドイツで必要とされる電気の三四%しか占めておらず、バックアップは天然ガスに頼っている[39]。

ドイツは二〇一四年から二〇一九年までの間に、再生可能エネルギーに毎年約三二〇億ユーロ、つまり年間GDPの一%を費やした。これをアメリカに置き換えると、太陽光と風力による電力のシェアを一八%から三四%にまで高めるために、年間二〇〇〇億ドルを費やすのと同じレベルだ[40]。

これだけの資金を投じているにもかかわらず、二〇一九年秋、コンサルティング大手のマッキンゼーは、ドイツの「エネルギーヴェンデ」が国の経済とエネルギー供給に大きな脅威をもたらしていると発表した。「問題は、エネルギー産業の三つの次元、すなわち気候の保護、電力供給の確保、そして経済効率のすべてに現れている」(41)

ドイツの電力系統は、二〇一九年七月には三日間の停電に陥る寸前だった。電力系統を安定させるために、近隣諸国から非常用の電力を輸入しなければならなかった。「供給の見通しは今後もさらに厳しくなるだろう」とマッキンゼー。

再生可能エネルギーの消費者にかかるコストも驚くほど高価だ。ドイツでは二〇〇七年以降、再生可能エネルギーによって電力料金が五〇％上昇した。(42)二〇一九年には、ドイツの電気料金はヨーロッパの平均より四五％も高くなっていた。

アメリカでも同様のことが起こっている。シカゴ大学の再生可能エネルギーに関する報告書は述べる。「調査対象の二九州の消費者は、自然エネルギー政策がなかった場合よりも、累積して一二五二億ドル多くの電気代を支払った」(43)再生可能エネルギーの多いカリフォルニア州の電気料金は、二〇一一年以降、アメリカの他州と比べると六倍の速さで上昇している。(44)

結局、どれだけの技術革新があったとしても、再生可能エネルギーの根本的な問題を解決することはできない。太陽光発電や風力発電は、信頼性が低いために一〇〇％のバックアップが必要であり、出力密度が低いため、広大な土地、送電線や鉱業が必要になる。そのため電気料金は高くならざるを得ない。

つまり再生可能エネルギーの困難さは、基本的に技術面にあるのではなく、生来のきわめて自然な話なのだ。

再生可能エネルギーのための物理面の要求は、世界中で地域的な反対運動を呼び起こしている。エネルギー転換のためにドイツが必要とした七七〇〇キロメートルの送電線のうち、建設されたのはわずか八％で、二〇一九年には再生可能エネルギー施設に関連する送電線の導入速度は急激に低下した[45]。

ドイツがこの通りなら、他でも事情は同じだ。世界的に見て二〇一八年は、二〇〇一年以来、再生可能エネルギーの成長が伸び悩んだ年となった[46]。多くの人は、物理的、環境的、経済的な理由から再生可能エネルギーの普及に悲観的だ。ドイツの週刊誌シュピーゲルは二〇一九年にこう結論している。「風力発電ブームは終わった[47]」

4 ユートピアの発電事情

豊かな社会は再生可能エネルギーで賄えるというビジョンは、一八三三年にジョン・エッツラーという人物が最初に示した。彼のユートピア宣言である『自然と機械の力により、労働することのない、すべての人の手の届くところにある楽園（*The Paradise within the Reach of all Men, without Labor, by Powers of Nature and Machinery*）』が、この年に出版されている。

エッツラーは、今日の再生可能エネルギーの支持者たちに似た正確さと情熱をもって、集中型太陽光発電所、巨大な風力発電所、風力も太陽も利用できないときに電力を蓄えるダムを拡大する計画を示した。「一〇年以内に楽園を築く方法を示すことを私は約束する。あらゆる人の生活に必要なあらゆるものが、超豊富に手に入るようになる」と彼は書いた[48]。

エッツラーにとって、太陽光や風は信頼性が低いという反論があることは想定内だった。「太陽が常に照っているわけではなく、夜や曇りの日、また霧などの天候が効果を妨害するという反論があるだろう」

時計のねじを巻くのと同じように、水を上流に汲み上げて電力を蓄えれば「日照の中断も……問題にならない」と述べた(49)。

再生可能エネルギーの可能性に向けたエッツラーのユートピア的な熱意と特異性は、ロビンスやジェイコブソンのスタイルと作法に不気味なほど似ている。たとえば、彼は高さ二〇〇フィート（六一メートル）長さ一マイル（一・六キロメートル）にわたって並べられた帆からなる陸上風力発電所を提案した。彼によれば、風に対して帆を完全に直角に置けば、一〇〇平方フィート（九・三平方メートル）ごとに一馬力が生み出される。

現代の支持者たちが、再生可能エネルギーの土地利用はそれほど大きくなく、人間を「採掘」産業から解放させると主張しているように、エッツラーは、風力、水力、太陽エネルギーを利用する装置は「物質を一切消費せずに動作する」と述べる。

しかし、自然保護主義者のヘンリー・デイヴィッド・ソローは、エッツラーの構想を実現するために必要とされる土地の広さに愕然とした。「彼なら花の色合いをより鮮やかにし、鳥の歌声をより美しくできるのではないか？」とソローは皮肉を込めて言う。「彼は神なのではないか？」(50)

ソローの心配は不要だった。エッツラーが考案した風と水を動力とする鋤《すき》――風力で軸の周りを回転するので「衛星」と彼は呼んでいた――は、全く実用的でないことがわかり、壊れた。そのすぐ後に、彼のユートピアも同じ運命をたどる(51)。

ときに人は、太陽エネルギーの変わった使い方を見いだす。一九一一年、ある発明家が放物線型の樋《とい》を使って太陽光を集め、エンジンを駆動させたが、法外に高いコストがかかった(52)。一九一二年には、太陽エネルギーを利用して農業用水を汲み上げる施設がエジプトで建設されたが、石油のほうが安くて簡単に利用できることがわかった[53]。一九四一年以前には、マイアミの半分の家庭が太陽熱温水器を使用していた。しかし頻繁に故障することから、一九七〇年代までには、より信頼性の高いエネルギー源である天然ガスに取って代わられた[54]。

一九四〇年代にソーラー住宅が流行したこともあった。再生可能エネルギーへの人気の高まりを受けて、ハリー・トルーマン大統領は、CBS社のCEOが率いる有識者委員会を組成する。一九七五年までに一三〇〇万戸の太陽光発電住宅を建設できるというのが同委員会の結論だった。しかし、またしても実現不可能なユートピアにすぎなかった[55]。

第二次世界大戦後、多くの知識人が再生可能エネルギーのみに頼る世界を夢見ている。一九五四年にドイツの著名な哲学者マルティン・ハイデッガーは、自然からの人類の疎外を終わらせる鍵は、あてにならない再生可能エネルギーを社会が利用することだと主張した。ハイデッガーは、人間が必要とするときにはいつでもエネルギーを生み出せるからと、大量の水をためる水力ダムを批判した。対照的に、彼は風車を称賛した[56]。

一九六二年、アメリカの社会主義者である作家のマレー・ブックチンは、蔓延する「がん」のように都市が郊外に広がっていることを批判し、土地と都市を「人と自然との融合」に導くものとして、再生可能エネルギーを推奨した。ブックチンは、自身の提案が「文化的孤立と社会的停滞、中世や古代の農耕社会へ逆戻りするようなイメージを思い起こさせる」と自覚していた。それでも彼は、自分のビジョンは反動的でも宗教的でもないと主張した[57]。

反原子力運動家のバリー・コモナーも同様に、再生可能エネルギーを現代文明において「テクノスフィア（技術圏）」と「エコスフィア（生態圏）」とを調和させる鍵であると考えていた。コモナーは「グリーン・ニューディール」の基本的枠組みを考案した。「グリーン・ニューディール」は欧州緑の党が最初に、その後、アレクサンドリア・オカシオ・コルテス下院議員が二〇一九年に紹介した。コモナーは、低エネルギー、再生可能エネルギー経済への移行が「主要な工業・農業・エネルギー・輸送システムの根本的再構築」への鍵であると考えた(58)。

コモナーの構想には聞き覚えがあるだろう。農家は有機農業を推進すべき。バイオ燃料などのバイオエネルギーを利用すべき。車は小型化して、家や建物はエネルギー効率を高めるべき。プラスチックの使用量を減らすべき(59)。彼は、代替エネルギーなどの諸技術の開発に向けた公的補助を支持し、マイクロチップのときのような軍隊式の大量調達を太陽エネルギーにも適用することを主張した(60)。

支持者らは、再生可能エネルギーは化石燃料や原子力に取って代わるものだと訴えた。一九七六年にエイモリー・ロビンスは、再生可能エネルギーを中心とする経済へ向かうことに対する障害は「技術的なものではなく、むしろ社会的・倫理的なものである」とフォーリン・アフェアーズ誌に書いている。ロビンスはエッツラーと同じく信頼性への懸念を否定し、「おおかたのエンドユーザーのニーズに合うエネルギーの品質と規模であれば、太陽光や風力を直接蓄えることなどは簡単にできる」と説明する。彼は、「貯水タンク、岩盤層、または溶融塩」や「風力による圧縮空気」のようなローテク技術をその例として示した(61)。

ロビンスの政策は、シエラクラブから国内最大の環境慈善団体である環境防衛基金（ＥＤＦ）までのほぼすべてのアメリカ国内の環境団体、そしてビル・クリントンとバラク・オバマ両大統領、さらには二〇二〇年の民主党大統領候補者全員に至るまで、多くの政策目標となった。

5 何という無駄

二〇一三年春の報道によると、ソーラー・インパルスと呼ばれる太陽電池を搭載した飛行機がアメリカ全土を飛行し、「燃料なしでクリーンな飛行が可能であることを証明した」[62]パイロットはサンフランシスコからフェニックス、ダラス、セントルイス、ワシントンDCまで飛行した。「太陽光で飛べるのだから、燃料はもう必要ない」という見出しが紙面に躍る[63]。

ソーラー・インパルスは、エネルギー密度が低い燃料の本質的な限界を浮き彫りにした。この飛行機は、時速一〇〇〇キロ近くで五〇〇人を運ぶボーイング七四七と同じ翼幅だ[64]。しかし、パイロット一人しか乗れず、時速一〇〇キロ以下でしか飛べなかった。このため旅程の完了までに二カ月を要した。

太陽光はエネルギー密度が希薄であるため、太陽光発電所は広大な土地を必要とする。だから環境影響が大きい。世界で最も日当たりの良い場所でも同じことが言える。カリフォルニア州で最も有名な太陽熱発電所であるアイヴァンパは、同州で唯一稼働しているディアブロ・キャニオン原子力発電所の敷地の四五〇倍の土地を必要としている[65]。

ソーラーパネルの効率性は向上するだろうし、風力タービンもより大型化できるが、物理的な限界がある[66]。風力タービンの最大効率は五九・三%で、そのことは、一〇〇年以上前から科学者たちは知っている。太陽光発電所の達成可能な出力密度は一平方メートル当たり最大五〇ワットだ。これに対して、天然ガスや原子力発電所の出力密度は一平方メートルあたり二〇〇〇～六〇〇〇ワットだ[67]。

太陽光発電所の建設は、他の産業施設と同じだ。土地の自然を破壊しなければ建設できない。アイヴァンパを建設するために、開発者は生物学者を雇い、絶滅の危機に瀕している砂漠の亀を巣穴から取り出し、トラックの荷台に乗せ、檻に入れなければならなかった。たくさんの亀が檻の中で死んでしまった[68]。

ソーラーパネルや風力タービンには、より多くの資材が必要になり、廃棄物の発生量も多い[69]。ソーラーパネルには、セメント、ガラス、コンクリート、鉄などの材料が原子力発電所の一六倍必要で、三〇〇倍以上の廃棄物が排出される[70]。

またソーラーパネルには、鉛など多くの有害物質が含まれている場合もあり、パネル全体を分解しなければ、それらを取り除くことはできない。二〇一七年にベテランの太陽光関係者が「私は一九七六年から太陽光に関わる仕事をしてきました。……それに罪悪感を覚えています」とソーラー・パワー・ワールド誌に告白している。「何百万枚ものソーラーパネルの製造に携わってきましたが、今、その寿命が近づいています[71]」

カリフォルニア州は、廃棄されたソーラーパネルを埋立地からどのように回収するかを検討中だ。なぜなら、ソーラーパネルを埋立地に処分することは「推奨されない」からだ。専門家たちによると「パネルが壊れ、有害物質が土壌に漏れる懸念がある」という[72]。

ソーラーパネルメーカーにすれば、原材料を購入するほうが、古いパネルをリサイクルするよりはるかに安い[73]。「高価な金属や材料が含まれていないので経済的損失が出る」と二〇一七年に科学者グループは結論した。「リサイクル工場が規定に沿ってすべての行程を適切に行った場合……その製品は新しい原材料を使ったときよりも高価になる可能性がある」と中国の専門家も結論している[74]。

二〇一六年以降、太陽光の関連企業の倒産が相次いでいる[75]。そうなると、太陽光発電の廃棄物の管理・リサイクル・処分の負担が国民にのしかかることになる[76]。

貧しい国や開発途上国の政府は、多くの場合、有毒な太陽光発電の廃棄物の流入に対処するための設備を備えていないと、専門家は指摘する。これらの国々は、より高いリスクにさらされている。なぜなら歴史的に、豊かな国から古いパネルが送られてくるからだ[77]。

中国の一部の太陽光発電リサイクル業者の態度が、この懸念に拍車をかける。「太陽光リサイクル業者のある営業担当は」とサウス・チャイナ・モーニング・ポスト紙が報じている。「中国の太陽光関係廃棄物には良い処分方法があると考えている。『中東に売ればいい』と彼は言う。『私たちの顧客は、完璧なパネルや新品のパネルを望んでいない。ただ安いパネルをほしがっているだけだから[78]』」

国連環境計画（UNEP）によると、電子廃棄物の六〇%から九〇%は違法な貿易によって途上国で廃棄されている。UNEPによれば「何千トンもの電子廃棄物が中古品と偽って先進国から途上国に輸出されていて、その中にはプラスチックや金属スクラップと偽って記載された使用済み電池や、金属スクラップと偽って記載されたブラウン管やコンピュータのモニターなどが含まれている[79]」。

二〇一九年、ニューヨーク・タイムズ紙が次のように報じる。「太陽エネルギーが流行することに伴い、耐用年数が切れた屋上ソーラーパネル用の鉛蓄電池や、ソーラー照明用のリチウムイオン電池もあふれ返っている。電子廃棄物から有害な化学物質が地下水に漏れ、環境破壊が起こる。処分場で再利用可能なものを手で漁るごみ拾いの人たちにも害を与えるだろう[80]」

都市には濃縮されたエネルギー源が必要だ。現代の人類は、ビルや工場、都市などの動力源として、再生可能エネルギーの一〇〇〇倍の電力密度をもつ燃料に依存している。再生可能エネルギーは出力密度が低すぎて、環境に害があるだけでなく、文明を支えることもできない。

人類が再生可能エネルギーに完全に依存するためには、一〇〇倍から一〇〇〇倍もの用地を使わなければならない。「化石燃料と再生可能エネルギーの出力密度の違いを考えれば」とエネルギー専門家のバーツラフ・スミルは述べる。「原子力発電だけが、商業的に成り立つことが証明された非化石で高出力密度の唯一残された選択肢である」(81)

ほんのわずかなソーラーパネルでアメリカ全土の電力を供給できるというイーロン・マスクの主張はどうだろうか？　大きな誤解を招く表現だったと言わざるを得ない。

時間や季節を考慮せず、アメリカ全土で必要とされている電気の総量を供給することだけが条件であったとしても、マスクは必要な土地を四割過少評価していた。最も日照条件が良い場所に、つまり繊細な生態系を有するアリゾナ州のソノラン砂漠にソーラーパネルを設置したとしても、マスクが提唱するソーラーファームはメリーランド州より大きい土地を必要とする。(82)マスクは、必要とされる電気の貯蔵量も過少評価していた。彼が提唱するソーラーファームは、秋と冬には一年間の四割しか発電できない。一方アメリカは、秋と冬の季節に一年間の半分の電気を消費する。(83)つまり、アメリカにおける年間の電力需要の一割にあたる四〇〇テラワット時を貯蔵しないといけない(しかも、この蓄電と放電は年一回行われるだけだ)。現在のリチウムイオン電池の価格では一八八兆ドルかかる。(84)

これは膨大なコストだ。太陽光発電所を三割広げて一万八〇〇〇平方マイル（四万七〇〇〇平方キロメートル）にすれば、問題は解決する。マスクが当初想定していたものより八割広く、メリーランド州とコネチカット州を合わせたくらいの広さだ。ここまでやって七・五兆ドルかければ、マスクが主張する「わずか」一六テラワット時の貯蔵施設(85)に近いものができる。

マスクはまた、貯蔵施設に必要な土地は一平方マイル（二・六平方キロメートル）だけであると主張しているが[86]、一二〇メガワット時の貯蔵施設に一・二エーカー（〇・五ヘクタール）の土地を使っているカリフォルニア州エスコンディードの最新設備を参考にすると、彼が推奨している一六テラワット時には、実際は二五〇平方マイル（六五〇平方キロメートル）の土地が必要になる。

これらの計算は電気だけの話だ。電気だけではなく、すべてのエネルギーを考慮すると、必要とされる土地面積の計算は全く手に負えなくなる。たとえば、アメリカが必要とするすべてのエネルギーを再生可能エネルギーから得ようとすると、アメリカの国土の二五％から五〇％が必要になる[87]。対照的に、現在のエネルギーシステムは国土のわずか〇・五％しか使用していない[88]。

太陽光や風力は、とりわけ貯蔵の必要性を考慮すると、それらをつくるために投資したエネルギーに対して十分なエネルギーを得られない。

ある先駆的な研究によると、ドイツでは、原子力であればエネルギー生産に投入されるエネルギーの七五倍、水力であれば三五倍を生産できるが、太陽光では一・六倍、風力では三・九倍、バイオマスでは三・五倍にしかならない[89]。石炭、天然ガス、石油のリターンは約三〇倍だ[90]。

石炭のはるかに高い出力密度が産業革命を可能にしたように、太陽光や風力のはるかに低い出力密度は、今日の高エネルギーで都市化された産業文明を不可能にする。そしてこれまで見てきたように、再生可能エネルギーの支持者の中には、それを目標にしてきた人たちがいる。

シュピーゲル誌の二〇一九年の暴露記事で、ドイツの再生可能エネルギーへの移行は全く間違った方法で進められたと結論づけられているが[91]、それは誤解を招く表現だ。再生可能エネルギーへの移行は失敗する運命にある。なぜなら現代の産業化された世界に生きる人々は、どんなロマンをもっていても、前近代的な生活に戻ることを望んでいないからだ。

6 なぜ低密度のエネルギーは破壊的なのか

原子力発電の代替として再生可能エネルギーが提案されたのは一九七〇年代だが、それ以降の一〇〇%再生可能エネルギー構想のほとんどは、太陽が照らず、風が吹いていないときにバイオマスを燃やすことを想定していた。バイオマスはヨーロッパの再生可能エネルギーの重要な構成要素になった。イギリスのドラックスのような巨大石炭プラントは、アメリカの森林から次々と届けられる木質ペレットを燃やすプラントに転換され、ドイツの農地はエネルギー用作物を栽培するために食糧生産から外された。

しかし二〇〇八年以降、環境主義者たちは、バイオマスやバイオ燃料の使用が環境に与える影響を完全に理解し、反対するようになった。

一〇〇〇メガワットの木質バイオマス発電所を年間七〇%稼働させるためには、年間三三六四平方キロメートルの作業用林地が必要になる(92)。アメリカの電力の一割を木質バイオマス発電にするためだけで、テキサス州と同じ広さの森林面積が必要になる。

バイオエネルギーによる二酸化炭素排出量を計算するときに、バイオマスやバイオ燃料に切り替えたことによって失われた農地を補うために、世界のどこか別の場所の森林が農地に転換されたことは、これまで考慮されてこなかった。焼却による直接排出量と、こうした土地利用の負の変化を合算すると、バイオマスやバイオ燃料の生産と燃焼から排出される二酸化炭素は、化石燃料よりも多くなる(93)。

今では科学者たちは、トウモロコシの生産とそれからつくられるエタノールの利用は、ガソリンの二倍の温室効果ガスを排出することを知っている。長年、より持続可能と謳われてきたスイッチグラス【訳注：イネ科の多年生草本】でさえ、排出量は五割増しだ(94)。

バイオ燃料の主な問題点は、出力密度の低さゆえに広い用地が必要になることだ。アメリカのガソリンをすべてトウモロコシのエタノールに置き換えるためには、現在のアメリカのすべての農地より五〇％広い土地が必要になる(95)。

大豆を原料とするバイオ燃料のように最も効率の良いものであっても、石油の四五〇〜七五〇倍の土地を必要とする。ブラジルで広く利用されている最高性能のバイオ燃料であるサトウキビエタノールでも、石油と同量のエネルギーを生産するためには四〇〇倍の土地が必要だ(96)。

私が二〇〇二年に「新アポロ計画」を共同で設立したとき、私たちはセルロース系エタノールを原料とした「高度なバイオ燃料」で大幅に効率を改善できると考えていたが、実際はそうでもなかった。セルロース系エタノールの出力密度は、ブラジルのサトウキビエタノールよりも低いことがわかったのだ(97)。アメリカの納税者は二〇〇九年から二〇一五年までに、失敗に終わったバイオ燃料実験に二四〇億ドルという驚異的な資金を注ぎ込んでしまった(98)。

政府が風力発電事業を中止させたり、タービンの設置場所や事業運営の変更を求めたりすることはほとんどない。また、政府が風力発電事業者に、鳥やコウモリの被害状況を公開することや死骸を数えることを要求することもない。風力発電事業者は、鳥の被害データに一般市民がアクセスできないようにするために、訴訟を起こしたことさえある(99)。

鳥が死ぬとコヨーテのような腐肉食動物がすぐに食べてしまうため、また死骸が捜索半径の外にあることが多いため、鳥の被害は過小評価されていると科学者は言う。[100]「私は最近、二羽のイヌワシを観察していたが、そのイヌワシが最新の風力タービンで致命的な怪我を負ったところを見た」と、二〇一八年に科学者が述べている。どちらのワシも「捜索範囲の外側にたどり着いたので、いずれも衝突した証拠を捜索半径内には残さなかった」[101]

このように被害数を捜索範囲内に限定するやり方は、「死亡者が道路の縁を越えて発見されたら、高速道路での被害者数から除外するのと同じことだ」と、その科学者は言う。[102]

渡り鳥条約法、絶滅危惧種法、ハクトウワシおよびイヌワシ保護法の違反ならば、風力発電事業者が自己申告すれば許される。ハワイ州だけが、独立した第三者が鳥とコウモリの被害データを収集することになっていて、請求されたら一般公開しなければならない。[103]

「アメリカ魚類野生生物局は、風力発電事業者がワシを殺したとして訴えられることがないように」ニューヨーク・タイムズ紙が報道する。「風力タービンに巻き込まれる可能性のある鳥の数を記載したライセンスを申請するように奨励している」[104]

稀に政府が風力発電事業者に対して、他の用地を確保するなどして影響を緩和するよう求めることもあるが、ほとんど強制力をもたないと科学者たちは言う。風力発電事業者が約束を守らないこともあるし、嘘をつくこともある。

バージニア州を拠点とするエイペックス・クリーン・エネルギー社が二〇一七年にニューヨーク発電所立地委員会に提出した申請書には、建設を計画している場所では既知のハクトウワシの巣はないと書かれていた。[105]そして後日、同社は、鳥にとっての直接の脅威であったにもかかわらず、ワシの巣の上をヘリコプターで飛んだ。「彼らはワシがまだ住んでいる巣を壊した」と地元の環境保護運動家のリサ・リノウェスは語る[106]。

風力発電業界は、コウモリの大量死にかかる調査が行われないようにもしてきた。「風力発電所のコウモリ被害は、二〇〇三年頃に研究者チームがウェストバージニア州の風力発電所に行ったときまで理解されていませんでした」とリサ。「研究者たちが風力タービンの間を歩いていると、コウモリの死骸が散乱していました。それが何なのかわかると、社員が研究者たちを敷地の外に追い出し、ゲートをしっかり閉じたんです[107]」

操業短縮、つまりタービンブレードの意図的な停止によって鳥・コウモリ・昆虫の殺傷を減らすことはできるが、それは利益を失うことを意味するので、風力発電事業者はまず行わない。アメリカ国立再生可能エネルギー研究所の調査によると、操業の短縮率は総風力発電量の五％以下に留まっている[108]。

しかも、操業短縮でも衝突死を止めるには十分ではない。ある学者の研究によると「事実、アカオノスリの被害数は、三年間のモニタリング期間中に一度も稼働しなかったタービンの五割でピークに達している[109]」。彼は、カリフォルニア州で最も研究されている風力発電所であるアルタモント・パスを「イヌワシとアナホリフクロウの個体群吸収源」と呼んでいる[110]。

二〇一八年、ドイツを代表する技術評価研究機関に所属する研究者が、産業用風力発電タービンがドイツの昆虫の死滅に大きく寄与していそうだと発表する。「何百万年もの間、昆虫が利用してきた風通しの良い移動経路が、風力発電所によってますます妨害されている」と、工学熱力学研究所のフランツ・トリーブ博士が良く知られた報告書で指摘した[111]。

研究者たちは過去三〇年間、風力タービンのブレードに昆虫の死骸が蓄積していることを、世界中のさまざまな地域から報告してきた。二〇〇一年には、風力タービンのブレードの上に死んだ昆虫がたまって、発電量を半減させてしまうことまで突き止めた[112]。

トリーブ博士によると「ドイツにおける風力発電所が飛翔昆虫に及ぼす影響について、粗いが控え目な見積もりを行ったところ、異なる種を合わせると年間で約一・二兆匹になり、個体数の安定性に影響する可能性も見えてくる」。

ドイツにおける飛翔昆虫の被害数は、イギリス南部への年間の昆虫移動総数の何と三分の一に当たる。学者たちに言わせると「年間一兆匹という被害は、確かに関心をもってよい桁数だ」。

昆虫は移動するため、ドイツの風力発電所の影響は「地域の昆虫数に限らず、ヨーロッパやアフリカを何百キロ、何千キロと移動するナナホシテントウやヒメアカタテハのような種にも及んでいる[113]」。

昆虫は、ちょうど風力タービンが回転している高さに集まる。風力発電が盛んなオクラホマ州では、昆虫の飛翔密度が最も高いのは一五〇〜二五〇メートルの間であることを研究者たちは発見した[114]。大型の新しいブレードは地上六〇メートルから二二〇メートルの間を回転する。

そして風力タービンは、「最も決定的かつ攻撃されやすいタイミング」で昆虫を殺している可能性がある。つまり、「移動中の昆虫は繁殖直前の成熟した個体であり、それを殺すということは、次の世代の数百に上る潜在的な子孫も殺していることになる。これは、てこの原理のように、昆虫の総個体数に強い影響を与える可能性がある[115]」。

多くの報道は、工業的な農業生産の拡大が原因であるとしているが、過去二〇年間に農業用地が減少した欧米で、昆虫個体数の最大の減少が報告されていることは注目に値する。拡大しているのは風力発電施設だ[116]。

私はトリーブ博士にインタビューの依頼メールを送った。「残念ながら、そのトピックについてのインタビューには応じられません」との答えが返ってきた。研究所の広報担当者に、なぜトリーブ博士はインタビューに応じられないのかを尋ねたら、いくつかの記事を参照しつつ、こう伝えてきた。「工学熱力学研究所およびトリーブ博士は、このトピックについてコメントすることは控えさせていただきます[117]」

7 野生鳥類の守護者

アメリカに話を戻そう。全くおかしなことだが、リノウェスは大手の環境団体から野生動物を何度も守るはめになった。シエラクラブは、「タービンによる被害は鳥類の死亡率の主要原因とは程遠い」と誤った主張をしている[118]。五大湖は多くの渡り鳥にとって世界で最も重要な聖域の一つであると、地元の野生生物専門家、野鳥家、自然保護主義者たちは言い、風力発電の急速な拡大に反対しているにもかかわらず、自然資源防衛会議は風力発電を支持している[119]。

そして環境防衛基金は、「風力タービンが鳥類に及ぼす影響は建物への衝突や猫よりもはるかに少ない」という風力発電業界の誤った主張を繰り返し、「もうすぐ技術的な解決策が見つかる」と主張する[120]。

これら三つの環境保護団体のどれもが、ハクトウワシの直接的な脅威になっているにもかかわらず、ニューヨーク州での風力発電所の急速な拡大を支持している[121]。

リサ・リノウェスは自然保護に関する自身の信念を貫く。「どんな理由であれ」彼女は語る。「放っておけませんでした。風力産業がやっていることは、どうしても間違っているように思えます。風力産業は、誰に対しても同じような誤った主張を繰り返してきました」

ここ数年の間に、保護主義者や生物学者がリノウェスに加わり、再生可能エネルギーに反対する声を上げてきた。二〇一二年には環境保護庁の科学諮問委員会が、バイオエネルギーは「炭素中立（カーボンニュートラル）」ではないとの結論を出した。そのことは、九〇名を超える著名な科学者が欧州連合（EU）環境庁に宛てた公開書簡でも支持されている[122]。

二〇一三年、保護主義者や鳥類愛好家を激怒させる事件が起こった。「絶滅の危機に瀕しているカリフォルニア州のコンドルに危害を加えたり殺したりしても、故意でなければ」起訴しないと、アメリカの野生生物当局が風力発電開発業者に通知してきたのだ[123]。

全米オーデュボン協会【訳注：アメリカの大手環境保護団体】の広報担当者は述べる。「連邦政府はコンドルの生息数を安定化するために、これまで多額の資金を投入してきたにもかかわらず、同時にそれらを殺すための許可証を発行しているとは信じがたい。馬鹿げた話です[124]」

一部の研究者は、出力密度が低いエネルギー源が土地利用に与える影響を理解している。「風力や太陽光などの再生可能エネルギー源は、拡張性やコスト、材料、土地利用などについて現実的な問題に直面している」と、七五人の自然保護生物学者からなるグループは二〇一四年の公開書簡で指摘した[125]。

同年、二二億ドルを投じてカリフォルニア州に建設されたアイヴァンパ太陽熱発電所の動物保護コンサルタントは、ハイカントリー・ニュース紙に話す。「砂漠の亀の生息地の移転がうまくいっていないことは、みなさんもご存じです。ブルドーザーの前で動物やサボテンを泣きながら動かしているところを見れば、このプロジェクトが良いアイデアだと思えるわけがありません[126]」

モハヴェ砂漠の別の太陽熱発電所には、生物学者が批判的で、翌年こう述べた。「国道一五号線を横切る重要な移動回廊の再建妨害になります。［オオツノ］ヒツジの棺にもう一本釘を打ち込むようなものです[127]」

二〇一五年、小説家でありバードウオッチャーでもあるジョナサン・フランゼンは、気候変動に取り組むことが逆に自然破壊になるのではないかという疑問を抱く。「将来の絶滅を防ぐためには」ニューヨーカー誌に語る。「二酸化炭素の排出量を抑えるだけでは十分ではありません。たくさんの野鳥は、まさに今、生かしておかなければいけません[128]」

その数週間後に「風力タービンは、わが国の鳥類にとって最大の脅威になってきています」とアメリカ鳥類保護協会の科学者が発言した。「業界関係者は州や連邦政府の規制を最小限に抑え、渡り鳥条約法などの重要な環境法を攻撃するべく裏で動いています。……強制力のある規制ではなく任意のガイドラインで風力発電業界を管理しようとする試みは、明らかにうまくいっていません[129]」

コウモリの研究者たちは一五年前から警鐘を鳴らしていた。二〇〇五年に指導的なコウモリ研究者たちが連邦政府の規制官庁に対して、風力発電は移動性コウモリには脅威であると警告している[130]。二〇一七年には研究者のチームが、風力発電がこのまま拡大し続けたら、移動性コウモリの一種であるホアリーコウモリは絶滅する可能性があると報告する[131]。

こうした状況の中でドイツの地域住民と環境運動家たちは、風の強いドイツ北部から、多くの産業が立地している南部への送電線の敷設を止めることに成功した。マッキンゼー社の報告書によると、「計画している三六〇〇キロメートルの送電線のうち、二〇一九年の第1四半期までに建設できたのは一〇八七キロメートルだった」。このペースだと「二〇二〇年の完成目標が二〇三七年になる[132]」。

「政治家が恐れるのは市民の反対運動である」とシュピーゲル誌は二〇一九年に報じた。「抵抗に遭わなかった風力発電事業はほとんどない」

再生可能エネルギーによる二酸化炭素の排出抑制に苦労しているのはドイツだけではない。前章で見たように、バーモント州は二五％の削減目標を達成できなかっただけでなく、一九九〇年から二〇一五年までに排出量が一六％増加した。原子力発電所の停止や再生可能エネルギー事業の立ち遅れなどによるものだった。[133]

バーモント・ヤンキー原子力発電所の閉鎖後、完成にこぎ着けた風力発電所はディアフィールド風力事業だけである。他には計画されているものすらない。[134] しかも、この事業も「立地がアメリカグマの重要な生息域と重なっている」ことで訴訟が起こり、完成までに二〇〇九年から二〇一七年までの歳月を要した。[135] 閉鎖されたバーモント・ヤンキー原子力発電所はアメリカ国内では比較的小規模な分類に入るが、それでも同じだけの電力をつくるには五六のディアフィールド風力発電所が必要になる。事業の完成に同じ期間がかかるとすると、バーモント・ヤンキー原子力発電所の電力量を取り戻せるのは二一〇四年になる計算だ。[136]

8 スターバックス・ルール

燃料の環境影響は、それが有するエネルギー密度とそこから得られる出力密度によって決まる。その事実は、あらゆる環境学の授業で教えられるべきだ。けれども残念ながら、教えられてはいない。そこには心理的でイデオロギー的な理由がある。自然エネルギーのほうが化石燃料やウランよりも自然で、自然なもののほうが環境にとって良いというロマンチックな先入観があるからだ。

人々は、べっ甲や象牙、天然のサケや牧草地で育てた牛肉などの「自然」なもののほうが「人工的」な代替品よりも優れていると考えるように、太陽や木材、風力などの「自然」エネルギーは化石燃料や原子力よりも優れていると考える。

また風力タービンは、うるさくて静けさを壊すが、商業的な風力エネルギーを推進する人たちは、その近くに住んでいるわけではないことにも留意する必要がある。

風力発電所の設置に抵抗できるのは比較的裕福なコミュニティーだ。たとえばケープコッド【訳注：アメリカ東部マサチューセッツ州の別荘地で観光地】の裕福な住民たちは、二〇一七年に一三〇基の風力開発事業を中止に追い込んだ。風力開発事業者がすでに一億ドルを事業に投じていたにもかかわらずだ。(137)

二〇〇九年のビジネス・ウィーク誌によると「風力発電所の立地に関してスターバックス・ルールと呼ばれるものがある」。風力発電事業者は「周辺のスターバックスの位置を地図上にプロットし、プロジェクトが行われる場所が少なくとも三〇マイル（四八キロメートル）スターバックスから離れていることを確認する。離れていなければ、二六五フィート（八一メートル）の高さの風車群によって景色が台無しにされるという理由で、多くのＮＩＭＢＹ【訳注：Not In My Back Yard。迷惑施設の必要性は認めつつも、自身の生活環境の近くにそれができることには反対する人々】の抗議にさらされることが示唆される(138)」。

第10章　グリーンの内側

1　化石燃料業界と温暖化懐疑論

二〇一九年の夏、あるシンクタンクが資金集めのイベントを開催した。ワシントンでは研究機関や政策提言機関がこういうことをよくする。HBOのテレビドラマシリーズで超人気ファンタジー番組の「ゲーム・オブ・スローンズ」がテーマだ。主催者の企業競争力研究所（CEI）はワシントンで最も影響力のある気候変動懐疑派団体として見られている。

事実、トランプは大統領就任後に、CEIの役員だったマイロン・イーベルを政権移行チームの環境保護庁担当に任命した。トランプ大統領は二〇一五年に「気候変動はでっち上げだ」と発言し、翌年、ワシントン・ポスト紙にこう語る。「確かに気候変動は生じている。だが、それが人間の活動に由来しているとは思わない(1)」

一九九八年にイーベルは化石燃料業界から資金を得て、「地球温暖化というつくり話を追い払う」ことを目的とした「冷静な頭脳連盟」の設立に尽力した。「気候変動の科学についてはまだ不確かなことがある(2)」と人々が思えさえすれば、追い払うことができると確信していた。

ニューヨーク・タイムズ紙は、ゲーム・オブ・スローンズ夕食会の招待者リストを入手し、ようやくCEIの資金提供者をつかむことができた。

「確立された気候変動の科学に疑問を呈し続けるシンクタンクの多くは非営利団体なので、寄付者名の公表は義務づけられておらず、誰が気候変動懐疑論の資金提供者なのか見当をつけるのは困難だった」とタイムズ誌。「したがって、CEIによる最近のイベントのプログラムには寄付者企業リストが掲載されていたので、これらシンクタンクの事業を可能にしている資金提供者を知るまれな機会となった(3)」

多くの資金提供者が、化石燃料を販売する会社であることに驚きはない。そのいくつかは、事業を制約する規制の撤廃に意欲的だった。「ガソリン製造業界のためにロビー活動をしている燃料・石油化学団体は、オバマ政権の画期的環境政策の一つである車の燃費規制を弱めようとしている」とタイムズ誌は報じる(4)。

その中でもエクソンモービル社ほど、一般市民を欺いて気候変動関係の法案を潰すのに影響力を及ぼしてきた化石燃料企業はない。同社の内部資料によると、一九七〇年代から化石燃料が地球温暖化をもたらしていることを把握していたことが明らかになっている。しかし、警告を発する代わりに、エクソン社は気候変動懐疑団体に多額の資金を拠出し、科学的な不確実性を強調して市民を欺いてきた(5)。

「暖房を使ったり、子供たちの送り迎えのために車に乗ったりするから、今の危機に直面しているのでないと、人々に思ってほしいと化石燃料業界は考えてきました」#ExxonKnewキャンペーンのリーダーは語る。「私たちは巨大企業の被害者で、彼らは自分たちが科学として知っていたことを意図的に無視し、恥知らずにも人々を欺いてきたのです(6)」

けれども、もしも化石燃料業界からの資金が政治を腐敗させ、地球を破滅させるのなら、なぜ気候変動運動家たちはその資金を受け取ってきたのだろうか?

2 偽善の力

二〇二〇年の一月中頃、気候変動運動家たちは、民主党のピート・ブティジェッジ大統領候補の選挙集会で「ピートは化石燃料業界の億万長者から資金を受けている」と書かれたプラカードを掲げていた。抗議活動を組織したグリフィン・シンクレア・ウィンゲートは「化石燃料業界の重鎮から資金を受け取っている人には問題があります」と言う。「気候変動を本当に心配していて、私たちの生命が危険にさらされていることを恐れる若者として、化石燃料業界の重鎮から資金を受け取っている人を大統領にするわけにはいきません」

ブティジェッジは「私は化石燃料業界からの支援は受けていないことを宣誓している」と言い訳がましく述べたが、シンクレア・ウィンゲートは言う。「ブティジェッジ候補は、化石燃料のインフラ事業をしているクレッグ・ホールと一緒にワインセラーで選挙資金パーティーを主催していました(7)」

シンクレア・ウィンゲートは報道陣に対して自分のことを、ニューハンプシャー・ユース・ムーブメントの広報担当だと述べた。けれども彼は、気候変動運動家のビル・マッキベンが設立し運営する350.orgの有給職員だ(8)。そして350.orgは、同じく大統領に立候補した「化石燃料業界の億万長者」であるトム・ステイヤーから資金提供を受けていたことが判明している(9)。

ステイヤーの財産の多く、おそらくほとんどが石炭、石油、天然ガスという三つの化石燃料への投資から生まれている。二〇一四年のニューヨーク・タイムズ紙によれば、彼の会社であるファロン・キャピタル・マネジメントが「インドネシアの石炭産業を支えている」というのが彼の同業者の見方だ。「見過ごされている部門に資金を引き込んで、インドネシアの石炭産業の発展を支援してきた[10]」

ここまで見てきたように、インドネシアのような貧しく開発途上にある国で木材を石炭に代替することは、人間社会や環境の面から見ても肯定できる。問題は、化石燃料業界から資金を得ながら、同じことをしている他者を非難することだ。さらに悪いのは嘘をつくことだ。

二〇一九年七月にステイヤーが大統領選に立候補すると宣言したとき、環境保護団体350.orgの創設者であるビル・マッキベンとシエラクラブを率いるブルーンは、大げさに彼を褒めたたえた。マッキベンはステイヤーを「気候チャンピオン」とツイートし、「直近に発表された彼の気候変動対策は素晴らしい！」ともち上げる[11]。ブルーンも「@TomSteyerは長年の気候変動の指導者で、そのような気候チャンピオンが大統領選予備選挙に加わることは喜ばしい」とツイートした[12]。

しかし、多くの民主党員や気候変動運動家は賛同しなかった。「大統領選から撤退してもらおう。金の無駄だ」とある人は言い[13]、また別の人はこう書いた。「ビル［・マッキベン］、もしあなたがステイヤーとここまでどっぷりとつるんでいるなら、すべての信頼を失うことになる[14]」

ステイヤーの慈善団体トムキャット・チャリタブルが内国歳入庁に提出した書類には、350.orgに対し、二〇一二年、二〇一四年および二〇一五年の各年に二五万ドルを寄付していることが書かれている。二〇一三年、二〇一六年、二〇一七年、二〇一八年、二〇一九年および二〇二〇年にも資金提供したかもしれない。なぜかと言うと、350.orgの二〇一三年以降の年次報告書には、ステイヤーの慈善団体であるトムキャット財団【訳注：二〇一五年にトムキャット・チャリタブルを継承した組織】や彼の会社であるネクストジェン・アメリカに対する謝辞が書かれているからだ[15]。ちなみに二〇一八年の350.orgの収入は二〇〇万ドル近い[16]。

ステイヤーは大統領選挙運動のために二億五〇〇〇万ドルを使い、二〇一三年からも連邦レベルで選挙に影響力を行使するために少なくとも二億四〇〇〇万ドルを支出している。彼は二〇一二年から、シエラクラブや自然資源防衛会議、アメリカ進歩センター、環境防衛基金にも資金提供している。[17]

ステイヤーは化石燃料関係から投資を引き上げると確約していたので、彼がそこから大きな財産を築いてきたことについても、マッキベンは「気にしていません」と二〇一四年にワシントン・ポスト紙に語る。[18]

このワシントン・ポスト紙の記事は、ステイヤーがマッキベンの組織に資金提供していることには触れていない。「その環境運動家は、実入りの良い事業をあっさりと放棄する意向を示したステイヤーは称賛に値すると述べ」、「多くの化石燃料の熱心な反対運動家さえも、どこかの段階でこの業界の恩恵を受けている」と報じた。[19]

ステイヤーは、二〇一四年七月にワシントン・ポスト紙に対して今月末までに化石燃料業界から手を引くと述べたが、その八月に彼の広報担当者は、まだ資金を引き上げていないことをニューヨーク・タイムズ紙に認めている。「ファラロン【訳注：ファラロン・キャピタル・マネジメントLLC、資金運用会社】は炭素を排出する業界にまだ投資している。そのような業界への投資を引き上げる指示が、影響力をもつ創業者のステイヤーから出ているかどうかについては、彼の側近たちは言及を避けた」[20]

しかし、同じ記事でステイヤーの側近は付け加えた。「投資の規模に言及するのは避けつつ、彼は受け身の投資家に留まっているという」

それから五年間、ステイヤーは自身の投資について不正確な説明をし続けてきた。二〇一九年七月にABCニュースに語る。「さて、化石燃料事業を含め、私たちはあらゆる分野に投資してきました。けれども、化石燃料事業が私たちの環境やアメリカと世界の人々に与える脅威を認識するに及んで、私の考えは変わりました。この業界への投資を引き上げ、足を洗いました[21]」けれども、そのほんの二、三週間後の選挙運動のときに、この問題を突っ込まれたステイヤーは、化石燃料への投資について「たぶん、いくらか残高はあります」と答えた。だが、実際には石炭採掘や石油パイプライン、石油精製、天然ガスの分野で数百万単位の投資を維持していることをブルームバーグニュース社が見つけている[22]。

これは問題なのか？　CEIのような気候変動懐疑グループが温暖化対策をつぶそうと働きかけているときに、350.orgなどの環境グループはクリーンなエネルギーを支持するために、ステイヤーの資金を利用している。それでいいのか？

そんなはずはない。350.orgやシエラクラブ、自然資源防衛会議、環境防衛基金は、化石燃料業界の億万長者から資金提供を受けているだけではなく、彼ら全員がアメリカにおける炭素排出量ゼロの最大エネルギー源である原子力発電を止めようとしているのだから[23]。

3　グリーンの内実

マッキベンはアメリカで最も影響力のある環境運動家の一人で、これまで見てきたように、バーモント州の原子力発電所の閉鎖を主張し成功に導いた。それにより同州の温暖化ガスの排出量は、二五％減を計画していたのが一六％増になった。

マッキベンだけが、原子力発電所を閉鎖させて化石燃料に転換させた環境運動家なのではない。自然資源防衛会議や環境防衛基金、シエラクラブなどアメリカのあらゆる主だった環境保護グループは、アメリカ全土の原子力発電所の閉鎖を求めてきたが、その裏で、原子力発電所が閉鎖されて天然ガスに代替された場合に何十億ドルもの利益を上げることになる天然ガス会社や再生可能エネルギー会社、そのような企業への投資家から資金提供を受け、それらの事業に投資もしてきた。

原子力発電所の発電量は大量なので、それを閉鎖させることは、競合する化石燃料や代替可能エネルギー業界にとっては大いに儲かるビジネスだ。ニューヨーク州のインディアン・ポイント原子力発電所の所有者には一〇年間で八〇億ドルの収入が入ってくる。四〇年間では三二〇億ドルだ。原子力発電所が閉鎖されたら、この収入は天然ガスや再生可能発電会社に流れ込むことになる。[24]

シエラクラブや自然資源防衛会議、環境防衛基金は一九七〇年代から原子力発電所を閉鎖させ、化石燃料やわずかな再生可能エネルギーに置き換えさせてきた。彼らは、政策立案者やジャーナリスト、市民に対して、エネルギー効率の改善や再生可能エネルギーで電力需要を賄えるから、原子力や化石燃料は不要だとする詳細な報告書を作成してきた。しかし、これまで見てきた通り、原子力発電所が閉鎖され、建設が中止されたほとんどすべての場所で、その代わりに使われているのは化石燃料だ。[25]

シエラクラブ財団【訳注：シエラクラブの創業者によって設立された慈善団体】は太陽光発電企業から資金を直接受け取っている。バークレー銀行の再生エネルギー投資部門責任者やソーラーシティー社【訳注：太陽光パネルなどを製造するテスラの子会社】の役員兼次席法務顧問、サンラン社【訳注：家庭用太陽光パネルのメーカー】の創業者兼CEO、ソラリア社【訳注：太陽光パネルのメーカー】のCEOなどがシエラクラブ財団の役員になっている。[26]

環境防衛基金の評議員や諮問委員には、ハリバートン社、サンラン社、ノースウェスト・エネルギー社などの石油やガス、再生可能エネルギー関連企業の役員や、こうした企業への投資家が名を連ねている。[27]

自然資源防衛会議は、資産運用会社ブラック・ロックの「EX化石燃料インデックスファンド」という株式ファンドの設立を支援し、同時に六六〇万ドルを投資した。事実、このファンドは天然ガス会社に重点的に投資している。自然資源防衛会議は二〇一四年度の財務報告で、四つの再生可能エネルギー関連の株式ファンドに八〇〇万ドル近くを投資したことも公表している。(28)

「もし環境保護主義者が［自然資源防衛会議の］投資先をちらりとでも見たら」環境保護関連ホームページのレポーターは二〇一五年に書いている。「おかしなことだと眉をひそめるでしょう。ハリバートン社一二〇〇株、トランスオーシャン社五〇〇株、バレロ社七〇〇株。加えてマラソン社、フィリップス66社、ダイアモンド・オフショア・ドリリング社の名前も入っています(29)」

地球の友の創設資金拠出者は、アトランティック・リッチフィールド社のオーナーである石油業界人のロバート・アンダーソンだ。彼は地球の友に二〇一九年のドル換算で五〇〇万ドル相当額を提供した。「［地球の友の創設者である］デイヴィッド・ブラウワーは、石油業界人から資金を得て何をしていたのだろうか」と彼の伝記作家は訝しむ(30)。答えは、石油・ガスの投資家から資金を受け入れ、環境に良いことをしているように見せるために再生可能エネルギーを促進し、原発の閉鎖に尽力するという環境運動の新しい戦略を模索していたのだ。

自然資源防衛会議は、電力事業者のエンロン社が環境保護団体に多額の資金を配分することを支援さえした。一九九七年に自然資源防衛会議のラルフ・カバノーは「環境管理を行ってきた私たちの経験から見て、エンロン社は信頼できると言えます」と語っている(31)。だが実際には、エンロンの役員たちは、その頃には桁外れの犯罪を共謀し、何十億ドルも投資家を欺き、会社は二〇〇一年に破産した(32)。

二〇〇九年から二〇一一年にかけて、環境防衛基金と自然資源防衛会議の法律家やロビイストたちは、複雑な排出量取引法の導入を訴え、法案作成を支援した。実現すれば一兆ドルを超える炭素取引が生まれ、そこから彼らへの寄付者が利益を得られるようになる[33]。

気候変動懐疑団体は化石燃料業界の資金援助を受けて巨額な資金を動かしてきたと、気候変動運動団体は長年訴えてきたが、本当にそうだろうか。政府は非営利団体に対して収入の公表を義務づけているので、記録を見れば、本当かどうか簡単にチェックできる。

気候変動運動団体は、懐疑団体よりはるかに多額の金を使っていた。アメリカ最大の環境保護団体である環境防衛基金と自然資源防衛会議の年間予算は両団体を合計すると三億八四〇〇万ドルだが、二大懐疑団体である企業競争力研究所とハートランド研究所の予算は一三〇〇万ドルだ。三億八四〇〇万ドルという金額は、エクソン社が二〇年間にわたって気候変動懐疑団体に拠出してきた資金総額よりはるかに大きい[34]。

他にもヘリテージ財団（収入は八七〇〇万ドル[35]）、アメリカン・エンタープライズ研究所（同五九〇〇万ドル[36]）やケート研究所（同三一〇〇万ドル[37]）など、温暖化対策を批判し反対している団体はいるではないかという反論もあるかもしれない。

しかしこの三団体は、気候変動政策の多くに反対はしているが、気候変動が人為起源であることは認めている。アメリカン・エンタープライズ研究所は、さらに炭素税とクリーンエネルギーの技術革新を目指した政府による研究開発も認めている[38]。

そして他にも、ネイチャー・コンサバンシー（二〇一八年の収入は一〇億ドル）やアメリカ進歩センター（同四四〇〇万ドル）など、再生可能エネルギーを推奨し、核エネルギーに反対する多くの団体が存在する[39]。

4 原発を潰す

二〇一六年の春、マサチューセッツ州選出の上院議員で二〇二〇年の民主党大統領候補の一人となったエリザベス・ウォーレンはシカゴを訪れた。イリノイ州の代表的環境保護団体である環境法政策センター（ＥＰＬＣ）が募金活動のために主催する華やかな夕食会でスピーチをするためだ。環境法政策センターの創設者ハワード・ラーナーは民主党幹部とは親しい関係にある。ラーナーは二〇〇七年から二〇〇八年にかけて、オバマ大統領のエネルギーと環境問題に関する上級アドバイザーを務めていた(40)。夕食会では、ウォーレンに加えてディック・ダービン上院議員（民主党イリノイ州選出）もスピーチした。

当時、環境法政策センターは、風力と太陽光発電の開発業者に供与されていた補助金の一部を、原子力施設に回そうとするイリノイ州法の成立を阻止しようとしていた。ラーナーは長年の反原子力闘士で、一九八〇年代から少なくとも三〇年以上、新規原子力発電所の建設を阻止し、既存施設を閉鎖する活動を支援してきた。

「新しい天然ガスプラントが建てば、みなさん興奮しますよ」と、雇用増加につながることを示唆しながら彼は語る(41)。けれども、その発言は誤解を招く。平均的な大きさの原子力発電所は一〇〇〇人ほどを雇用するが、同じ規模の天然ガスプラントは普通、五〇名より少ない人数で足りる。

何であれ原子力発電所の閉鎖は、天然ガスや再生可能エネルギーの企業や投資家にとっては良いことだ。そうしたことから、環境法政策センターが豪華夕食会の協賛を原発閉鎖から直接利益を受ける企業に呼びかけたとき、多くが喜んで寄付に応じたのも不思議ではない。

寄付者リストの中で最も重要な名前は、天然ガスと風力発電の開発者であるインベナジー社だった。同社にとって環境法政策センターへ資金を拠出することは、イリノイ州で複数の原子力発電所を閉鎖させる働きかけの一環である。同時に同社は、選挙運動を支援するなどしてイリノイ州議会に強くロビー活動を行い、再生可能エネルギーを促進していた。

二〇一二年の二月、シエラクラブの新執行役員がタイム誌を訪れ、天然ガスの投資家であり水圧破砕法のパイオニアでもあるオーブリー・マクレンドンからシエラクラブが二五〇万ドル以上受け取ってきたことを打ち明けた。[42] 前執行役員は、天然ガスの環境上の優位を宣伝するためにマクレンドンと定期的に全米を旅行していた。[43] 新執行役員のマイケル・ブルーンは、前執行役員がマクレンドンから資金を受けていたことを非難し、今後は天然ガス関連業界からの資金を受け取らないことを決めた。

ブルーンは二〇一〇年のタイム誌に「天然ガス関連企業から寄付金を受け取っていることを知ったとき、組織の評判を傷つける危険があると認識し」、今後はいかなる資金も受取を拒否することを求めたと語る。ブルーンは、この判断は難しかったが正しかったと述べる。「この資金は我々の年間予算の四分の一に上り、半端な金額ではなかった。しかし、そうしなければならない明らかな理由があった」[44]

どうして「天然ガス業界との資金的な関係を断つ決定が下されてから一年半もたって」そのようなことを打ち明けたのか、タイム誌の記者は尋ねた。

オバマ大統領が一般教書演説で、ガスの掘削は「仕事をつくり、クリーンで安価にトラックや工場を動かし、環境と経済のどちらかを選択する必要がなくなることを証明した」と述べたので、天然ガスや石油の掘削が注目されるようになったことに危機感を覚えたと、ブルーンは答えた(45)。

そうかもしれない。しかし、ブルーンがタイム誌に打ち明けたもう一つの理由に、水圧破砕法に反対するシエラクラブの会員が左翼系の記者に垂れ込んだので、それが表ざたになりそうだったこともあったかもしれない。ワシントンＤＣに本拠を置く企業犯罪リポーター誌の記者であるラッセル・モキバーは、水圧破砕法を実施している会社から資金を受け取っていないかという照会メールをシエラクラブに送っていた。

……私はシエラクラブの広報担当者マギー・カオから返信を受け取った。

火曜日のメールでカオは「私たちはどのような天然ガス会社からも資金を受け取っていませんし、これからも受け取りません」と回答してきた。

私は、現在も将来も受領しないことは理解したが、チェサピーク社【訳注：マクレンドンが設立したガス採掘会社】から資金を受け取ったことはないか、重ねて質問した。

それは火曜日のことだった。水曜日が過ぎた。木曜日も何もなく過ぎようとした夜、ブルーンが午後七時半に私と話ができると、カオから返事が来た。

そしてカオは「ちょうどタイム誌に出たばかりの記事を見て……」と付け加えた。つまり、シエラクラブは企業犯罪リポーター誌に暴かれることを嫌がっていることがわかった(46)。

ブルーンのもとでシエラクラブは、天然ガス関係者から資金を受け取り続けた。実際には、急激に受け取り額を増加させていた。

ブルーン体制下でシエラクラブは、前ニューヨーク市長でブルームバーグ・グループのオーナーであり、二〇二〇年の民主党大統領選挙候補および天然ガス業界の大口投資家でもあるマイケル・ブルームバーグから追加の一億一〇〇〇万ドルを受け取っている(47)。

この事実を私が流したとき、ツイッター上で反論があった。ブルームバーグは天然ガスだけでなく、他の事業からも利益を得て金持ちになったのだと。加えて、彼は気候変動を憂慮し、私が支持しているように石炭を天然ガスに代替させようとしていると。

しかし、そのような都合の良い話はない。ブルームバーグはオーブリー・マクレンドンやトム・ステイヤー、エクソン社と同じくらいの利益相反がある。350.org やシエラクラブのような団体が、これらのうちの二社から資金を受け取る一方で、自分たちと対立する団体が他の二社から資金を受け取るのを非難するのは偽善も甚だしい。

いったいどのくらい長い間、石油およびガスの利害関係者は原子力発電所の閉鎖を狙って、環境団体に資金を提供してきたのか?

5　ブラウン知事の汚れた戦い

一九七九年七月一日、ジャクソン・ブラウンやボニー・レイット、グラハム・ナッシュなど有名ポップ歌手が出演する「反核コンサート」がカリフォルニア州セントラルコーストの仮設滑走路で開催されて、約三万人が集まった。大人気となった反核映画『チャイナ・シンドローム』や、その公開の一二日後に起こったスリーマイル島での原子炉の炉心溶融事故に触発されたものだった。

カリフォルニア州知事で四一歳のジェリー・ブラウンは、会場に姿を見せて観客の前で発言する機会を求めた。コンサート主催者は、知事が本当に反核に関心をもっているのかを疑い、一時間あまり問いただした。主催者は彼が純粋に反核であることを認め、観客の前に立つことを認めた。

ステージに上ると、ブラウンは若い観客に向かってお世辞を放つ。彼らが「権力に対抗する人々の勝利」と「ますます大きくなる地球を守る力」を表していると言う。観客にはこうも約束する。「もし原子力規制委員会がみなさんの意思を無視するようなことがあれば、私はあらゆる手を尽くして抗議します[48]」

観客は総立ちになり、盛大な拍手を何分間もブラウンに送った。ブラウンはスピーチの終わりに観客と一緒に叫ぶ。「ディアブロ原発反対！　ディアブロ原発反対！　ディアブロ原発反対！」翌日の地元紙の見出しは「コンサートがディアブロ反対をブラウンに促す」だった[49]。

この見出しや当初の公演主催者の冷めた対応から、地元のジャーナリストは知事が反原発運動にそそのかされたと見えたようだ。しかし実際は、ブラウンは何年も前から静かに反原発活動を行ってきた。

この出来事の三年前、反原発グループが原子力発電所の事実上の禁止につながる住民投票を提案したとき、ブラウンのグループは核廃棄物の処分場が創設されるまでは新規の原子力発電所の建設を禁止する法律を提案した。州の電力会社が法案に難色を示したとき、ブラウン知事は電力会社が抵抗をやめなければ、自分たちの提案よりもっと急進的な住民投票案を出すと脅す。電力会社は屈服し、その法律案をしぶしぶ認めた。ブラウンはその法案に署名した。

サンディエゴ・ガス電力会社がサンデザートという原子力発電所の建設を計画したとき、ブラウンは彼の影響下にある州政府機関を使って、計画を攻撃した。彼の同調者だったカリフォルニア州エネルギー委員は、将来のエネルギー需要は石油や石炭で賄えると主張した。ブラウン支配下のカリフォルニア州大気資源会議は州エネルギー委員会を支持して、こう結論する。「新しい化石燃料ベースの発電所に環境影響はなく、カリフォルニア州の多くの場所に建設可能である」(50)

退任したエネルギー委員長は、その結論に至った背景には、政府機関がエネルギー効率の高い建物や機器を導入して大幅にエネルギー消費を削減することが前提としてあり、将来の電力需要予測を意図的に過小評価しているとして抵抗した。彼はブラウンらが「州内で原子力発電所を意図的に止めようとしている」と非難した(51)。

ブラウンのこうした振舞いは、原子力発電所は何十年にもわたり安価で無公害の電力を安定してもたらすと信じていた同僚の民主党員を怒らせた。サンデザート原子力発電所を中止に追い込むことは「知事個人の動機により画策された」(52)もので、「その案件のメリットやデメリットとは無関係なことは明らかである」と州議会議員は非難した。

ブラウンは、自分が成し遂げたことを誇りに思っていた。反原発運動家たちが原発建設阻止を自分たちの手柄にしようとしていることを知ると、記者に「サンデザート原子力発電所を阻止したのは私です」(53)と自慢する。一九七六年から一九七九年の間にブラウンと彼の仲間たちは、多数の原子力発電所計画を阻止した。もしもそれらが建設されていたら、今日のカリフォルニアはほとんどすべての電力が公害ゼロの発電所からつくられていたことだろう(54)。

たいていの人は、ブラウンの原子力に対する聖戦はまさに信念に基づいていると考えていた。彼は環境主義者で、それゆえに気候変動対策と反核兵器に向けて活動していたということろか(55)。

真実はもう少し複雑だ。

一九六〇年代後半、インドネシア政府は血生臭い内紛の後、国営石油会社プルタミナの資本増強を実現するため、一九五九年から一九六七年までカリフォルニア州知事を務めたジェリーの父親エドマンド（通称パット）・ブラウンに支援を求めた。パット・ブラウンはウォール街に人脈があり、一三〇億ドル、二〇二〇年の価格にすると一〇〇〇億ドル以上の資金を調達した。

ブラウンの貢献に報いるため、プルタミナはインドネシア産原油のカリフォルニア州における独占的販売権を彼に与える。当時カリフォルニア州では発電のために大量の石油が燃やされていた。

インドネシア産石油の特徴は、大半のアメリカ産石油に比べて硫黄含有量が少なく、スモッグや喘息などの呼吸器障害をもたらす二酸化硫黄の発生量が少ないことだ。新しい大気汚染規制を導入すれば、インドネシア産石油がカリフォルニア州では独占状態になることを意味していて、ブラウン家はその実現に向け尽力した。

ブラウンとインドネシア産石油とのつながりを明らかにしたサクラメント・ビー紙の元コラムニスト、ダン・ウォルタースは、キャサリン・ブラウンが父親の石油利権の一部を相続したところまでは確認できたが、ジェリーが相続したかどうかは確認できなかったと私に語った。

ジェリー・ブラウンは州知事になると、すぐにカリフォルニア州における家族の石油独占を守るために行動を起こした。選挙運動の責任者だったトム・クインを州大気資源会議の役員に任命して大気汚染規制を改正する。こうして、ブラウン家の石油事業と直接競合することになるアラスカ州産石油をカリフォルニア州で精製しようとしていたシェブロンの計画を断念させた。また、全く同じ時期にブラウンの筆頭補佐官だったリチャード・マウリンを州エネルギー委員長に任命し、州の電力庁に、原子力エネルギーにシフトするより石油をもっと利用するように圧力をかけ始めた[56]。

続いてジェリー・ブラウンは、ゲッティー・オイル財閥の資産管理責任者を州高等裁判所の判事に任命する。彼はブラウンの父親が州知事のときに政治献金を取りまとめ、息子が知事になってからも同様なことを行っていた。そして今度は高等裁判所判事として、ゲッティー・オイル財閥の資産を課税から守る法律制定のためのロビー活動を行って実現させた。彼はビル・ニューサムと言い、現カリフォルニア州知事ギャビン・ニューサムの父親だ[57]。

一九七六年、インドネシアで国営プルタミナ石油公社を率いていた軍将校が、ひどい汚職をしていたことが明るみになり追放された。石油ブームも一九七〇年代初めに崩壊し、プルタミナへの貸付が返済不能となり、アメリカの銀行さえも危機に陥った。

その直後、ブラウン親子はインドネシアから天然ガスを輸入するために、カリフォルニア州南部に液化天然ガスターミナルを建設しようと強力なロビー活動を行う。サクラメント・ビー紙の元記者ウォルタースによれば、このターミナルは「プルタミナの深刻な資金問題を救済し、そこに何十億ドルも貸し込んでいたアメリカの大手銀行をも間接的に救済することになった[58]」。

ブラウンと石油ガスとのつながりはメキシコにまで広がる。彼がメキシコの強力な石油ガス事業一家の長であるカルロス・ブスタマンテと取引を行ったと、一九七九年にニューヨーク・タイムズ紙はトップページの調査記事で明らかにする。さらにタイムズ誌が、ブスタマンテはブラウンの選挙運動に資金提供したとも報じた[59]。

ブラウンは、メキシコのババ・カリフォルニア州に発電所を建設してサンディエゴ・ガス電力会社に電力供給する計画を承認するようにメキシコ大統領に求めていたことを認めている。ブスタマンテはその会社のロビイストであり、計画された発電所の主要投資家でもあり、発電所用地の所有者でもあった。

一九七九年にＦＢＩがジェリー・ブラウンについて調査を行う。一九七四年の州知事選挙で彼がブスタマンテから受け取った献金が申告されていないという告発があったからだ。ＦＢＩは「ブスタマンテからの未報告の献金について民主党の政治家や実業家から数件の告発を受けた」とニューヨーク・タイムズ紙は報じた。「告発の一つには取引の当事者に関する詳細が含まれており、献金はブスタマンテの利益になるガスと石油の取引に絡んだものである」(60)

サンディエゴ・ガス電力会社の弁護士によれば、一九七八年に同社が「不正な支出の媒体として使われる可能性がある」として計画を取り消した。しかし、この計画が収賄の疑いで断念された後にも、ジェリー・ブラウン率いる州政府はブスタマンテ家と石油およびガスの取引を続けた。ブラウンの権力を監視する仕組みがなかったのだ(61)。

ジェリー・ブラウンの天然ガス支援は彼の反核活動と一体となり、一九八三年に知事を辞めても終わらなかった。七年後、彼の二人の仲間のボブ・ムロランドとベティナ・レッドウェイは、ブラウンが知事二期目の終盤に取り組んでいたカリフォルニア州サクラメント近くのランチョ・セコ原子力発電所を閉鎖する住民投票を成功させた(62)。

その後ほどなくして、ブラウンはカリフォルニア州民主党の議長になり、ムロランドには党の政治局長の職で報いた。レッドウェイの夫マイケル・ピッカーはブラウンの最側近になり、カリフォルニア州最後の二カ所の原子力発電所を閉鎖に導く主要な役割を果たした(63)。

6 背の高い草を食べよう

化石燃料で金儲けした最初の民主党政治家はパット・ブラウンではない。テネシー州選出の上院議員だったアル・ゴアの父親（ゴアシニア）は、一九七二年に再選を果たせなかったときに、オクシデンタル石油が所有する石炭火力発電所に職を得た。「私は牧草地に投げ出されたので、背の高い草を食べていくことにしました」と後年ゴアシニアは冗談を言う(64)【訳注：「牧草地に投げ出される」は引退に追い込まれるの意。「背の高い草」は木からできている石炭の意】。

子のアル・ゴアはアメリカ上院議員として、また副大統領として、その会社の利益向上を手伝った。ゴアは自分の事務所から電話して同社から五万ドルの選挙資金を得たが、それがちょっとしたスキャンダルになった(65)。

炭鉱夫の炭塵肺疾患訴訟を打ち負かそうとした石炭業界のさまざまな努力を暴いたことで二〇一四年のピューリッツァー賞を受賞したセンター・フォー・パブリック・インテグリティという非営利団体は、ゴアとオクシデンタルとの関係を調査する。

センター・フォー・パブリック・インテグリティは二〇〇〇年一月に、「ゴアが一九九二年の夏に民主党副大統領候補になって以降、オクシデンタルは民主党のさまざまな委員会や活動に四七万ドル以上を拠出してきた」と報じる(66)。

そのレポートによると、オクシデンタルの会長はホワイトハウスの二階にあるリンカーン・ベッドルームに宿泊し、その二日後に民主党全国委員会に一〇万ドルを寄付した。会長は、一九九四年のロシアのボリス・エリツィン大統領のために開催されたホワイトハウスのパーティーにも招待されている。オクシデンタルはロシアの石油に権益をもっており、会長はその年の初めに派遣されたロシア向け通商使節団の一員としてビル・クリントン大統領の商務長官に同行した。[67]

ゴアは二〇一三年に、化石燃料に関係する資金を個人的に受け取っていた。彼は所有するカレントテレビ社を、共同所有者とともにカタール政府が資金面で支えているアルジャジーラに売却した。カタールは石油輸出国で、国民一人当たりの炭素排出量は世界一だ。売却の一年前にゴアはこう発言している。「高価格の汚い石油への依存を減らすこと」は「我々の文明を救うことになります[68]」

契約に従い、ゴアは一億ドルを受領したと言われている。[69] 環境運動家たちはそれをとくに問題視しなかった。「それほど気にしていないと思います」と、政治活動を行う環境運動家はワシントン・ポスト紙に語る。「個人的には、ゴアはいい取引をしたと思います[70]」アルジャジーラは二〇一三年から二〇一六年までアルジャジーラ・アメリカを運営したが、視聴率の低迷により閉鎖した。[71] 取引はアルジャジーラよりゴアに有利だったようだ。

二〇一一年から二〇一九年の間、ジェリー・ブラウンはカリフォルニア州知事として第三期目と第四期目を務めた。その間、妹のキャサリン・ブラウンは、アメリカ最大の天然ガス会社の一つで、サンディエゴ・ガス電力会社の親会社でもあるセンプラ・エネルギーの役員を務めた。

ブラウンは積極的に石油とガスの権益を拡大しようとした。二〇一一年に彼は、[72] カリフォルニア州の水質保護のために連邦水圧破砕規制を適用しようとした二人の州規制当局者を罷免する。二〇一三年にＰＧ＆Ｅのロビイストは、ブラウン知事がカリフォルニア州公益事業委員会の委員長に対して、ＰＧ＆Ｅが計画している天然ガス発電所を承認するように求めたと、上司にEメールで伝えている。[73]

翌年、ブラウンは州の石油・ガス・地熱資源局に対して、自分の個人所有地に石油やガス資源がないか調査するように命じた。同局は、ブラウン農場の周囲一帯の石油とガスの埋蔵資源量を示した衛星写真を付した五一ページの報告書を作成する。私利のために政府を利用したひどい話だが、カリフォルニア州の新聞記者たちはこの出来事をほとんど報じなかった。[74]

また、センプラ社が所有しているアリソ渓谷の天然ガス貯蔵施設は二〇一五年に壊滅的なガス漏れ事故を起こし、それに伴って大規模な住民避難があったが、ブラウンに任命された人たちによって閉鎖されることはなかった。二〇一六年当時、キャサリン・ブラウンはカリフォルニア州で一〇〇〇エーカー（四〇〇ヘクタール）の土地から産出される石油とガスの権益を所有していた。さらに、アリソ渓谷の事故現場となったポーター牧場に隣接する七〇〇エーカーの土地を所有する不動産事業と石油関連事業を行うフォレスター・グループの株式も七四万九〇〇〇ドル相当を有していた。しかも彼女は当時、再生可能エネルギー専門投資会社であるリニュー社の役員だったが、同社はカリフォルニア州の再生可能エネルギー大型補助政策から直接の恩恵を受けていた。[75]

アリソ渓谷のガス漏れ事故の後、ブラウン知事は事故の原因を隠蔽《いんぺい》する手筈を整える。「ガス漏れを止める努力を数カ月間にわたって続けていたとき」リベラル系反核団体のコンシューマー・ウォッチドッグは述べる。「ブラウンは事故原因や施設閉鎖の是非に関する調査結果を秘匿する行政命令を発した[76]」

二〇一一年に始まった第三期および第四期の任期期間中、ブラウンと彼の仲間たちは、一九七〇年代に始めた州の原子力発電所を閉鎖する活動を再開する。まず、サンディエゴ郡のサン・オノフレ原子力発電所から始めた。

ロサンゼルス・タイムズ紙によれば、二〇一三年の二月にブラウンが指名したカリフォルニア州公益事業委員会委員長のマイケル・ピーヴィーは、ポーランド視察旅行の折、同行していた南カリフォルニア・エジソン【訳注：サン・オノフレ原子力発電所を所有する会社】の上級副社長を呼び出して、サン・オノフレ原子力発電所の閉鎖に関する諸条件を伝えた。閉鎖の理由として、蒸気発電機の更新をずっと怠ってきたことがあげられていた(77)。

新しい蒸気発電機は一〇億ドル以下で購入し、据付けできたはずだ。ちなみに元の発電機は八億ドル弱だった。

それにもかかわらずピーヴィーは、蒸気発電機を更新するのではなく、原子力発電所を完全閉鎖し、その代償として南カリフォルニア・エジソンが電気料金を引き上げるのをカリフォルニア州公益事業委員会が認めるという提案を行う。

ピーヴィーの提案は、原子力発電所を早期に閉鎖する補償として電力代という形で消費者から三三億ドルを集め、投資家には追加で一四億ドルを負担させることを意味していた(78)。

結果としてシナリオ通りに進み、サン・オノフレ原子力発電所は永久閉鎖され、原子力の発電量は天然ガスに代替され、カリフォルニアの炭素排出量は電気料金とともに急増した(79)。

二〇一四年一一月、州と連邦当局は、原子力発電所の永久閉鎖と見返り合意事項をめぐって犯罪行為がなかったかを共同調査するため、カリフォルニア州公益事業委員会の事務所に立ち入り捜査を行った。しかし、当時の州司法長官カマラ・ハリスは調査の中断と引き延ばしを画策する。委員会は、ブラウン知事府から送られてきた六〇通を超える電子メールの引き渡しを拒否した(80)。

二〇一四年、委員会の顧問弁護士は、八人が死亡したＰＧ＆Ｅ社のガス爆発事故の犯罪捜査に関する証押収書類は廃棄してしまったかもしれないと認めた。カリフォルニア州議会は二〇一六年八月に委員会を改革する法律を議決したが、ピッカーの働きかけにより最終段階で止められたと、ロサンゼルス・タイムズ紙とサンディエゴ・ユニオン・トリビューン紙は報じている。(81)

州高等裁判所判事のアーネスト・ゴールドスミスは、カリフォルニア州公益事業委員会に対し、サン・オノフレ原子力発電所に関係するピッカーとの交信を公表するよう強い表現で求めた。「これは重大事件です」彼は述べる。「カリフォルニアの納税者にとって些細なことでは済みません。［八人が犠牲になったガス爆発事故である］サンブルーノの事故と同じ大問題で、このような大事件が発生したときは、真実を明らかにしなければいけません。ひどい苦痛を伴いながら明らかにしていくのか、それとも正しい行いで明らかにしていくかのどちらかですが、どちらにせよ真実は明らかになっていきます(82)」

犯罪捜査の黒い雲が委員会を覆っている一方で、州に残された最後のディアブロ・キャニオン原子力発電所の閉鎖も進んだ。そこにはサン・オノフレ原子力発電所の閉鎖交渉に関わったのとまさに同じ人物やグループの多くが関わっていた。反原発団体のアメリカン・フォー・ニュークリア・レスポンシビリティはジョン・ジーズマンに率いられているが、彼は長年にわたってブラウンの顧問でもあり、前カリフォルニア州エネルギー委員長で、再生可能エネルギー産業の主唱者だった。カリフォルニア州公益事業委員長のピーヴィーは、サン・オノフレ原子力発電所閉鎖の詳しい計画を提案したときに、ジーズマンに計画実施に関わらせるように求めていた。(83)

7 インターネットよりずっと大きなマーケット

『不都合な真実』でアル・ゴアは二〇〇六年にアカデミー賞とノーベル賞を手にしたが、その年までに再生可能エネルギーはビッグビジネスになりつつあった。この年、グーグルやアマゾンの初期投資家だったベンチャーキャピタリストのジョン・ドーアは、TEDトークの中で地球温暖化について叫ぶ。「私は本当に怖い」「、「もう間に合わないと思う」

しかし、危機のプラス面はチャンスでもある。「グリーンテクノロジー、緑に向かって進むこと、「そのマーケットは」インターネットより大きい」とドーアは語る。「二一世紀最大の経済的チャンスになり得るのです(84)」

すでに述べた通り、私は進歩的で民主的な労働環境運動を新アポロ計画として共同推進した。オカシオ・コルテス議員が提唱しているグリーン・ニューディールの先駆けだった。私たちは効率化、再生可能資源、電気自動車などの技術のために三〇〇〇億ドルの支援を求めた(85)。

二〇〇七年に努力が報われた。当時のオバマ大統領候補が私たちの提案を取り上げて、大統領選を戦ったのだ。二〇〇九年から二〇一五年の間にアメリカ政府は私たちのグリーン・ニューディール政策のために約一五〇〇億ドルを支出した。そのうちの九〇〇億ドルは景気刺激策だったが(86)。

この景気刺激策の予算は、公平に分配されたというより、オバマ大統領や民主党への寄付者に集中していた。少なくともオバマの選挙財務委員会のメンバー一〇名やオバマのために最低一〇万ドルの資金を取りまとめた一二名以上が、二〇五億ドルの景気刺激のための融資のうち一六四億ドルを受け取った。

世界初の高級ハイブリッド車を生産したフィスカー社は、五億二九〇〇万ドルの融資を連邦政府から受けた。ドーアはフィスカー社の大口出資者の一人だった。同社は最終的には破産して、納税者に一億三二〇〇万ドルの損害を与えた(87)。

融資プログラムを差配したのは、オバマへの資金提供者たちだった。二〇一一年三月に政府説明責任局は、この融資プログラムが「恣意的に」実行され、最初の一八件については何も文書がなかったことを指摘する。

それぞれ五億ドル近くが拠出されたテスラやフィスカーなどの電気自動車会社向け融資には、何の評価指標もなかった。政府説明責任局は、連邦エネルギー局（ＤＯＥ）が「実績評価過程において申請者を不平等に扱い、特定の申請者を有利に、他の申請者を不利に扱った」ことも指摘している(88)。

融資プログラムは、オバマと密接な間係にある資金支援者に対して、とくに雇用促進には結びつかなくても資金提供された数多くのプログラムの一つだった。最も良く知られているのは、ＤＯＥがソリンドラ社という太陽光発電会社に五億七三〇〇万ドルを提供した案件だ。ソリンドラ社の株式の三五％は、億万長者でオバマの選挙資金の取りまとめ役の一人でもあったジョージ・カイザーが保有していた。

ソリンドラ社の太陽光パネルは高すぎて、この会社には誰も投資したくないと、正義感の強いＤＯＥの職員は指摘したが、却下され、融資は承認された。

環境に優しい投資促進から最も利益を受けたのは、マスク、ドーア、カイザー、コスラ、テッド・ターナー、パット・ストライカー、ポール・ツーダー・ジョーンズらの億万長者だった。ビノッド・コスラは、二〇〇八年の大統領選ではオバマの「インド政策チーム」を主導し、民主党の主要資金提供者だった。彼の会社は三億ドルを超える支援を受けた(89)。

連邦景気刺激融資を受けた民主党寄付者の中で、融資額がドーアを超える人物はほとんどいなかった。彼のグリーンテック・ファンドの投資先の半数以上、すなわち二七社のうちの一六社が連邦政府の景気刺激策の融資もしくは直接贈与を受けていた。「エネルギー局のプログラムの承認可能性はおそらく一〇%かそれ以下なので、これは驚くべき実績だ」と調査報道記者が書く。「ドーアが政治に投資した二〇〇万ドルは、彼のこれまでの投資の中で最もリターンが大きかったはずだ[90]」

自然資源防衛会議や環境防衛基金、シエラクラブは、州の発電所としては最大かつ炭素排出量ゼロでクリーンなディアブロ・キャニオン原子力発電所の閉鎖をカリフォルニア州規制当局に働きかけていたが、二〇一七年にはそこにテスラも加わる。テスラの声明は自己目的であることを隠そうともしていない。原子力発電所は（テスラの）太陽光パネルと（テスラの）バッテリーにより代替され得ると、テスラのロビイストが訴える。二〇一九年後半現在で、カリフォルニア州政府はテスラの六七〇〇ドルのパワーウォール電池の半分近くを補助している[91]。

ステイヤーやブルームバーグの例で見たように、利他的で環境的な博愛主義に見える行為にも、金銭的な利害が関わっていることが多い。

シー・チェンジ財団のケースを見てみよう。そこは、二〇〇七年から二〇一二年にかけて一億七三〇〇万ドル以上の資金を、排出量取引を提案しているアメリカ進歩センターやシエラクラブ、自然資源防衛会議、環境防衛基金、WWF、憂慮する科学者同盟などの団体に提供した[92]。

シー・チェンジ財団の背後にいるのは、ベンチャー投資家のナタニエル・シモンズだ。彼が投資している七つの会社は二〇〇九年以来、連邦政府から融資や補助金や契約を受けている[93]。シモンズは「排出量取引政策の追求に多大な資金を投じている」とロックフェラー・ファミリー・ファンドの報告書に記録されている。[94] シモンズは妻と共同で、立法化を進めるためにロビイストも雇っていた。[95]

再生可能エネルギーで地球全体が必要とするエネルギーを供給できるので、化石燃料を代替するために原子力発電は不要であると、これまでエイモリー・ロビンスや環境防衛基金、自然資源防衛会議などのグループがそれらしく証明してきたが、この一〇年間ではスタンフォード大学のマーク・Z・ジェイコブソンがそれを凌いでいる。二〇一六年に私がカリフォルニア大学ロサンゼルス校で彼と討論したとき、彼はディアブロ・キャニオン原子力発電所を含むすべての原子力発電所を止め、再生可能エネルギーに変えたほうが安くつくと主張した。[96] 彼はまたプレコート・エネルギー研究所の上級フェローでもある。この研究所は、石油・ガス業界の立役者で石油とガスのサービス会社のハリバートン社の役員でもあるプレコートの名を冠している。プレコートの役員は、石油、ガス、再生エネルギーの投資家から構成されている。これ以上のあからさまな利益相反行為は、まず考えられない。[97]

8　名を残す

二〇一八年にアリゾナ州の有権者は、再生可能エネルギーを促進するという触れ込みで、州唯一の原子力発電所であるパロ・ベルデ原子力発電所の早期閉鎖について住民投票を行う。二酸化炭素排出が全くない、アメリカ最大のエネルギー源だ。

住民投票が可決されれば、パロ・ベルデ原子力発電所の運営会社は、再生可能エネルギーだけでなく大量の天然ガスにも置き換えることになり、炭素排出量は増加していたことだろう。結局、住民は三〇％の賛成に対して七〇%の反対という大差で否決した。

住民投票の発案者はトム・ステイヤーで、彼はこの住民投票のために二三〇〇万ドルを投じたが、提案が通れば、彼も個人的に恩恵を受けたことだろう。だが、ほとんどの主力メディアは、このステイヤーの利益相反を追求しなかった。(98)

彼らは自分たちの政敵に資金が流れていると、エクソン社とコーク兄弟をはじめとする化石燃料関係者を非難し、大学に対しては化石燃料への投資を中止すべきと要求していたが、まさにその年に、350.orgやシエラクラブ、自然資源防衛会議、環境防衛基金はすべて、化石燃料億万長者のステイヤーやブルームバーグから資金を受け取っていた。(99)

ニュースメディアは数十年にわたり、エクソンやコーク兄弟、温暖化懐疑論者を悪魔のように報道してきたが、ステイヤーやブルームバーグのような化石燃料億万長者や、彼らが資金支援をしてきた環境主義者たちは見逃してきた。

ステイヤーやブルームバーグはこの世で良いことを行おうとしたのかもしれないが、コーク兄弟もたぶん同じだろう。思想的にはどうであっても、資金的な利益相反は些細なことでは解消できない。

マッキベンとシエラクラブの代表者ブルーンは、ステイヤーが大統領選挙に一億ドル支出すると発表したときには称賛を惜しまなかった。彼はテレビやフェイスブックの広告を通じて、民主党からの大統領選立候補の権利を金で買ったことになる。(100)ステイヤーとブルームバーグは二〇二〇年の大統領選で最終的に七億五〇〇〇万ドルを支出した。

ステイヤーと彼の支援者との関係は相互扶助以外のなにものでもない。それはワシントン政治に対する不信の源でもあり、報道メディアの二重基準を表している。

もし、ステイヤーをはじめとする化石燃料や再生可能エネルギーの投資家たちの思い通りになって、アメリカの電力の約二〇%を供給している残る九九基の原子炉の一部または全部が閉鎖されれば、彼らは大金を手にするだけでなく、二酸化炭素の排出量が急増し、二〇五〇年までに化石燃料を廃止する唯一の現実的な希望がなくなる。

そうなれば、ステイヤーは化石燃料の億万長者として、近年で最も多くのクリーンエネルギーを破壊し、最も多く排出量を増加させた人物として、後世に名を残すことになるだろう。

第11章　力ずく

1　ひけらかし

二〇一九年、気候変動に向けて行動を起こすべきだという声に、世界で最も裕福で影響力のある人たちが応え始めた。

七月末、グーグルは著名人と気候変動運動家をイタリアに集めて、何ができるかを議論した。報道によれば、レオナルド・ディカプリオ、ステラ・マッカートニー、ケイティ・ペリー、ハリー・スタイルズ、オーランド・ブルーム、ブラッドリー・クーパー、プリヤンカー・チョープラ、ニック・ジョナス、ダイアン・フォン・ファステンバーグたちが参加し、自分たちの名声を利用して、どのように人々の行動を変えられるかについて考えた。

すでに活動している人もいる。ペリーは国連児童基金（UNICEF）のためにビデオをつくり、ディカプリオはドキュメンタリーのナレーションを引き受けていた。イギリスのハリー王子は招待客の前で裸足になって、気候の危機が来ていることを訴えた。ハリー王子は最近、インスタグラムでも呼びかけている。「およそ七七億の人口を抱える地球は、一人一人の選択、一つ一つのカーボン・フットプリント、一つ一つの行動が違いを生みます[1]」

集会は、シチリアのベルドゥーラという五つ星リゾートホテルで開かれた。モナコの国土より広いホテルの敷地には、六つのテニスコート、三つのゴルフコース、四つのプールとサッカー場がある。世界最高峰のリゾートホテルであるにもかかわらず、参加者の多くは沖合の豪華ヨットに泊まり、マセラティのように豪華な島にある会場にはフェリーで移動する。会合の初日までに四〇人ほどがプライベートジェットでリゾートに到着し、最終日までにはさらに七〇人ほどが、これまたプライベートジェットで到着する見込みだった。

「これほどわがままな人たちは見たことがないよ」ある目撃者はイギリスの大衆紙サンに答える。「全部用意されていて、贅沢の極みさ[2]」、「大量の化石燃料を燃やしているのは自分たちだということに気づかないのかね。必要のないお伴まで連れて、ヘリや高級車で現れて、地球を救うのだと説教する[3]」

二週間後、そろそろ議論がまとまり始めていた頃、ハリー王子、メーガン妃と生まれたばかりの子供の一家は、プライベートジェットでさらに二カ所旅行していたことが報道された。最初に訪れたのはスペインのイビザ島で、その二週間後にはフランスのニースだ[4]。ロンドンからニースまでのエコノミー航空券は二三二ポンド（三〇六ドル）だが、プライベートジェットでは二万ポンド（二万九〇〇〇ドル）はする[5]。

「気候変動で大惨事が起こると訴えながら、世界中をプライベートジェットで飛び回っているのは、正直なところ、偽善としか言いようがない」と王子の元ボディーガードは語る[6]。

BBCが計算したところ、イビザとニースへの飛行による二酸化炭素排出量は、平均的なイギリス人一人が一年間に排出する二酸化炭素の六倍で、ハリー王子がギャップ・イヤー【訳注：高校終了から大学進学までの一年間】を過ごしたアフリカのレソト人とならー〇〇倍になる[7]。

ハリー王子とメーガン妃の友人たちは、慌てて彼らを擁護する。「マスコミは、このような容赦ない虚偽の暗殺行為をやめるべきだ」とエルトン・ジョンは言い、「世界を良くしようとしているだけで攻撃を受けることを想像してほしい」とエレン・デジェネレスも訴えた。(8)

有名人がエネルギーの無駄遣いだらけの生活を見せびらかしていることが問題なのではない。問題は、低エネルギーの生活を道徳的な価値として押しつけようとしていることだ。「私たちがどう生活すべきかを講義するのはやめにして」と、あるイギリス人は言う。「模範となるように生きるべきだ」(9)

気候変動を解決するためには「我々の生活スタイルを変えなければいけない」と訴えたアル・ゴアも、テネシー州ナッシュビルで、平均的家庭の一二倍のエネルギーを使いながら、寝室が二〇室ある家で生活している。このことをAP通信社に報道されたときは、同じように恥ずかしい思いをしたことだろう。(10)

2　私たちのようにしてはいけない

こうした偽善に、多くの気候変動運動家が落胆する。「一人でいいから気候変動に本気で立ち向かう勇気のある有名人を教えて！」とグレタ・トゥーンベリは二〇一六年に母親に訴えた。「一人でいいから世界を飛び回る贅沢をやめる勇気のある著名人を教えてよ！」(11)

しかし、世界を飛び回ることを止めたとしても炭素排出を大幅に減らすことはできないことに、トゥーンベリはすぐに気がつく。

二〇一九年八月、トゥーンベリは炭素を排出しない生活の模範を示すため、ヨーロッパからニューヨークに向けて航海に旅立つ。皮肉なことに、彼女の再生可能エネルギー機材を搭載したヨットでの大西洋横断旅行は、飛行機の四倍の炭素を排出した。なぜなら、ヨットの航海にはクルーが必要で、彼らは飛行機で帰国したからだ[12]。

善意に満ちたグリーンな活動でも、大量のエネルギーを消費してしまう理由は単純だ。裕福な国に住み、そこで普通の生活をすれば、車や飛行機に乗り、家に住んで、食事をとるだけで大量のエネルギーを消費する。

これまでに見てきたように、エネルギー消費のリープフロッグはできない。一人当たりの所得は、一人当たりのエネルギー消費量と密接に結びついている。低エネルギー消費の裕福な国はないし、高エネルギー消費の貧しい国もない。ヨーロッパ人はアメリカ人に比べて低エネルギー消費だが、それは環境意識の差から来るのではなく、ヨーロッパの人口密度が比較的高く、そのために車ではなく鉄道を中心とした生活を送っているからだ[13]。

全体的に見て、先進国のエネルギー消費量は増加傾向にある。ヨーロッパにおける電力や暖房、調理、輸送などの主要エネルギー消費は、一九六六年から二〇一八年にかけて一万二五〇〇テラワット時から二万三五〇〇テラワット時に増えている。同じ期間に北アメリカでは、一万七〇〇〇テラワット時から三万三〇〇〇テラワット時に増えた[14]。

確かに、過去一〇年で見れば先進国における一人当たりのエネルギー消費量は若干減少している。しかし、それはエネルギーを多用する製造業などの産業が中国などにシフトしているからであり、エネルギー効率の向上や節約によるものではない[15]。

中国からの輸入品が中国で製造されたときに排出された「内包」排出量まで加えると、一九九〇年から二〇一四年までの間のアメリカの排出増加率は九%から一七%に跳ね上がる。同期間のイギリスの排出削減率も二七%から一一%に減少する[16]。

先進国のエネルギー消費、すなわち経済成長を抑えるだけの政治的な力は環境運動家にはなかったが、五〇年間にわたって貧しく弱い国々の経済成長を抑えつけるには十分な力があった。現在、世界銀行は、安く安定したエネルギー源である水力や化石燃料、原子力から、高価で安定性に欠ける太陽光や風力に資金をシフトさせている。そしてヨーロッパ投資銀行も、二〇二一年までに化石燃料への投資を止めることを二〇一九年一〇月に発表した[17]。

先進国の環境運動家がコンゴのような国を貧困にしたとまでは言わないが、少なくとも彼らがそのような国が工業化して発展することを難しくしているのは確実だ。

一九七六年、二八歳だった南アフリカ人のジョン・ブリスコーはバングラデシュを訪れた。アパルトヘイトの下で育ったブリスコーは、人種隔離政策の急進的な反対者だった。環境工学の博士号をハーバード大学で取得した後、知識と経験を生かして貧困削減に貢献しようとバングラデシュに向かう。ブリスコーがたどり着いたのは、一年の三分の一が数メートルも水没している村だった。村人たちは病気や栄養失調と戦っていて、平均寿命は五〇歳に満たなかった[18]。

彼が村を訪れたとき、村人は洪水を防いで灌漑にも使えるように、村の周囲に堤防を築くことを考えていた。この計画を聞いたブリスコーは反対した。その当時、マルクス主義者だったブリスコーは、堤防をつくっても村の裕福な人たちがさらに裕福になるだけだと考えていたからだ。

ブリスコーは二二年後に同じ村を訪れ、その光景に驚く。村人は健康で、子供たちは通学し、ボロ布ではなくきちんとした衣服を着ていた。平均寿命は七〇歳に近づいていた。女性はより自立し、活気に満ちた食料市場があった。
何が変化をもたらしたのかとブリスコーが聞くと、「堤防だよ!」と人々が答えた。ブリスコーが去った後の一九八〇年代に建設されたのだった。洪水はなくなり、灌漑用水を制御できるようになったのだ。他に何が変わったか聞くと、橋ができて市場などに行く時間が短縮されたということだ。村人は、自分たちが豊かになったのは大規模なインフラ整備のおかげだと考えていた。
ブリスコーは自分の考えを改めないわけにはいかなかった。「もちろん、インフラは貧困減少の必要十分条件ではありません」と彼は二〇一一年のインタビューで答える。「けれども必要条件であることは間違いないのです!」[19] そしてこう付け加える。「裕福な先進国は経済的に利用可能な水力資源の七割まで活用してきました。アフリカは三%も使えていません」[20]
第二次世界大戦後の二〇年間、先進国の出資によって設立された世界銀行は、開発途上国が必要としているダム、道路、電力網などの基礎インフラの整備のために資金を提供してきた。ダムへの投資リスクは低かった。電力料金の収益でローンを返済できるからだ。ブラジルの電力網のほとんどは、一二カ所の水力ダムに融資した世界銀行の支援によるものだ。[21]
しかし、一九八〇年代後半になるとWWFやグリーンピースなどの環境NGOからの圧力を受けて、国連は「持続可能な開発」という根本的に異なる開発モデルを提唱し始める。新モデルに基づくと、貧しい開発途上国は水力ダムのような大規模発電所ではなく、小規模な再生可能エネルギーを使い続けなければならなくなる。世界銀行も国連に追従した。
一九九〇年代までに、世界銀行の融資のうち、インフラ整備資金はわずか五%になった。「水資源インフラは、成長の手段であり前提条件でもあるにもかかわらず、それをすでにもっている先進国が脇に追いやってしまった」と、当時、世界銀行で水資源専門家として勤務していたブリスコーは話す[22]。

3 リープフロッグ

どこの豊かな国もできなかったのだが、国連はエネルギーをあまり使わなくても貧しい国は豊かになれるという考えを広め始めた。リープフロッグという考え方だ。元シェルの経済学者アーサー・ファン・ベンテムが、それは間違いだと暴く。

一九八七年、国連は『我ら共通の未来（*Our Common Future*）』という報告書を公表し、貧しい国での木材利用の問題を取り上げた[23]。

「日々の効率的なエネルギー利用と再生可能エネルギーの開発は、従来の燃料への依存を軽減するのに役立つだろう。それが、開発途上国が成長を遂げるために最も重要である[24]」

この主張を裏づける根拠は全くなかった。逆に反証ばかりだった。再生可能エネルギーで産業革命は起こせない。産業革命前の社会は低エネルギー社会だった。太陽エネルギー経済から解放されたのは石炭のおかげだ。一九八七年の時点で、再生可能エネルギーとエネルギー効率向上だけで貧困から脱出できた国はない。

先進国が豊かになるために化石燃料を必要としていたという事実を、『我ら共通の未来』の主著者であるグロ・ブルントラントが知らなかったわけはない。彼女はノルウェーの元首相であり、そのわずか一〇年前に豊富な石油とガスの埋蔵量のおかげで世界最富裕国になっていたのだから[25]。

一九九八年、ブラジルのエネルギー専門家は、効率的な調理用コンロを普及させて、木質燃料を持続的に使用し、化石燃料と原子力の両方の利用を回避すれば、低エネルギーのままリープフロッグできると主張した。[26]

二年後、二つの国連機関も、昔の人たちは「調理や暖房、電気のために単純なバイオマス燃料（糞、作物残渣、薪）から……液体またはガス状の燃料へ」転換することによって貧困から脱したが、今日の貧困国の人々は「燃料用の薪から……新しい［バイオマスや太陽エネルギーのような］再生可能エネルギーへと直接にリープフロッグできる」と述べる。[27]

このアイデアが環境慈善団体やNGO、国連機関を魅了し、貧困国でこれまでインフラ整備に流れていた資金がリープフロッグ実験へと流れた。

国連と環境NGOは国連開発計画の言葉を借りて、これらの活動を貧困国が「先進国が犯した過ちを繰り返さない」ための支援であると述べた。[28]

インフラや製造業から資金を遠ざける流れは、汚職と戦う方法として正当化された面もある。しかし、この主張はどのような研究にも裏づけられていないと、元世界銀行の経済学者であるヒン・ディンは言う。「もしも一部のヨーロッパの政治家や官僚が、アフリカは汚職をなくすことで発展できるし、そうあるべきだと考えているなら、それは多くのアフリカ諸国の国家開発戦略になっているはずです」貧しい国が発展するためには製造業が必要であることを強調するヒン・ディンは、私に言う。「いずれにしても、そんな経路で発展した国は世界に一つもないんですけどね」[29]

気候変動は一九九〇年代にエリート層の関心事として浮上する。すると、途上国や先進国での安価なエネルギー開発、農業や家畜飼育の大規模工業化、近代的なインフラ整備に向けられた融資を断ち切ろうとする動きが先進国の間で強まった。

二〇一四年には、上院歳出委員会の野党民主党の代表であるバーモント州のパトリック・リーヒー議員が、ダムは河川の生態系に「負の影響」を与えるという理由で、開発途上国の水力発電ダムに対する支援を打ち切ろうとした。

ブリスコーは憤慨する。「リーヒー上院議員がそれほど水力発電に反対なのであれば、まずはバーモント州の電気を止めるくらいの覚悟を見せるべきだ(30)」

同じ年、ニューヨーク・タイムズ紙はドイツの影響を受けてこう論じる。「多くの貧しい国々は、以前は熱心に石炭火力で国民に電気を供給していたが、今では化石燃料の時代を飛び越えてクリーンな電力網をつくろうとしている(31)」

ヨーロッパの各国政府は、開発途上国でバイオエネルギーを積極的に推進している。二〇一四年一二月に私はルワンダのキガリを訪れた。最初の晩にオランダ大使館が主催するパーティーに参加した。パーティーは人の屎尿からバイオガスを取り出して調理に利用するという、ドイツとの協調融資プロジェクトの成功を祝うものだった(32)。

二〇一七年、FAOの森林部長であるエヴァ・ミュラーは述べた。「木質燃料は化石燃料よりも環境に優しく、木炭と合わせて世界の再生可能エネルギー供給の約四割を占めている。太陽光、水力、風力を合わせた量に匹敵する(33)」

貧しい国が水力発電ダムや化石燃料などの安価なエネルギーを利用することに対して、環境主義者の全員が反対しているわけではない。逆に私の経験では、先進国の多くの、もしかしたらほとんどの環境主義者が、豊かな国が自分たちに繁栄をもたらした技術を貧しい国から奪うことは倫理に反すると考えている。

しかし、欧米のNGOや国連機関の指導者、IPCCの執筆者の多くは、過去二〇年間、安価なエネルギーに向かっていた公的資金や民間資金を、信頼性が低くて高価な再生可能エネルギーに振り向けられるように努力してきた。

二〇一八年にIPCCは、こう述べている。貧しい国は、ダムや天然ガスプラント、原子力発電所のような中央集中型のエネルギー源から、太陽光パネルやバッテリーのような分散型のエネルギー源へとリープフロッグできると。その報告書は、リープフロッグを否定しているファン・ベンテムなどの経済学者の説は引用していない。[34]

二〇一九年、ドイツの環境NGOウアゲバルトなど多数のNGOが、世界銀行の資金を大規模水力発電ダムや化石燃料にではなく、太陽光や風力などの小規模自然エネルギーに向けるべきだというキャンペーンを展開した。[35]

ブリスコーは、人生の終盤に深い悲しみに包まれていた。基礎インフラや農業の近代化ではなく、さまざまな「持続可能な開発」の実験に資金を使うように環境NGOは欧米諸国に圧力をかけ、成功してきたからだ。「豊かな国のNGOや政治家が、自分たちが決して歩んだことのない、そして歩もうともしない道を貧しい人たちに歩めと強いるのを何度も何度も見てきた」と彼は書いている。[36]

なぜだろう?

4 「人類の汚点」

イギリスの哲学者ウィリアム・ゴドウィンは一七九三年に『政治的正義とその一般的な美徳と幸福への影響に関する探究（*An Enquiry Concerning Political Justice and Its Influence on General Virtue and*

インは述べた[37]。

Happiness)』を出版した。そこで彼は、政治革命ではなく人間の理性こそが進歩の鍵であると述べた。私たちは自分自身を、そして自分の情熱さえも制御して、より良い社会を築こうとする点において、他に類を見ない存在である。そのような理性主義は長い年月をかけて人間の苦しみを大幅に軽減すると、ゴドウインは述べた[37]。

その一年後、フランスの貴族であり数学者でもあったコンドルセ侯爵は、人間の無限の進歩を予言した本を出版した。『人間精神の進歩の歴史の素描（*Outlines of an Historical View of the Progress of the Human Mind*)』でコンドルセは、自らが「社会科学」と呼ぶものを開拓した。少ない土地でより多くの食糧を栽培し、より多くの人口を支えるために技術を使うことを奨励した。食糧不足を解決するために国家間の貿易を勧めた。彼の著書の根底にあったのは、科学と理性が人類の進歩を促進するという考え方だ[38]。

ゴドウィンとコンドルセの思考は、私たちが現在、啓蒙主義と呼んでいるもので、二人は「ヒューマニスト」だ。なぜなら、理性という特有の能力を有する人間は特別であると考えていたから。人間は地上を支配するために神によって選ばれたというユダヤ・キリスト教の考え方を、彼らは世俗化したとも言える。

封建的な独裁主義が資本家による民主主義へと移行する過程で、啓蒙的なヒューマニズムが政治イデオロギーの主流となった。「技術と人間の両方の進歩により、より小さな土地が、これまで以上に大きな人口を支えることができるようになる」というコンドルセのビジョンは正しかった[39]。

他方、経済学者のトーマス・ロバート・マルサスは楽観的な啓蒙主義に嫌気が差して、三〇歳代前半の一七九八年に『人口の原理に関するエッセイ（*An Essay on the Principle of Population*)』（邦題『人口論』）を著し、ゴドウィンやコンドルセの考え方に異論を唱えた。

マルサスは、人類の進歩は持続不可能であるとした。人類は食糧生産を（たとえば一、二、三、四というように）少しずつ増やしていくかもしれないが、人口は（たとえば二、四、八、一六というように）「幾何級数的」に増加する。だから進歩がたどり着く先は、必然的に過剰な人口と飢饉になるだろう。「貧しい人々の生活は悪化し、多くは深刻な苦境に陥ることになる」とマルサスは予測した。「人口の圧力は、人間を養う地球の力を圧倒的に上回っていて、人類は何らかの形で早死に直面するに違いない[40]」

マルサスは読者が混乱しないように、本の第二版に次のような注目すべき一節を加筆している。

> すでに所有されている世界に生まれた人間は、生計を立てる手段を両親に求めても得られず、さらに社会が彼の労働を必要としていなければ、彼はわずかな食糧への権利すらなく、実のところ、存在をも否定される[41]。

ゴドウィンは、避妊などの「人口を抑制する方法にはさまざまなものがあり」、それによってマルサスが避けられないと考えていた飢餓を回避でき[42]、また、より少ない土地でより多くの食糧を栽培する技術開発も可能であると答えた[43]。

人間は家族計画をしないのではなく、してはいけないというのがマルサスの回答だった。なぜか? 「不自然」だからだ[44]。飢餓を回避する唯一の方法は、長く独身を貫き、歳をとってから結婚し、あまり子供をもたないことだと、マルサスは主張した。

つまり、人口増が資源を上回るというマルサスの予測が正しくなるのは、将来すべての人がマルサスと同じように家族計画をしないことを受け入れた場合なのだ。

マルサスは、貧しい人々へ共感を示す一方で、貧しい人々が貧しいままに留まってしまうような政策を主張する。製造業よりも農業を優先して貴族制度を維持し、肉体労働に従事しない貴族である自分が享受している田園の暮らしが卓越していると考えた(45)。

マルサスを擁護する人もいる。この有名な本が書かれた時期には、産業革命で食糧生産が大幅に増加するのを予測することは難しかった。マルサスは歴史家が「高度有機経済」と呼ぶ時代に生きていたが、そのときには木質燃料や水車などの再生可能エネルギーに依存していたために、純粋に物理的な理由から「人口の大多数が貧困に追いやられた(46)」。

これほどイギリスにおける再生可能エネルギー経済の先行きは暗かったにもかかわらず、ゴドウィンやコンドルセをはじめとするヒューマニストたちは、飢餓が撲滅されて普遍的な繁栄がやってくるという夢を信じていた。実際、彼らの周りにはいくつもの成功の兆しがあった。マルサスの生存中にも農業の生産性は改善され続けた。農地面積も、一七〇〇年から一八五〇年の間に一一〇〇万エーカーから一四六〇万エーカーへと拡大した。これらがなかったら、イギリス田園地帯の人々の空腹は、はるかにひどかっただろう(47)。

一八四五年、アイルランドでは猛毒の真菌類によってジャガイモの大部分が枯死し、大飢饉が起こった。一八四五年から一八四九年の間に一〇〇万人が餓死し、さらに一〇〇万人がアイルランド島を脱出した(48)。今日に至るまで人々は、アイルランドの大飢饉と言えば病原菌に気をとられてしまい、その後の四年間、この国が牛肉などの食糧をイギリスに輸出していたという事実を見落としがちである。アイルランドの家庭は、子供たちが飢えていても、家賃を払うために豚を売らなければならなかった。

イギリスの上流階級はアイルランド人が飢えるのは運命であるとして、支援の手を差し伸べないことを正当化していた。当時のイギリス人は、アイルランド人が飢えている本当の理由は、彼らの道徳的自制心が欠如しているからだと考えていた。アイルランド人労働者の賃金を上げれば、「結婚して巣穴のウサギのように繁殖するだろう」と当時のエコノミスト誌は警告していた[49]。

エコノミスト誌をはじめとするイギリスの上流階級は、半世紀前にマルサスが広めた考えを踏襲していたのだろう。マルサスは、アイルランド人の人口が過剰なのは食糧が安価であるからだと非難した。「この栄養豊富な根［ジャガイモ］の安さと」彼は述べる。「［アイルランドの］人々の無知と野蛮さによって、結婚が過度に進み、この国の産業と現在の資源をはるかに超える人口になってしまった[50]」

結局のところマルサスによれば、アイルランドの問題は人口過剰なのだ。「アイルランドの土地はイギリスよりもはるかに人口過多であり、国の自然資源を最大限に活用するためには、人口の大部分を土地から追い払う必要がある[51]」

イギリスの支配者はアイルランドの大飢饉後も、マルサスの考えを援用して他国の飢餓を正当化している。一八七六年から一八八〇年にかけてイギリスのインド総督を務めた役人は、インド人を「土から生える食物よりも早く増える傾向がある」と論じた[52]。後に彼は「生産量の増加と人口増加の限界に達した」とも述べた[53]。

何万人ものインド人が飢死している中、総督は「ヴィクトリア女王がインド皇帝になる即位式に惜しみなく資金を使った」と歴史家は書く。「リットン政権が飢えた人々に配った食料のカロリーは、ヒトラーがブッヘンワルド強制収容所に収容された人々に与えたものより少なかった[54]」

インドはイギリスが行う戦争のために食糧や物資を生産していたので、一九四二年と一九四三年に食糧不足が発生した。食糧を輸入すれば危機を緩和することができたかもしれなかったが、ウィンストン・チャーチル首相は許可しなかった。

なぜか？　それは「チャーチルと彼の主要アドバイザーのマルサス的な考え方にあるに違いない」と歴史家のロバート・メイヒューは結論する。「インド人はウサギのように繁殖し、戦争には全く貢献しないのに、我々から一日に一〇〇万ドルも受け取っている」と、チャーチルは誤った主張をしていた。

彼の判断もあって、一九四二年から一九四三年にかけてベンガル飢饉が起こり、三〇〇万人が死亡する。死者数はアイルランドの大飢饉の三倍だ。(55)

アドルフ・ヒトラーもマルサスに触発された一人だった。「土地の生産性は、決められた範囲内では、ある一定値までしか高めることはできない」と、彼は『我が闘争』で論じた。しかしヒトラーは、マルサスとは対照的に、その限界は外国の領土を侵略することによって克服できると考えた。

歴史家のメイヒューは「［マルサスの］仕事と、二〇世紀の歴史の中で最も忌まわしいいくつかの事件との間には、強い直接的なつながりがある」と結論している。(56)

二〇世紀初頭のアメリカのテネシー渓谷地域は、今日のコンゴと状況がよく似ている。森林伐採が進み、農業生産量は土壌浸食のために減少していた。マラリアも流行していた。適切な医療を受けられる人は限られていて、給排水管や電気が通っている家庭はさらに限られていた。

第一次世界大戦はこの地域に希望をもたらす。連邦議会は軍需工場に電力を供給するために、テネシー川にダム建設を許可した。しかし、ダムが完成する前に戦争が終わる。ヘンリー・フォードは五〇〇万ドルでその一帯を買い取ることを申し出たが、この時点ですでに四〇〇〇万ドル以上の税金がプロジェクトに投下されていた。そして進歩派の共和党上院議員のジョージ・ノリスは、フォードの申し出に反対した。

ノリスは連邦議会の農業委員会委員で、影響力があった。彼は貧しい人たちの窮状に同情的で、定期的にテネシー渓谷地域を訪れていた。貧農の小屋で何日も過ごした。その後の一〇年間、ノリスはアメリカ政府に農業の近代化プログラムへ投資するように促した。

一九三三年までにノリスは、連邦議会と新大統領のフランクリン・D・ルーズベルトを説得して、テネシー渓谷開発公社（TVA）と呼ばれる組織を設立する。TVAはダムや肥料工場を建設し、灌漑システムを整備した。地元の農民を教育して、彼らが他の農民にも作物の収量の増やし方を教えられるようにした。植林も行った。

代償もあった。約二万の家族が土地収用で移転を余儀なくされた。七万近くの墓地が移されたか、そのまま残された(57)。そして広大な地域が湖底に沈んだ。

けれども、このような犠牲は、地域だけでなく国民経済全体の成長のためと考えれば、小さな代償だった。安い電力と経済成長で、後から自然環境を回復させることができた。消耗した土壌は肥料で回復した。電気はポンプの動力源になり、灌漑ができるようになった。農民は少ない土地でより多くの食糧を生産し、木々を植えた。時間が経つにつれて森が戻ってきた。

けれども、アメリカでは連邦政府がTVAを創設する前から、工業化や農業近代化に対する反対運動が吹き荒れ始めていた。

一九三〇年、ローズ奨学生でテネシー州の詩人であった四二歳のジョン・クロウ・ランサムは、有名な論文集『私の立場（*I'll Take My Stand*）』の冒頭のエッセイでこう書いている。「人間の運命は自然と名誉ある平和を保つことではなく、自然に対して容赦ない戦争を仕掛けることだという奇妙な考えに現代社会はとらえられてきたが、その中でもアメリカの社会ほど、それが強く表れることはなかった(58)」

ランサムをはじめとする「南部農本主義者」は、人や環境に悪影響を与える都市や産業を軽蔑していた。農業機械や舗装道路、屋内の配管設備などは「近代産業文明の病理」だと断じる。

ランサムはヴァンダービルト大学で教鞭をとる詩人だったが、彼の考え方は、貧しい小作人たちとは全く違っていた。マラリアや飢餓に苦しんでいたテネシー渓谷の人々は、自分たちが自然と調和した暮らしをしていたという見方には反対しただろう。上中流階級の進歩派が「ラテ・リベラル」【訳注：喫茶店でラテのような嗜好品を飲み、市民的自由や平等といったリベラル思想を語る裕福な特権階級を軽蔑した言葉】と呼ばれるのと同様に、ランサムや南部農本主義者は批判者から「タイプライター農本主義者」と呼ばれた。

ランサム、マルサス、そして彼の後に続いたマルサス派は、社会的にも政治的にも保守だった。マルサスは神の計画に反しているとして避妊に反対し、貧しい人々のための社会福祉プログラムにも、自滅的だとして反対した。マルサスの考えに基づいて自分たちの政策を正当化したイギリスの指導者たちは保守派だった。

対照的に社会主義者と左翼はマルサスを憎んでいた。マルクスとエンゲルスはマルサスを「人類の汚点」と呼んだ。避けることができる状況をマルサスは必然あるいは「自然」だと見ていると、彼らは考えていた。[59]アメリカの進歩的思想家ヘンリー・ジョージは一八七九年の著書『進歩と貧困（*Progress and Poverty*）』の中で、マルサスは不平等の擁護者であると批判して、こう書いている。「マルサスが支配階級の間で人気を博したのは、ある者が他の者よりも存在する価値があるという仮定にもっともらしい理由をつけたからである[60]」

しかし第二次世界大戦後になると、マルサス主義は手のひらを返し、環境主義という形で左翼的な政治運動になり、反マルサス主義はリバタリアン、親ビジネス、自由市場的保守という形で政治的右派となった。

シンパを増やすマルサス主義に対しては、多少の反対意見も左翼から出てくる。社会主義者で公民権指導者であるベイヤード・ラスティンは、一九七九年にタイム誌にこう語る。環境主義者は「ゆっくりとした成長あるいは成長停止を求める独善的かつエリート思考の新マルサス主義者であり、……黒人の下層階級、スラムの労働者階級、農村部の黒人を永続的な貧困に陥れようとしている」[61]。

ただし、マルサス主義に対する抵抗のほとんどは政治的右派から来ていた。マルサス的アラーミストに対する最も著名な批判者は、経済学者のジュリアン・サイモンだった。彼は「天然資源は有限ではない」と主張し、子供たちは食糧を消費するだけの口ではなく、成長し生産者となるのだと主張した[62]。サイモンは、左翼や進歩勢力ではなく、保守や自由主義の学者やシンクタンク、メディアに受け入れられた。

なぜだろうか？

5　救命ボートの倫理

一九四八年にウィリアム・ヴォートという自然保護主義者が『生存への道（*Road to Survival*）』を著し、ベストセラーになった。九カ国語に翻訳され、リーダーズ・ダイジェスト誌にも連載された[63]。その中でヴォートは、貧しい国、とくにインドで人口が激増していることを警告している。「パクス・ブリタニカによる支配前のインドの推定人口は一億人以下だった」

人口は病気、飢饉、戦争によって制御されていた。イギリスは驚くほど短い期間のうちに、戦闘行為を抑制し、灌漑整備、食糧貯蔵庫の提供、食糧輸入などによって飢饉を撲滅した。……経済的にも衛生的にも「改善」がなされている間に、インド人は慣れ親しんだ方法で、まるで無責任なタラのように繁殖し続けた。……セックスが国技であるかのように[64]。

ヴォートは「できるだけ多くの人を生かしておくことを義務」とする医療従事者を攻撃する[65]。彼らは「不幸を増長させているだけだ」とまで書き[66]、理想は「間引き、移民、植民地化」によって人口を「意図的に減らした」古代ギリシャにあると主張した[67]。

ヴォートは次のような解決策を提案する。「技術的に遅れた国を守るためには資源開発の国際管理が不可欠である。……国際連合と関連諸機関が組織の枠を超えて設置した生態学委員会が、国連の全活動が人間とかけがえのない環境との関係に与える影響を監視すべきである[68]」

アメリカの指導者やエリートは、イギリスのエリートと同じようにマルサスの考えを受け入れる。一九六五年、初めてテレビで放映された一般教書演説でリンドン・ジョンソン大統領は、「世界人口の爆発的な増加と資源の不足」が世界の最重要課題であるとの認識を示した。彼は「人口の抑制」を呼びかける[69]。

これに対してニューヨーク・タイムズ紙は、ジョンソンの考えは十分にマルサス的ではないと批判する。結局のところ、ジョンソンは「マルサス以上に厳しいマルサス主義者の想定が現実になりかけている世界において」経済成長がまだ可能であることを示唆していると社説で述べた[70]。

同年、学術誌サイエンスは、カリフォルニア大学サンタバーバラ校の生物学者ギャレット・ハーディンの論文「コモンズの悲劇」を掲載する。論文は、人間が無秩序に繁殖するために環境の崩壊は避けられず、悲劇を回避する唯一の方法は、すべての人が犠牲に合意する「相互強制」であると主張した[71]。

多くの自然保護主義の指導者がマルサス主義を受け入れた。一九六八年、シエラクラブのデイヴィッド・ブラウワー理事長は、世界は大飢餓の危機に瀕していると訴えるスタンフォード大学の生物学者ポール・エーリックによる『人口という爆弾（*The Population Bomb*）』という本を企画・編集する。「全人類を養う戦いは終わった。今からどのような突貫計画を実行に移しても、一九七〇年代と一九八〇年代には何億もの人が餓死する」[72]

ヴォートやマルサスと同様、エーリックは開発途上国の貧しい人々の人口増加をとくに心配していた。デリー空港から市内のホテルに向かうタクシーの中でエーリックは、生物学者が動物を描写するよりももっと見下してインド人を描写している。「食べている人、洗濯をしている人、寝ている人。……排便や排尿をしている人。人、人、人、人」[73]

ジョニー・カーソン【訳注：アメリカの人気深夜トーク番組の司会者を三〇年間務めたコメディアン】は、エーリックをザ・トゥナイト・ショーに六回招待して、『人口爆弾』の三〇〇万部以上の売り上げに貢献した。[74]

一九七〇年代に入ると、マルサス主義はさらに極論に向かう。カリフォルニア大学の生物学者ハーディンは「救命ボートの倫理――貧しい人々を支援すべきではない理由（*Lifeboat Ethics: The Case Against Helping the Poor*）」と題するエッセイで主張する。「私たちはどのような救命ボートにも容量の限度があることを認識しなければならない」

救命ボートに人を乗せすぎてはいけないというのがハーディンの主張だった。そうしないと、乗ろうとする人たちが自分たちだけでなく、すでに乗っている人たちまで道連れにしてしまうと。

「どれだけ人道的な意図があったとしても」ハーディンは言う。「海外からの医療や食糧支援によってインド人の命が救われるたびに、その分、残された人々や将来の世代の生活の質が低下する」[75]

一流の研究機関もマルサスの考えの主流化を手伝う。一九七二年にローマクラブというNGOが『成長の限界（*The Limits to Growth*）』を発表した。このレポートは地球が生態系崩壊の瀬戸際にあると結論し、ニューヨーク・タイムズ紙の一面を飾る。

「最も可能性の高い未来は、人口と産業生産の両方が急激かつ制御不能になるまで減少することである」と、そのレポートは予言した。「社会がこのまま成長と『進歩』を追求する限り、文明は崩壊し、悲惨な結末を迎えることは避けられない」(76)

南部農本主義者と同様、生態学者のバリー・コモナーと物理学者のエイモリー・ロビンスは、工業化は有害であり、経済発展から貧しい国を守る必要があると主張した。(77)

マルサス主義者のエーリックと表向き社会主義者のコモナーは、人口と貧困をめぐって対立していた。コモナーは食糧危機を貧困のせいにしたが、エーリックは人口過多のせいにした。コモナーは環境悪化を産業資本主義のせいにしたが、エーリックは人が多すぎるのが悪いと述べる。(78)

この対立は、インフラなどではなく慈善事業としての資金援助であれば、裕福な国の富を貧しい国に開発援助として再分配することを、エーリックたちマルサス主義者が受け入れたときに自然解消する。これが、国連が後に「持続可能な開発」と呼ぶものの原型である。(79)

一方、ロビンスは、エネルギー不足の問題を、豊かな世界のインフラを否定する「ソフトエネルギー」の未来というロマンチックなビジョンと結びつけた。一九七六年にフォーリン・アフェアーズ誌は、大規模な発電所ではなく、小規模発電を主張するロビンスの一万三〇〇〇語のエッセイを掲載する。(80)

ニューディールの時代やそれ以前には、大規模発電所が送る電気は、人々を手洗い洗濯のような労働から解放して、薪ストーブに代わるクリーンなエネルギーを提供する進歩的なものとして受け止められていた。他方、ロビンスは、電気を権威主義的で、人々を無力化し疎外感を与えるものとしてとらえた。「電気の時代では、あなたのライフラインは、自分と同じような人が動かすことができる理解可能で身近な技術ではなく、遠く離れて官僚化された、おそらくあなたのことなど聞いたこともない技術エリートが運営する、遠くて異質な、おそらく屈辱的なほど制御不能な技術から来ている」と彼は書く[81]。

マルサス主義者はマルサスの議論を大きく改変した。マルサスは人口過剰が食糧不足を招くと警告したのに対し、一九六〇年代と一九七〇年代のマルサス主義者は、豊富なエネルギーが人口過剰、環境破壊、社会崩壊をもたらすと警告する。

エーリックとロビンスは、大量すぎるという理由で原子力エネルギーに反対した。「たとえ原子力がクリーンで、安全で、経済的で、十分な燃料が確保され、社会的に無害であったとしても」ロビンスは言う。「これがつくり出すエネルギー経済から逃げられなくなるという政治的意味合いから、魅力的な選択肢ではない[82]」

環境への懸念という装いの裏には、人間に対する非常に暗い見方がある。「安くてクリーンで豊富なエネルギー源を発見したとしても、それを使って我々が何をするかを考えると、悲惨以外のなにものでもない」とロビンスは言う[83]。エーリックも同意する。「今、安価で豊富なエネルギーを社会に与えるのは、愚かな子供に機関銃を与えることと道徳的には同じことだろう[84]」

6 進歩を阻む力

人類にあまりにも多くの死と苦しみが迫っているので、エーリックとホルドレンは、「トリアージ」【訳

注：災害などで多数の傷病者が発生したときに、傷病者の重症度や緊急度に応じて治療や搬送の優先順位を決めること】を行って、ある程度の人数は自然死に任せておく必要があると信じていた。「トリアージの考え方においては」彼らは述べる。「第三グループに属する人々は、治療しても死ぬ。……パドック兄弟［一九六七年に出版された『飢餓一九七五！（*Famine 1975!*）』の著者］は、インドのような国がおそらくこのカテゴリーに入ると考えていた。現在ではバングラデシュがこれに該当するのは、さらに明らかだ[85]」

エーリックとホルドレンは、世界の貧しい人たちの発展願望を叶えるのに十分なエネルギーは世界にはないと論じている。「開発途上国における農業の近代化計画のほとんどにおいて、北米や西ヨーロッパと同じようなエネルギー多消費型の農法が導入されようとしている。肥料や農薬などの化学物質、トラクターなどの機械、灌漑、輸送網などの利用拡大が謳われていて、これらにはすべて多量の化石燃料の投入が必要である[86]」

より良い方法は「人間の労働をより多く活用し、重機や化学肥料、農薬への依存度を比較的低く保つことである」と彼らは言う。このような労働集約型の農業は「エネルギー多消費型の西洋式の農業よりも環境破壊がはるかに少ない」と彼らは主張する[87]。言い換えれば「代替農業計画」の「秘訣」は、貧しい国の小規模農家を小規模農家のままにしておくことなのだ。

マルサス主義者たちは、再分配という左翼的で社会主義的な言葉を借り、安価なエネルギーや農業の近代化を貧しい国に広めることに反対することを正当化した。貧しい国が発展するのではなく、豊かな国が消費を減らすべきなのだ。

エーリックとホルドレンは一九七七年に書いた教科書で、二〇〇〇年までに七〇億の人々を養う唯一の方法は、豊かな世界の人々が肉や乳製品を食べる量を減らすことだと主張した。二〇一九年のＩＰＣＣの勧告と同じだ。[88]「豊かな国から前例のない規模で食糧を移動できるようにならない限り」彼らは書く。「［開発途上国における］飢餓による死亡率は、今後数十年の間に上昇する可能性が高い[89]」

エーリックとホルドレンは一九七七年に「すべての天然資源の開発、運営、保全、分配」の国際管理を提案したが、今日の多数の環境NGOや国連機関も、気候変動と生物多様性の名の下に開発途上国のエネルギーと食糧政策の国際管理を同様に求めている。[90]

ルーズベルト大統領がテネシー渓谷開発公社を設立してから半世紀近くが経ち、一九八〇年までには、民主党は「豊かさ」と「希少性」の議論で立場を逆転させていた。一九三〇年に民主党は、人々を貧困から救うためには安いエネルギーと食糧が必要だと理解していたが、一九八〇年までにはジミー・カーター政権が「成長の限界」という仮説を支持していた。

「もし現在の傾向が続くならば」『二〇〇〇年の世界——米国大統領への報告書（*The Global 2000 Report to the President of the United States*）』を執筆した有識者たちは訴える。「二〇〇〇年の世界は……私たちが今住んでいる世界よりも混乱に弱くなり……世界の人々は今日よりもさまざまな意味で貧しくなるだろう[91]」

しかし、人口過剰になる懸念は弱まっていた。人口統計学者たちは人口増加率が一九六八年頃にすでにピークを迎えていたことを知っていた。一九七二年にネイチャー誌の編集者は予測した。「一九七〇年代と一九八〇年代の問題は、飢饉や飢餓ではなく、皮肉なことに余剰食糧をどのように処分するのがベストかということになるだろう」同じ編集者は、こうも指摘する。恐怖を煽ることは「新植民地主義【訳注：旧植民地で行っていた搾取を別の新しい方法によって続けようとする政策】を広めているかのように見受けられる(92)」

多くの人がこの意見に同意する。ある人口学者は、問題は人口爆発ではなく、むしろ「ナンセンスの爆発」だと述べる(93)。デンマークの経済学者エスター・ボサラップは、FAOのために行った歴史研究から、人類は人口が増加するにつれて、食糧生産を増やす方法をいつも見いだしてきたことを明らかにする。マルサスは工業化以前の時代についても間違っていたことを、彼女は明らかにしたのだ(94)。一九八一年、インドの経済学者アマルティア・センは、飢饉が起こるのは食糧不足のためではなく、戦争、政治的抑圧や食糧流通システムの崩壊のためであることを著書で明らかにした。センは一九九八年にノーベル経済学賞を受賞する(95)。

人口統計学者たちは、世界人口の年間増加数がピークに達していることを一九八七年までには把握していた。七年後、国連は最後の家族計画に関する会議を開催した。一九九六年から二〇〇六年までに国連の家族計画関係の支出は五割削減された(96)。

一九六三年、二人の経済学者が『希少性と成長（*Scarcity and Growth*）』という大きな反響を呼んだ本を著した。その中で彼らは、天然資源は希少で限られたものであるという古典的な経済学の前提を原子力がどのように変えたのかを説明している。「天然資源の量に絶対的な限界があるという考え方は、資源の定義が時間の経過とともに劇的かつ予測不可能に変化する場合には維持できない(97)」

一九五〇年代と一九六〇年代の政策立案者やジャーナリスト、環境保護論者、その他教養のあるエリートたちは、原子力は無限のエネルギーであり、無限のエネルギーは無限の食糧と水を意味することだと理解していた。海水を淡水に変えるために脱塩技術を利用することもできる。空気から窒素を、水から水素を分離し、それらを組み合わせることで化石燃料なしで肥料をつくることもできる。大気中から二酸化炭素を取り出して人工炭化水素をつくったり、水から純粋な水素ガスをつくったりして、化石燃料を使わずに輸送用の燃料を製造することもできる。

もっと前からそれを予測していた人たちもいた。科学者たちが原子を分割することに成功する三〇年も前の一九〇九年に、アメリカの物理学者がピエールとマリー・キュリーによるラジウムの発見に触発されて本を書き、ベストセラーになった。そこには原子力が活躍する世界の姿が描かれており、原子力の高出力密度の長所が述べられている(98)。

原子力エネルギーは、無限の肥料、淡水、食糧を生み出すことを意味するだけでなく、汚染をゼロにし、環境への悪影響を激減させることを意味していた。こうして原子力は、マルサス主義者や、エネルギー、肥料、食糧が不足していることを主張しようとする人たちにとって目の上のたんこぶとなった。

そして一部のマルサス主義者たちは、原子力の問題はあまりにも安価で豊富なエネルギーを生み出しすぎることだと訴える。

シエラクラブの常任理事はディアブロ・キャニオン原子力発電所に反対してこう述べる。「豊富な電力供給を行って、今後二〇年間で州の人口が二倍になることを進めようとするならば、［カリフォルニアの］風光明媚な景色は破壊されてしまうでしょう(99)」

そして、これが核爆弾の恐怖を煽った。イギリスの哲学者バートランド・ラッセルは言う。「人口過剰による普遍的な困窮の脅威ほど、水爆戦争を引き起こす可能性の高いものはない」彼らは開発途上国の人口増加を「人口爆発」と呼んだ。そしてエーリックは著書のタイトルとして『人口爆弾』を選ぶ(100)。

エーリックとホルドレンは、原子力事故は原爆よりも悲惨だと言う。「大型原子炉の長寿命放射性物質の在庫は、広島に投下された原爆の一〇〇〇倍以上になる」と書き、[101] 一〇〇〇倍の被害が起こり得ることを示唆した。

この示唆は誤りだ。原子力発電所は爆弾のようには爆発しない。燃料が十分に「濃縮」されていないからだ。しかし、原子炉と爆弾を混同させることは、これまで見てきたようにマルサス主義の環境主義者たちの常套手段だった。

そして、一九八七年の国連報告書『我が共通の未来』は原子力が安全でないと攻撃し、その後三〇年間にIPCCが発表した報告書を含め、国連の報告書は恒例のように原子力の普及に強く反対するように勧告してきた。[102]

こんなパターンがある。マルサス主義者たちは資源や環境問題に警鐘を鳴らし、明らかな技術的解決策に対しても攻撃を仕掛けるのだ。マルサスは人口過多を予測するために、避妊に反対した。ホルドレンとエーリックは化石燃料が不足していると主張し、肥料と近代農業を貧しい国に広めることに反対すると同時に、飢饉の警鐘を鳴らした。そして今日の気候運動家たちは、気候終末論を展開するために、炭素排出量を減らす中心的手段である天然ガスと原子力エネルギーを攻撃する。

7　気候という爆弾

世界的な出生率の伸びがピークに達したことが明らかになると、マルサス主義者たちは、人口過剰と資源不足に代わる終末論として気候変動に目を向けた。

影響力のあるスタンフォード大学の気候科学者スティーブン・シュナイダーは、ジョン・ホルドレンとポール・エーリックのマルサス主義を受け入れ、彼らを招いて知り合いの科学者たちに講演してもらった。「ジョンは、人口―資源―環境の問題を説明するうえで、その当時、他の誰よりも信頼できる研究をしていた」とシュナイダーは書く。「その講演によって、［国立大気研究センターの］科学者たちは、全体像を早い時期にはっきり見渡すことができるようになった」[103]

シュナイダーは、一九七六年にアメリカ科学振興協会が主催した会議で、ホルドレンと環境防衛基金の共同設立者であるジョージ・ウッドウェルと協力しながら語る。「人類は制御不能に陥るくらい増えていて、技術や組織を危険かつ持続不可能な方法で用いている」[104]

シュナイダーは気候変動に終末論をからめることでメディアの注目を集めた。「私たちは講堂から飛び出して世界の舞台に躍り出た」そして「一九七七年の夏に私がジョニー・カーソンの番組［CBSのトゥナイト・ショー］に四回出演できた」のも友人であるポール・エーリックのおかげだと彼は語る[105]。

一九八二年、スウェーデンのストックホルムで「エコロジカル経済学者」を名乗る経済学者たちが集まり、マニフェストを発表した。自然は人間活動に厳しい制約を課しているというのが彼らの主張だ。

「エコロジカル経済学者たちは、資源からシステムに焦点をずらすことで、新マルサス的な大災害論者とは一線を画していた」と環境史家は指摘する。「食糧や鉱物、エネルギーが尽きることはもはや問題ではない。その代わりにエコロジカル経済学者たちは、生態の閾値というものに着目した。システムに過剰な負荷がかかり、崩壊することを懸念したのだ[106]」

エコロジカル経済学を、IPCCなどの科学機関が使用している主流の環境経済学と混同してはならないが、富裕国の慈善団体や環境指導者の間で人気があった。ピュー・チャリタブル・トラストやマッカーサー財団などの慈善団体は、エコロジカル経済学者たちに多額の投資をする。アル・ゴア、ビル・マッキベン、エイモリー・ロビンスをはじめとする環境保護のリーダーたちは、エコロジカル経済学者たちの考えを普及させた[107]。

マッキベンは、他のどの評論家よりもマルサス思想の普及に貢献した。地球温暖化について一般向けに書かれた最初の本は、一九八九年の彼による『自然の終焉（*The End of Nature*）』だ。マッキベンは、人類が地球に及ぼす影響に対処するためには、一九七〇年代にエーリックとコモナーが開発したものと同じマルサス的なプログラムが必要になるだろうと述べる。経済成長は止めなければいけない。富裕国は農業に戻り、貧しい国に富を移転し、そこでの生活を工業化しない程度に適度に改善するべきだ。そして人口を一億人から二〇億人の範囲にまで減らさなければならない[108]。

ほんの数年前まで、マルサス主義者は化石燃料が不足しているからエネルギー消費を制限するべきと主張していたが、今では大気が不足しているから制限するべきと主張している。「資源が不足しているのではない」というのが一九九八年のマッキベンの説明だ。「不足しているのは、科学者たちが『シンク（吸収源）』と呼んでいるもので、私たちの大量消費の副産物が投げ捨てられる場所である。ごみ捨て場ではない。私たちはパンパースをいつまで使い続けても、捨てる場所に困ることはないだろう。しかし、大気中のごみ捨て場は足りなくなる[109]」

二一世紀になると、スタンフォード大学の気候科学者シュナイダーは、科学者というよりも運動家になった。二〇〇七年のＩＰＣＣ報告書の執筆に関わったときの経験について書いた本の中で、シュナイダーはこう述べている。「国家利益が地球利益に勝ち、目の前のことが長期的な持続可能性よりも優先されることに、うんざりすることが度々あった。私は自分が考えた『環境黙示録の五騎士』【訳注：新約聖書のヨハネの黙示録の四騎士をもじったもの】を思い出す。無知、貪欲、否定、部族主義、短期的思考だ[110]」

南アフリカの環境エンジニアだったブリスコーが言うように、「［気候変動への］適応は八〇％が水に関係している」にもかかわらず、環境主義者たちは気候変動を理由に水力発電ダムや治水に反対している。[111]

ブリスコーは、欧米の環境保護団体が食糧不足の原因になっているという証拠を示した。

「昨年の食糧危機を見てください」ブリスコーは二〇一一年に語った。「危機を嘆く声は多く、開発途上国への農業支援の拡大を訴えるNGOや援助機関の声がメディアを埋め尽くしました。言及されなかったのは、彼ら自身がこの危機の原因の一端であることです[112]」

「灌漑プロジェクトなどの農業近代化プロジェクトが『貧困削減に貢献せず、環境を破壊する』という理由で、多くのNGOが強い反対のロビー活動をしてきた事実を、NGOは顧みません」とブリスコー。「援助機関が触れなかったのは、一九八〇年から食糧危機に見舞われた二〇〇五年までの間に、農業への融資額がODAの二〇％から三％にまで減少してきたことです[113]」

コンゴのグランド・インガ・ダム建設に反対する団体に、カリフォルニア州バークレーに拠点を置くインターナショナル・リバーズという、あまり知られてはいないが影響力のある環境NGOがある。一九八五年の設立以来、主に貧しい国々で二一七カ所のダム建設を阻止してきた。「森林が地球の肺ならば、河川は地球の動脈であることは間違いありません」と彼らはホームページで訴える。[114]

しかし二〇〇三年、ワシントン・ポスト紙ジャーナリストのセバスチャン・マラビーは、インターナショナル・リバーズがダム建設を阻止しようとしていたウガンダ現地の状況が大きく誤って伝えられていたことを知った。インターナショナル・リバーズのスタッフはマラビーに、計画されているダム近傍に住むウガンダの人々がダム建設に反対していると語る。けれども、彼女の主張を確かめるために誰にインタビユーできるか尋ねると、彼女は口を濁らせて、インタビューをすると政府とトラブルになるだろうと言うだけだった。マラビーはそれには気にしないで、現地の社会学者を通訳として雇い、インタビューを行う。「それから三時間、私たちは次から次へと村人に話を聞いたが、すべて同じ話だった」とマラビー。「ダム関係者が来て、寛大な補償を約束したので、村人たちはそれを受け入れて移転することに満足していた。……ダムに反対していたのは、ダムの事業用地のすぐ外側に住んでいた人たちだけだった。彼らはプロジェクトが自分たちに影響を与えないことに腹を立てていた。十分な補償を受けられず、隣人に嫉妬していたのだった[115]」

私も似たような話を聞いたことがある。ケイレブのようなコンゴ人はヴィルンガ国立公園ダムに熱狂的だった。水力発電ダムの近くで話を聞いたルワンダ人も、電気が来ることに大いに期待して喜んでいた。

なぜインターナショナル・リバーズはダムに反対するのか。ダムがあると、レクリエーションとしてのラフティングボートが楽しめなくなるからというのは一つの理由だろう。「バトカ計画【訳注：アフリカのザンベジ川にダムを建設する計画】は峡谷を浸水させ、ヴィクトリアの滝をラフティングの名所にしてきた急流が水没する」とインターナショナル・リバーズは嘆く。インターナショナル・リバーズの支持者には世界中のラフター【訳注：ラフティングボートを楽しむ人】たちがいる[116]。

インターナショナル・リバーズなどのNGOは、同調する学者と日常的に協力し合い、太陽光や風力のような信頼性の低い自然エネルギーが、水力発電ダムのような信頼性の高いものより安価だとする研究を行っている。二〇一八年にはカリフォルニア大学バークレー校の研究者たちが、インガ・ダムを建設するよりもソーラーパネルや風力発電、天然ガスを利用するほうが安くなるとする研究結果を発表した[117]。

しかし、多くの貧しい国が大規模ダムを建設し、都市化や工業化、そして発展の軌道に乗せようと計画するのは、それが安価で信頼性の高い電力を生産し、建設と運営が簡単で、一〇〇年もしくはそれ以上長持ちするからだ[118]。コンゴが開発に必要な安全保障、平和、グッド・ガバナンス（良好な統治）ならば、同じようにインガ・ダムを建設するだろう。

インガ・ダムは、世界の他のダムに比べても非常に高い出力密度をもつので、環境への影響も小さい[119]。スイスにあるダムの三倍の出力密度をもつことになる[120]。一方でインターナショナル・リバーズは、ダムが一〇〇年間、安価で安定した豊富な電力や、飲料水や農業用水、治水などを提供してきたスイスやカリフォルニアでは、ダムの反対運動をすることはなかった[121]。

8 貧困地域での実験

イギリスのタブロイド紙が、シチリア島でエネルギー浪費生活を楽しみながら気候変動を心配するセレブたちの姿を暴いたら、彼らの偽善は知識不足のせいだと指摘する人たちが出てきた。「これは地球温暖化のことではない」と、ある評論家がツイッターで言う。「目立つことをしながら、環境のことを気にかけている素振りを見せて、実はこれからの映画や演技の打合せをしているだけだ。……ただの偽善者の集まりだ。彼らは決して自分たちの生活スタイルを手放さないだろう[122]」

セレブたちが自らの行動が偽善的であることに気づかなかったとは考えにくい。ジェット機がかなりの量の二酸化炭素を排出することは周知の事実だ。実際、セレブたちは暗黙のうちに自分たちの罪を認めている。エルトン・ジョンは、ハリー王子とメーガン妃の炭素排出を相殺するためと思われるカーボンオフセット【訳注：二酸化炭素排出を埋め合わせるために、それに相当する量の温室効果ガスの削減活動に投資すること】を購入していた。トゥーンベリの広報担当者も認めている。「[ヨットでの]旅に出なかったら、温室効果ガスの排出量はもっと少なかったでしょう[123]」

世界中を飛び回りながら気候変動の倫理をアピールするセレブたちは、鈍感な偽善者に見えるが、実はそうではないという説明もできる。彼らは、こうした偽善によって自分たちの特別な地位をひけらかしている。偽善とは究極の権力のひけらかしだ。自分には一般市民とは異なるルールが適用されることを示す方法なのだ。

公爵夫妻やトゥーンベリは、自分の地位を意識的にひけらかそうとしたわけではないと言われればそうかもしれない。しかし、ハリーとメーガンは二度とプライベートジェットに乗らないと誓ったわけではない。トゥーンベリも旅行をキャンセルしたわけではない。

貧しい国が発展する権利を支持するという環境主義者の発言は、ただのリップサービスか？　そうかもしれない。

二〇一九年一月にトゥーンベリは貧しい国の発展の必要性にリップサービスを送っていたのに、九月には「私たちは大量絶滅の始まりにいるのに、お金とか永遠の経済発展というおとぎ話しかできない」と言う[124]。

しかし、スパーティを貧困から救い出し、クジラを助けたのは経済成長であり、コンゴが治安と平和を手にするのはバーナデットの希望だ。自然災害から人々を守るためにインフラを整備するには経済成長が必要だ。自然災害が気候と関係あるかどうかとは別だ。そして経済成長は、トゥーンベリの家族がいるスウェーデンの富を生み出した。経済成長がなければ、グレタ・トゥーンベリという人物は存在しなかったと言っても過言ではない。

二〇一六年、私は講演のためにインドを訪問したが、いろいろと見学したいので早めに到着した。デリー最大のごみ捨て場近くに住み、ごみ拾いを生業としている人たちから話を聞いた。原子力発電所近くの村も訪問した。そして、インドのコルカタにあるジャダヴプール大学の経済学教授であり、IPCCの統括執筆責任者を務めるジョイアシュリー・ロイとともに、農村の村人たちからも話を聞くことができた。

ジョイアシュリーとは、リバウンドに共通の関心をもったことから知り合った。リバウンドとは、肉を食べないことやエネルギー効率の高い電気製品を使うことで節約した金を他のことに使ってしまい、最終的にはより多くのエネルギーを消費してしまうことだ。彼女は関わりのあるいくつかのコミュニティーに快く連れていってくれた。

ジョイアシュリーが連れていってくれたのは、暗い家に明かりを採り込む方法であるデイライティングの実験が続いている貧しい地域だった。屋根に穴を開けてペットボトルを突き刺し、そこを屈折した太陽光が通って家の中に採り込まれる仕組みだ。デイライティングは欧米諸国では高い評価を幅広く得ている。ジョイアシュリーは私にどう思うか尋ねた。私は彼女に答えた。ペットボトルを小屋の屋根に突き刺すことが良いことだと欧米のNGOが考えていること自体が不快だと。彼女も同意したようだ。

このような低エネルギー実験への批判は高まっていた。二〇一三年、バラク・オバマ大統領はタンザニアを訪問し、アメリカ政府が電化を支援する「パワー・アフリカ」プログラムの現場を訪れた。彼はそこでソケットと呼ばれる改造サッカーボールをドリブルしたりヘディングしたりした。三〇分間このボールで遊べば、そのボールでLED電球を三時間点灯することができる。「大陸全土の村々にこれがあることを想像してください」とオバマは歓喜する。しかし、九九ドルの値札が付いたソケットは平均的コンゴ人の一カ月分の給料より高い。たった一〇ドルで、ドリブルなどいらない優れたランタンが買えるのに。さらに言えば、アフリカを工業化できるようなエネルギー源でもない[125]。

二年後、グリーンピースが世界で最も貧しい人々のために、エネルギーのリープフロッグモデルとしてソーラーパネルとバッテリーによる「小規模発電網」を考案したが、インドの村が反発して、世界中の新聞に大きく取り上げられた。電気は安定せず、高価だった。「本物の電気をよこせ！」村人たちは州の政治家に向かって叫ぶ。「偽物の電気はいらない」子供たちも同じことを書いた看板を掲げる。「本物の電気」とは、燃料のほとんどが石炭である信頼性の高い系統電力網のことだ[126]。

ジョイアシュリーは農村に来ると伸び伸びするようだ。それまで私は彼女とは仕事の場でしか交流がなかった。仕事場での彼女は堅苦しくて控えめだった。農村での彼女は外向的で温く心を開いている。ある村で村人たちが自然由来の有毒元素であるヒ素が高濃度に含まれている水を飲んで病気になったときには、ジョアシュリーは村人たちと協力して浄水システムの開発に取り組んだ。

二〇一八年、ジョイアシュリーは、産業革命前の気温から一・五度以上、上昇させないようにすることに関するＩＰＣＣ報告書の「持続可能な開発、貧困撲滅、不平等の削減」の章の統括執筆責任者だった。

私は、この章に反原子力のバイアスがかかっていることを批判するコラムを二回書いた。「原子力エネルギーは」彼女の章は述べる。「核拡散のリスクを増大させ、環境への悪影響（たとえば水利用）をもたらし、これを化石燃料から代替した場合の人間の健康影響についてはプラスとマイナスが混在している[127]」

私はジョイアシュリーが反原発だとは思っておらず、二〇一九年、その章について電話で話を聞いた。彼女は、査読付き学術論文に書かれていることが反映されていると説明した。「再生可能エネルギーが良いものであるとする論文が何千もあるのに、原子力については二本しかないというのは、再生可能エネルギーは良いものだということについて広いコンセンサスがあり、原子力についてはほとんどないことを意味します」と彼女。「太陽光や風力のような再生可能エネルギーは良いことばかりではありませんが、その問題について語る人は非常に少ないのです[128]」

ジョイアシュリーが担当した章には、国がリープフロッグできるということが書かれているが、その根拠は何かを尋ねた。彼女は概念としてのリープフロッグは擁護したが、インドの最貧困地域にさえエネルギー利用の抑制を求める人に対しての不満を言う。「社会科学者として受け入れられません」彼女は答える。

「世界で最も脆弱な立場にある人々を実験台にしているからですか?」私は尋ねた。

「そう」と彼女は答えた。そして「そう、そう、そう、そう、そう」と言い、悔しそうに笑った。

第12章　迷える魂と偽りの神々

1　ホッキョクグマの寓話

二〇一七年末、ナショナル・ジオグラフィック誌は、やせ衰えてとぼとぼ歩くホッキョクグマの映像を、もの悲しい音楽に乗せてユーチューブにアップした。タイトルは「気候変動とはこのようなもの」。写真報道家とビデオ制作者によってその年の七月に撮影されたもので、少なくとも二五〇〇万回は視聴された[1]。

気候変動運動家グレタ・トゥーンベリも視聴者の一人だった。「小さかった頃、先生が海に浮かぶプラスチックやお腹のすいたホッキョクグマのフィルムを見せてくれたことを覚えています」彼女は二〇一九年の春に振り返る。「映像の間、ずっと泣いていました[2]」

二〇一七年、気候変動はホッキョクグマにとって最大の脅威であると、科学者たちが結論する。北極圏の氷床が毎年四%ずつ溶けているからだ。「しかし、気候変動懐疑論者たちが言うには、ホッキョクグマはいたって元気で」ニューヨーク・タイムズ紙は報じる。「個体数の激減という彼らの予測は当たらなかった[3]」

ハーバード大学の科学史家ナオミ・オレスケスとエリック・コンウェイは、評判になった二〇一〇年の著書『疑惑の商人（*Merchants of Doubt*）』（邦題『世界を騙しつづける科学者たち』）で、たばこ業界が喫煙とがんとの関係について人々を騙し続けたのと同じ手口で、化石燃料業界が支援する気候変動懐疑論者たちが、四〇年間にわたって気候変動の科学についても人々を欺いてきたと論じる。本書は、政治が気候変動に対して行動をとらない原因が、化石燃料業界の支援を受けた右派のシンクタンクが広めてきた気候変動懐疑論にあることを証明する資料として、最も広く引用されてきた文献だ(4)。

オレスケスとコンウェイによると、気候変動懐疑論の歴史の中での決定的瞬間は、一九八三年に全米科学アカデミーが気候変動について重要な報告書を初めて発表したときだ。

「発表された『変わる気候――二酸化炭素評価委員会報告書』は、実質的には二つの報告書だった」と彼女らは指摘する。「自然科学者が書いた人為による気候変動の可能性を詳述した五つの章と、経済学者が書いた二酸化炭素の排出と気候影響に関する二つの章があり、それぞれが問題に対して全く異なる印象を与える。そして報告書を要約した章では、自然科学者ではなく経済学者寄りに書かれていた(5)」

一八六三年にアメリカ政府が設立した全米科学アカデミーは、科学的な問題を客観的に評価する、政策決定者のための機関だが、彼女らによれば、右派に事実上乗っ取られていた。全米科学アカデミーの二酸化炭素評価委員会の委員長を務めていたウィリアム・ニーレンバーグは政治的には保守派で、気象学者ジョン・ペリーのように「危機はすでに我々の目の前にある」と主張してきた自然科学者の意見を踏みにじった。

オレスケスとコンウェイは続ける。「ペリーの主張が正しいと証明されることになるが、［経済学者のトーマス・］シェリングの見解のほうが政治的に優勢だった。そうして、化石燃料を無制限に燃やし続けても移住と適応でその結果に対処できるという、気候変動懐疑論者たちがその後三〇年にわたって繰り返し主張することになる考えの核心となった」

彼女らは、シェリングの考え方についてこう述べる。「医学の研究者はがんを治そうとすべきではない。あまりに費用がかかりすぎるし、未来の人々はがんで死ぬことがそれほど悪くないと思うかもしれない。そう主張しているのと同じことだ」[6]

しかし、経済学者のシェリングが気候変動について主張したことは、たばこ産業が喫煙とがんとの関連性を否定したこととは決して同じではない。彼は気候変動について「がんで死ぬことはそれほど悪くない」とも言ってはいない。実際には、二酸化炭素の排出は地球を温暖化させ、有害である可能性があるというのが彼の認識だった。

シェリングの主張は、エネルギー消費の制限は地球温暖化よりも有害であるかもしれないという単純なものだった。この見解は、その当時も今も主流だ。事実、IPCCやFAOなどの科学機関の報告書では、それが気候変動緩和に関する議論の中心になっている。

そしてシェリングは、たばこ産業の御用科学者とは全く異なる立場にいる。彼は二〇世紀で最も知性あふれる人道主義的な経済学者の一人として知られている。ハーバード大学の教授として、核戦争防止から人種差別撲滅まで幅広く先駆的な研究に取り組み、これらの功績により二〇〇五年にノーベル賞を受賞する。

オレスケスとコンウェイが「経済学者に味方した内容」と言う要約章の著者は、一九七〇年代にオーストリアの国際応用システム分析研究所（IIASA）でチェーザレ・マルケッティとともに働いていたエネルギー転換の専門家ジェシー・オズベルだ。オーズベルは、気候変動の経済学に関する研究で二〇一八年にノーベル賞を受賞したイェール大学のウィリアム・ノードハウスとの共著論文もある。[7]

だから『変わる気候』は、右派的なものでも懐疑論的なものでも全くない。ニューヨーク・タイムズ紙は報告書を非常に高く評価し、四ページの要約を全文掲載した。さらにオーズベル、ノードハウス、シェリングが開発した分析の枠組みは、ＩＰＣＣの科学的で分析的な作業での多くの基礎となった(8)。

科学者のジョン・ペリーは、オレスケスとコンウェイが示した事実関係を全面的に否定した。ペリーは、「あなたたちは、委員が要約章に賛成しなかったと断言していますが」と二〇〇七年にオレスケスにメールを送る。「もしも委員の一人でも明確な反対意見を表明していたら、私が報告書の発表を許可することはありません(9)」

ペリーはこうも付け加える。「あなたたちは一九八三年の報告書を二〇〇七年の常識に照らして評価しているように見えます。広範で精力的な研究プログラムを進めるべきであるというニーレンバーグの考えは大歓迎でしたし、今すぐに政策行動を起こすことに慎重であったことに対して不満はありませんでした(10)」

しかしオレスケスとコンウェイは、ペリー本人が自分たちの物語を否定したことに動じることなく、寓話をそのまま発表する。

ホッキョクグマはどうだろう。「気候変動懐疑論者」は正しかった。ホッキョクグマの数の壊滅的な減少は、実際には起こっていない。この点は、やせ衰えたホッキョクグマの動画の制作者も認めている。「ナショナル・ジオグラフィックのキャプションは大げさすぎた」と制作者の一人は責任転嫁する。けれども彼女の北極圏探検の主目的は、瀕死のホッキョクグマと気候変動を結びつけることだった。「野生生物［に与える気候変動の影響］を記録することは簡単なことではなかった」と彼女は付け加える(11)。簡単でなかった理由は、ホッキョクグマに飢えが迫っている証拠がなかったからだ。

一九の個体群のうち、二つは頭数が増加、四つは減少、五つは安定、八つは一度も頭数が数えられていない。全体的な傾向は明らかになってはいなかった[12]。

海氷の減少がホッキョクグマの数を減少させている可能性はある。しかし仮にそうだとしても、他の要因がより大きな影響を与えている可能性もある。たとえば、一九六三年から二〇一六年までの間に五万三五〇〇頭のホッキョクグマが狩猟によって殺された。現在の推定総個体数である二万六〇〇〇頭の二倍だ[13]。

化石燃料業界の支援を受けている気候変動懐疑論者が、ホッキョクグマについて人々を欺いているのだろうか。そのような人を見つけることはできなかった。ホッキョクグマが減少しているという懸念の誇張を最も批判しているのは、カナダのスーザン・クロックフォードという動物学者だ。彼女は化石燃料業界から資金提供を受けているわけでも、人為的な活動によって地球が温暖化していることを否定しているわけでもないと、私に語ってくれた[14]。

ホッキョクグマに関するこうしたデマは、気候変動についての多くの物語が、科学とはあまり関係がないことを物語っている[15]。

2　気候変動政治による大打撃

オランダの大学生だったリチャード・トールは、グリーンピースと地球の友の両方に加わった。気候変動に関心をもち、一九九七年に経済学の博士号を取得した。当時、発展途上だった気候変動の経済学を夢中になって研究し、その分野において世界で最も引用される経済学者の一人となった。

現在、イギリスのサセックス大学の教授であるトールは、ＩＰＣＣには一九九四年の設立間もない頃から関わってきた。彼は、科学、緩和、適応の三つの作業部会のすべてで重要な役割を果たした。トールが名声を博したのは、二酸化炭素をはじめとする温室効果ガスが地球を温暖化させていることを厳密に立証したチームの一員でもあったからだ。「私たちは統計的に適切な方法で初めて示しました」と彼は言う[16]。

彼は典型的な経済学者には見えない。数年前にロンドンで初めて会ったときには、Tシャツをズボンから出したままでトレンチコートを着ていた。そのうえ髪と髭は長くちぢれていて、まるでコンセントにフォークを刺した直後のようだった。

トールは二〇一二年、IPCCの第5次評価報告書の一つの章の代表執筆者に指名される。栄誉ある地位であり、彼の専門知識と仲間からの尊敬によるものだった。IPCCの政策決定者向け要約の起草チームにも任命された。要約は、多くのジャーナリストや政治家、関心のある一般市民が読む唯一の報告書だ。

要約の執筆者たちの役割は重要なメッセージを四四ページに凝縮することだが、トールによると「その中の数行しか政策文書やメディアに取り上げられないことは、みんな知っています[17]」。「それが各章の「執筆者の」間での競争につながります。『私の章にある影響が最悪だから、私が見出しを書く』というようにです」

要約の最初の草案に書かれた最重要メッセージは、私がコンゴについて強調してきたことと同じだったとトールは言う。つまり、「気候変動による影響の中でより懸念すべきことの多くは、実は管理の失敗と不十分な開発の徴候なのです[18]」。

しかし、ヨーロッパ諸国の代表者たちは、経済発展ではなく、排出削減に報告書の焦点を当てることを望んでいた。トールの説明によると「IPCCは科学組織ですが、政治組織でもあります。政治組織としては、温室効果ガスの排出削減を正当化することが役割です」

一週間にわたり横浜で開催された会議の間に要約の草案が書かれた。「代表者たちの中には学者もいれば、そうでない人もいました」トールは説明する。「たとえばアイルランドの代表は、気候変動を放置すれば、『地獄へのハイウェイ』を真っ逆さまに落ちると考えていました。彼は学術論文ではなく、AC／DC【訳注：オーストラリアのハードロックバンド】の曲を引用していました[19]」

二年後、トールは抗議したが、IPCCは政策決定者向けの要約を承認する。その内容は科学によって証明されている範囲をはるかに超えて終末論的だった。「IPCCのメッセージは……『リスクがないわけではないが、対応可能である』から『我々は全員滅亡する』へと変わりました」とトール。「近年の文献を比較的正確に検証したと思われるものから……黙示録の四騎士へ……疫病、死、飢饉、戦争はすべてそこにありました[20]」

トールによれば、IPCCの要約では重要な情報が省かれている。要約では「より良い作物や品種を選ぶこと、灌漑を改善することによって作物の収量が増えることが無視されています。それから、海面上昇に対して最も脆弱な国に与える影響について述べる一方で、平均的な国への影響については触れていません。熱波の増加の影響を強調している一方で、寒波の減少を軽視しています。貧困の罠、暴力的な紛争、大量移民についての警告はありますが、学術的根拠は希薄です。メディアはもちろん、これらをさらに大げさに伝えます[21]」

IPCCが気候変動の影響を誇張した要約を書いたのは、これが初めてではない。二〇一〇年のIPCCの要約では、二〇三五年までに気候変動でヒマラヤの氷河が消滅する可能性があるという誤った指摘をした【訳注：情報源の報告書は氷河の消滅の予測を二三五〇年としていたが、転記ミスで二〇三五年となった】。

八億人が灌漑や飲料水をその氷河に依存していることを考えれば、重大な警鐘だ。

その直後、四人の科学者がサイエンス誌へ短報を投稿し、誤りを指摘する。そのうちの一人は「非常に恥ずかしく、悪影響も大きかった」と述べ、「これらの誤りは、査読や査読済み論文への依拠という科学の規範が尊重されていれば回避できた」と付け加える。(22)

気候変動と自然災害の専門家であるコロラド大学のロジャー・ピエルケも同様に、IPCCの執筆者が反響を期待して、科学的事実を誇張したり誤った表現を用いたりすることはよくあると言う。「ピエルケ氏の見解とはどのようなものか」とIPCC報告の外部査読者が気候変動と自然災害に関するIPCCの記述について質問したことがあった。IPCCの公式回答は「ピエルケ氏は同意すると思う」だった。しかし、そのようなことはなかった。実は、彼は一度も相談を受けていなかった。ピエルケは言う。「IPCCは誤解を招くような情報を報告書に盛り込み、それを指摘した査読者に対する回答を捏造して、報告書に残るようにした(23)」

ピエルケをはじめとする科学者たちのIPCCに対する批判もあって、世界各国の環境大臣は、各国の科学アカデミーの国際組織であるインターアカデミー・カウンシルにIPCCの方針や手続きについて独立した評価を求めた。インターアカデミー・カウンシルは、査読付きジャーナルに掲載される前の研究成果をどのように利用すべきかについてなど、IPCCが採用する研究の質を向上させるための勧告を行った。(24)

それでも、IPCCは終末論的な要約や新聞発表を出し続けた。執筆者たちは、海面上昇が「手に負えない」、「複数の主要穀物生産地域で同時不作のリスクが高まっている」といった終末論的な主張を続ける。(25)

そしてトールが指摘するように、ジャーナリストたちはそれらをもっと大げさに報道する。すべてが誇張される傾向にあった。

オーズベルは、気候変動の科学が政治化されていくのをいち早く認識した人物の一人だ。彼は『変わる気候』でエネルギー需要の転換や排出量を予測する方法を開発し、その後、ＩＰＣＣの設立を支援した。「そして予想通りのことが起こりました」オーズベルは言う。「野心家たちが参入してきたのです。一九九二年には、私は気候関係の会議に出席したいと思わなくなっていました[26]」

ＩＰＣＣが要約の執筆を大げさに書く人たちに任せたことから、トールは辞任した。「私はそういう話は信じられないと単純に思いました」と彼は述べる。「委員長のクリス・フィールドにそのことを伝え、静かに辞任しました[27]」

本書は、気候変動によって地球が滅びるという主張に対して、ＩＰＣＣなどがまとめた科学的結論を擁護することから始めた。私たちは、ＩＰＣＣの報告書に反映されている科学的コンセンサスがトールの見解を支持していることを見てきた。つまり「気候変動の影響の中で、より懸念すべきことの多くは、実は管理の失敗と不十分な開発の徴候である」ということだ[28]。

そうだとすると、どうして私を含めてこれほど多くの人々が、気候変動によってホッキョクグマだけでなく人類までもが脅かされていると信じるようになったのだろうか。

答えはこういうことだ。ＩＰＣＣが依拠している科学は全般的には健全だが、ある部分、政策決定者向け要約や広報記事、執筆者の声明にはイデオロギー的な動機や誇張の傾向、重要な文脈の欠落などがあるからだ。

これまで見てきたようにＩＰＣＣの執筆者や記者発表記事は、海面上昇は「制御不能」になり、世界の食糧供給は危機に瀕し、菜食主義は排出量を大幅に削減し、貧しい国は自然エネルギーで豊かに成長でき、そして原子力エネルギーは相対的に危険だと訴えてきた。

メディアにもまた、気候変動などの環境問題が終末論的なものだと誤解を招くように扱ってきたことや、それを世界的、歴史的、経済的な文脈の中に置くことを怠ってきたことへの責任がある。大手メディアは、少なくとも一九八〇年代以降は気候変動を大げさに取り上げてきた。これまで見てきたように、ニューヨーク・タイムズ紙やニューヨーカー誌のようなエリートメディアが、半世紀以上も前に論破されたマルサスの教義を頻繁に、そして無批判に繰り返してきた。

ＩＰＣＣなどの研究機関が要約やプレスリリースで触れないことや、はっきり述べないことが誤解を導く最大の要因だ。自然災害による死者数は激減しており、適応を続ければさらに減少するはずだということが明確には述べられていない。世界各地での森林火災の深刻度や影響を決定する要因としては、気候変動より木質燃料の蓄積や森林近くでの住宅建設のほうが大きいとは、どこにも書かれていない。肥料やトラクター、灌漑のほうが、気候変動よりも作物の収量に重要であることにも触れられていない。

3 誰がピエルケをはめたのか

二〇一五年初頭、アリゾナ州選出のラウル・グリハルバ下院議員はコロラド大学の学長に手紙を送り、ロジャー・ピエルケは化石燃料業界から金を受け取っているのではないかと質した。

グリハルバは、ピエルケが化石燃料業界から資金を受領しているという証拠を一切示さなかった。その代わりに、気候変動に懐疑的な別の科学者が、化石燃料発電所を運営する電力会社から金をもらっていたことを取り上げ、ピエルケも同じことをしていたのではないかと仄めかす。

グリハルバは、ピエルケの最近の議会証言と過去すべての政府証言に関連した文書を引き渡すよう、学長に要求する。そしてピエルケの資金源を示す文書も求めた(29)。

同時にグリハルバは、エクソンモービル社が過去に科学者を支援したことについて述べ、同社が「虚偽または誤解を招くような情報を提供した可能性があり」と指摘し、「もし事実であれば、この件とも無関係ではないかもしれません」と書く。グリハルバは自身のホームページにこの手紙を掲載し、記者たちにも配った(30)。

ピエルケがエクソン社から密かに資金を得ていたのではないかとグリハルバが仄めかしたことは、メディアが大きく取り上げた。グリハルバは、他にも気候変動について議会証言した学者が所属している六つの大学の学長にも同様の手紙を送った。

進歩派がピエルケを攻撃したのは、これが初めてではなかった。二〇〇八年から、大手急進派シンクタンクであるアメリカ進歩センターに所属する七人のライターが、ピエルケを「優秀な否定論者」、「ペテン師で出世第一主義者」と攻撃する一五〇以上のブログ記事を投稿している(31)。

「ロジャー・ピエルケは、災害や気候変動について継続的に論文を発表している人物の中で最も論争の的となり、また論破されている人物です」と同センターの広報担当者は述べる(32)。

アメリカ進歩センターは、ピエルケが気候変動懐疑論者であると多数のメディアに信じ込ませることができた。二〇一〇年、フォーリン・ポリシー誌は「気候懐疑論者についてのＦＰガイド」と題した記事でピエルケをこう取り上げる。「ＩＰＣＣ報告書に掲載されているグラフを疑ったために、ピエルケは気候変動の『否定論者』であると非難されるようになった(33)」

自身が調査対象であることを知ったピエルケは、「私は『調査対象』中」というタイトルでブログを書いた。「最初に一つ明確にしておきましょう。公表、非公表を問わず、私は化石燃料会社やその利害関係者から資金支援を受けていませんし、これまでに受けたこともありません」[34]

アメリカ進歩センターの創設者ジョン・ポデスタは、二〇〇九年のグリーン・ニューディールや排出量取引法案の成立に向けた取組みを主導した人物だ。彼は二〇一四年一月に、大統領府で気候変動の政策と広報を監督する役職に就く。ポデスタが任命された数日後、オバマ大統領政権下で上級顧問兼ホワイトハウス科学技術政策室長を務めていたジョン・ホルドレンから「大統領が進める気候変動政策であなたと一緒に仕事をすることを楽しみにしています」とのメールがポデスタに届く[35]。

二〇一四年二月にホルドレンは、その一年前にピエルケが証言したのと同じ上院委員会に姿を現していた。上院議員からピエルケの以前の証言について感想を聞かれると、ホルドレンは、ピエルケの研究は「主流の科学的見解を代表するものではありません」と答えた。

数日後、ホルドレンは大統領府のホームページに、ピエルケの議会証言は「誤解を招く」、「主流の見解を代表していない」という三〇〇〇語の批判記事を投稿した[36]。

しかし、グリハルバのピエルケに向けた攻撃は、ほとんどの運動家や科学者、ジャーナリストから見ても一線を越えていた。「公表された研究が外部から影響を受けていたか否かを調べるだけではなく、自分にとって不都合だと思う内部の議論を暴露しようとする」政治家の行為は、「あらゆる学者や広く市民に恐れを覚えさせるものである」とイギリスのネイチャー誌は社説で述べた[37]。

「特定の研究者を、彼らの意見を理由に公で吊し上げ、資金源を適切に開示しなかったことを仄めかし、彼らの科学的正当性に疑問を投げかける行為は」とアメリカ気象学会は公開声明を出す。「すべての研究者を委縮させる（38）」

その結果、グリハルバは手を緩めた。彼は記者たちに、手紙によるやりとりの提出を要求したのは「やりすぎ」だったと認めた。「資金源について回答が得られれば、他の回答は必要ないと思います（39）」

他大学の学長はグリハルバの要求を無視した。コロラド大学の当時の学長だけはピエルケの調査に着手したが、化石燃料業界から資金提供を受けたことがないことが確認された（40）。

ピエルケを矮小化しようとする試みは、化石燃料業界から資金を得ているシンクタンクが気候専門家に対して行ってきたのと同様に、歴史上最も大胆で効果的な攻撃だった。

なぜそうなったかは、アメリカ進歩センターの寄付者の経済的利害関係から説明することができる。二〇〇九年から二〇一〇年にかけて、オバマ政権の景気刺激策と排出量取引法を議会で可決するために、再生可能エネルギーと天然ガスの利権者がアメリカ進歩センターに資金を提供していたのだ。

もう一つ、政治も関係しているだろう。再生可能エネルギーへの補助金や化石燃料への課税を行う法案を成立させるためには、無党派層の支持を得る必要がある。そうするためには気候変動の影響が目前に迫り、かつ壊滅的であると信じてもらう必要があるという思いが、民主党、進歩派、環境保護派の指導者たちの間にあった。だからピエルケに対する人格否定のキャンペーンが行われたと、複数の人から聞いた。

しかし、その時代を生きた私としては、彼に対する迫害は金や政治的権力より、もっと大きなものから来ていると感じた。どちらかと言うと、一九五〇年代にジョセフ・マッカーシー上院議員が科学者や芸術家たちを共産主義者呼ばわりして迫害した魔女狩りのように感じる。ピエルケをスケープゴートにしたことには、終末論的な環境保護主義と同様に、紛れもない宗教的背景がある。

4 偽りの神々

二〇一九年、ビル・マッキベンは新著『フォルター（*Falter*）』を著し、気候変動は「人類がこれまでに直面した最大の危機」であると警鐘を鳴らす[41]。

アメリカを代表する環境評論家であり、最も影響力のある気候変動のリーダーでもあるマッキベンからの強力なメッセージだった。マッキベンはニューヨーカー誌やニューヨーク・タイムズ紙にも投稿していて、彼が立ち上げた350.orgという組織には年間二〇〇〇万ドル近い予算がある。彼は、ジャーナリスト、議員、大統領候補者、そして何百万人ものアメリカ市民から尊敬を集めている。だから、彼の主張は真摯に受け止める価値があると考えられている[42]。

これまで見てきたように、極端な事象による死者数と被害は、貧しい国々を含め、前世紀の間に九〇％減少している。マッキベンの言うことが本当なら、この長期にわたる良い傾向が逆転、それもただちに逆転しなければいけない[43]。

彼の主張が真実であるためには、気候変動は、当時のヨーロッパ人の半数に相当する約五〇〇〇万人が死んだ黒死病、何億人もが死んだ感染症、一億人以上が死んだヨーロッパの大戦争とホロコースト、大戦後の独立運動と核兵器の普及、そして何百万人もが死んだコンゴのアフリカ内戦よりも大きな危機でなければいけない。

そして気候変動は、製造業が経済発展に果たす役割が小さくなっている世界で、一〇億人を極貧から救い出すというとても大きな課題や、二〇一九年に中東やアフリカで何万人もの人々が犠牲になった内乱や紛争など、他のすべての現代の課題よりも大きな挑戦であることを証明しなければいけない。

マッキベンの終末論的予言は気候変動が初めてではない。一九七一年、彼が一一歳のとき、マサチューセッツ州レキシントンのバトル・グリーン【訳注：アメリカ独立戦争の契機となった戦いの場所】で「ベトナム戦争帰還兵反戦の会」が集会を行うことを支持したとして、父親が警察に逮捕された。マッキベンの母親が語るには、息子は「父親と一緒に逮捕されなかったことに激怒」した。[44] その後、マッキベン自身も原子力発電所に抗議し、催涙ガスを浴びる経験をする。

ハーバード大学卒業後、自身の「左翼主義は本物度を増していった」とマッキベンは語る。[45] 彼は、人類は核兵器を放棄しなければ絶滅すると訴える本を書いたニューヨーカー誌のジョナサン・シェルの影響を受けた。一九八九年にマッキベンが著した『自然の終焉（*The End of Nature*）』では、気候変動を核戦争のような終末的脅威だと表現している。

根本的な問題は精神的なものだと、マッキベンは言う。資本主義的な工業化によって、人類は自然とのつながりを失ってしまった。「私たちは自分たちよりも大きな存在の一部であると感じることが、もはやできなくなった」とマッキベンは『自然の終焉』で述べる。「これがすべての結論だ」[46]

二〇世紀の初め、アメリカの学者ウィリアム・ジェームズは、宗教を「目に見えない秩序を信じることであり、最善の行いはその秩序に自分自身を合わせることである」と定義した。[47] 学者のパウル・ティリッヒは、宗教とは信念体系や道徳的枠組みを含むものであると、より広くとらえる。環境主義者にとって見えない秩序とは自然であり、私たちはそれに合わせなければいけないのだ。

本書では、環境主義者が支持するさまざまな行動や技術、政策が、科学で位置づけられたものではなく、自然に対する直感的な思いで動機づけられていることを見てきた。これらの直観的な思いは、自然に訴えるという誤謬《ごびゅう》に基づく。

自然に訴える誤謬とは、カメの甲羅、象牙、天然魚、有機肥料、木質燃料、太陽光発電などの「自然」なものは、化石燃料からつくられたプラスチック、養殖魚、化学肥料、原子力発電などの「人工」のものよりも、人と環境のために良いと思い込んでしまうことだ。

これが誤りである理由は二つある。第一に、人工のものも自然のものと同じくらい自然だ。単に新しいだけだ。第二に、ウミガメや象、野生の魚を保護するのが「良い」ことならば、人工のものより前にあった「自然」なカメの甲羅、象牙、天然魚といったものは「悪い」ものであって「良い」ものではない。

こうした背景や、ほとんど無意識のうちに自然に向けられる考え方が非常に強力だということを、私は経験から感じてきた。再生可能エネルギーや有機農業が土地利用に与える悪影響の大きさを示す証拠を、たくさんの環境主義者が無視するところを私は見てきた。「自然」なものは必ず環境により良いものだと思い込んでいる。

自然に関する非合理的な考え方は、環境科学の中に繰り返し忍び込んでくる。一九四〇年代、サイバネティックスは第二次世界大戦で対空ミサイルの誘導に役立った自己制御システムの科学だった。科学者たちはこれに基づいてエコロジーという自然の科学をつくり上げようとした。サイバネティックスは、寒くなると炉の電源を入れ、暑くなると切るサーモスタットのようなシステムにも応用されている。

自然は放っておけば、ある種の調和や平衡が得られるようになるという前提があった。寒いときにサーモスタットのスイッチが入るように、自然界も物事がおかしくなったときに、優雅に、そして徐々に生物種や環境を自己制御する。人間が邪魔しない限り、全体として機能するようにつくり上げられたシステムだという考え方だ。

しかし、「自然」は自己制御システムのようには動作しない。実際には、さまざまな自然環境は絶えず変化している。種は生まれ、そして去っていく。崩壊する全体や「システム」などというものは存在しない。あるのは、時間の経過とともに変化する植物、動物、その他の生物の組合せだ。私たちはアマゾンの熱帯雨林のような特定の組合せを好むかもしれないが、その組合せに内在するものを見て、それが農地や砂漠のような他の組合せよりも良いとか悪いとか言うことはできない(48)。私たちが「気候」と呼んでいるものにも同じことが言える。気候とは単純に、ある特定の場所もしくは地球全体における、ある一定期間の、たとえば三〇年間の天気の平均値だ。

実際のところ、気候や地球システムに見られるものの多くは、気温上昇や海面上昇などの「ダイヤル」であって、氷床の突然の融解や森林の制御できない焼失などの「スイッチ」ではない。終末論を唱える科学者や運動家たちは、氷床の融解、海洋循環の変化、森林伐採などのさまざまな変化が起こっていることをあげ、それらは相乗効果によって単純な合計よりも大きな影響を与えることを示唆する。しかし、それがあまりにも複雑で不確実なので、彼らはそのような終末論的シナリオがどのように起こり得るのか、明確なメカニズムを提示することはできない。

科学者たちはサイバネティックスの考え方を借りて、自然を自己制御システムにたとえてみたが、自然が絶妙なバランスを保っているという考えはネオプラトン主義的であり、これまで経験してきた現実に基づく根拠があるわけではない。環境哲学者のマーク・サゴフはこう指摘する。「『すべてのものはつながっている』という現代エコロジーのありふれた言葉は、自然をすべての種が収まる統合メカニズムとして見るネオプラトン主義的な見方を想起させる(49)」

生態学者の中には、本質的には宗教の範疇《はんちゅう》に入る考え方が、無意識のうちに科学にもち込まれてしまったと考えている人もいる。ある科学者はこう告白する。「現代のエコロジー理論は、自然や人間の自然への干渉に向けられる私たちの態度に関して非常に重要であるが、その起源は［ユダヤ教・キリスト教のインテリジェント］デザイン論にあると、私は確信している」(50)【訳注：インテリジェント・デザインとは、「知性ある何か」によって生命や宇宙が設計されたとする思想】

自然の相互関連性の反対側には、崩壊の可能性がある。E・O・ウィルソンは、自身の終末論的な種数、面積モデルにおける核心的仮定として、この考え方を採用する。科学者たちが種数面積モデルで再構築したことと、種の絶滅が人類の絶滅につながるという予見は、聖書の最初と最後の章に書かれている。創世記はエデンの園と人類の傲慢さの結果として堕落を語る。ヨハネ黙示録は人類の堕落の究極の結果として世界の終わりを語る。

現代の環境主義は、ほとんどすべての先進国と多くの開発途上国で、教育を受けた中産階級エリートたちの支配的かつ世俗的な宗教になっている。我々の集団として、また個々としての新しい存在意義になっている。そこには善人と悪人、英雄と悪役がいる。そして科学の言葉で語られ、それによって正当性が与えられる。(51)

一方で、環境主義とその姉妹宗教とも言える菜食主義は、ユダヤ・キリスト教の伝統からの根本的な脱却であるように見える。第一に、環境主義者自身がユダヤ・キリスト教の信者ではない、もしくは深い信者ではない。とくに環境保護論者は、人間が地球を支配している、あるいは支配すべきだという見解を否定している。(52)

その一方で、終末論的環境主義は、神を自然に置き換えた新しいユダヤ・キリスト教とも言える。ユダヤ・キリスト教の伝統的な教えでは、人間の問題は神に従うことに失敗したことから始まる。終末論的な環境主義の考え方では、人間の問題は人間自身を自然に適応させられなかったことに起因する。ユダヤ・キリスト教の伝統的な教えでは、司祭は神の意志や法律を解釈する役割を担っている。善と悪を見分けることも含まれる。終末論的な環境主義者の伝統的な物語では、科学者がその役割を担う。「科学者の話に耳を傾けてほしい」とトゥーンベリたちは繰り返す[53]。

たいていの環境主義者は、ユダヤ・キリスト教の神話を繰り返していることに気づいていない。この現象を詳しく研究した学者は結論している。ユダヤ・キリスト教の神話や道徳が私たちの文化に深く浸透しているので、それが環境運動家の無意識の中にも入り込んでいて、科学や自然という表向きは世俗的な言葉を使っているにもかかわらず、無意識のうちにその神話を繰り返すのだ[54]。

私はこの現象を初めて体験してから一五年間観察してきたが、世俗的な人々が終末論的環境主義に惹かれるのは、ユダヤ・キリスト教や他の宗教と同じ心理的・精神的欲求をこの環境主義が満たしているからだと考える。終末論的環境主義は人々に目的を与える。気候変動などの環境災害から世界を救うという目的だ。これによって人は物語のヒーローになれる。そうした物語が人生に意味を見いだすためには必要だと考える学者もいる。これから見てみよう。

終末論的な環境主義は、信者に対して、自分たちは迷信や空想ではなく科学と理性の人々であるという幻想を抱かせる。「組織的なキリスト教には懐疑的だが、人生に宗教的な意味を見いだそうとしている多くの人々にとって、これは世俗宗教のもつ魅力であることは間違いない」と著名な学者は述べる[55]。

宗教は何も悪いことではない。多くの場合、良いことばかりだ。長い間、人々に、とくに人生の辛いときを乗り越えるために意味と目的を与えてきた。宗教は、肯定的で、社会的で、倫理的な行動への道標だった。

「神が存在するしないにかかわらず（私は無神論者なので個人的には存在しないと思うが）」と心理学者のジョナサン・ハイトは言う。「……アメリカの宗教の信者は、世俗的な人々よりも幸せで、健康で、長生きで、慈善運動に協力的で、お互いに寛大である」(56)

新しい環境主義宗教の問題は、それがますます終末論的で、破壊的で、自滅的なものになっていることだ。この宗教の信者は、しばしば偽善的に他者を悪者に仕立て上げる。彼らは追い立てられ、国内外で権力と繁栄を制限しようとする。そしてこの宗教は、表向き世俗的な信者が求めるような深層心理的、実存的、精神的な欲求を満たすことなく、不安やうつ状態を蔓延させる。

5 終末論的な不安

ある学者によれば、世界の終わりが目前に迫っていると信じるということは、「受け入れられてきた現実の構造が根本的に変容し、長年にわたって維持・確立されてきた社会制度や生き方が破壊される」と信じることだ(57)。

それはある程度実際に生じていて、冷戦や第二次世界大戦の終結、そして科学革命、産業革命が始まったときに起こっている。

何千年もの間、宗教は我々と我々を含む世界を理解しようとする営為、つまり今日、科学と言われるものを抑制しようとしてきた。近代物理学の父と言われるフランシス・ベーコン卿でさえ、道徳の及ばぬところで知識を追求することは危険だと一六〇五年に語った。

中世にプラトンやアリストテレスなどの古典が再発見されると、西洋の思想家たちは、当初は古典哲学とキリスト教とを整合させようとした。しかし時が経つにつれ、焦点は自然の仕組みを理解することに移り、科学革命と言われるものに結びついた。初期の科学者の多くは、自分たちは神に仕えるために科学を進めているのだと公言していたが、それが善や悪に導くものかなど考えずに知識を追求していた。そして敬虔であろうとなかろうと、自分たちの実験が同じ結果になることを、自分たちの目で確かめてきた。

啓蒙主義の時代になると、哲学者たちは「世俗的ヒューマニズム」という形で、道徳や政治にも同じ合理的なアプローチを適用しようとした。世俗的ヒューマニズムは、人間が特別な存在であるという考えをユダヤ・キリスト教から引き継いだが、徳の追求には科学と理性を重んじ、神や死後の世界など宗教の核となる要素を信じる必要はなかった。政治的には、世俗的ヒューマニストたちは、すべての人間の基本的平等を信じていた。

しかし、道徳に「客観的」な根拠がないことは、すぐに明らかになる。一八〇〇年代、哲学者たちは、自分たちが「善」と信じているものが、自分たち自身の利己的な欲求や、変わりゆく歴史的・社会的な文脈に基づいていることを、あらゆる側面から明らかにした。道徳というものは結局のところ、そのとき、その場所、社会的地位に依存する相対的なものであることが明らかになる。一九二〇年代にはヨーロッパの哲学者たちは、道徳的判断は経験に基づいて正当化することはできず、中身のない単なる感情の表現にすぎないと考えるようになった。そのときそのときに特定の人が悲しんだり喜んだりすることをもって、何が正しいか悪いかを決めることはできない[58]。

第二次世界大戦後になると、欧米の大学と一流の学者たちの多くが、道徳や美徳の教えを非科学的で価値のないものとして否定する。ある歴史家によれば、「理性は人生に目的も意味もないことを明らかにする」というのが知的コンセンサスだった。「知性の唯一の正当な行為は科学であるが、それは必然的に技術に、最終的には原爆につながる[59]」

「ヒューマニストから学んだことは、科学が文明を脅かすということである」と、その歴史家は付け加える。「科学者から学んだことは、科学の進歩は止められないということである。この二つを合わせると、我々に希望はない」「絶望の文化」はこのようにして生まれたと歴史家は指摘する[60]。

終末論的な環境保護主義は、こうした信仰上の危機から生まれ、この数十年の間に、地球規模の変化と危機が現れるたびに大きな運動となった。過剰な人口増加の懸念が頂点に達していた一九七〇年、ベトナム戦争をめぐる大混乱の中でアースデイが開催された。冷戦の緊張が高まっていた一九八三年、ロンドンのハイドパークに三〇万人以上が集まり、核兵器に抗議した。そして一九九〇年代初頭に冷戦が終わり、新たな終末的な脅威として気候変動が現れる。

ソビエト連邦が崩壊した後、西側の人々には、自分たちが負のエネルギーを向けて存在を確かめる外敵は、もはや存在しなくなった。「争いの唯一の勝者になるということは、それまで他人のせいにしていた批判をすべて自分自身で受け止めなければならないことを意味する」と、パスカル・ブリュックネールは『黙示録の狂信（*The Fanaticism of the Apocalypse*）』で述べている[61]。

有権者が何らかの形で既成の世界秩序を否定した二〇一六年のイギリスとアメリカの選挙を受けて、気候アラーミズムはより過激になる。

最近まで、環境主義は再生可能エネルギーを利用した低エネルギー農耕社会への回帰というユートピアを夢見てきた。しかし終末論的な環境主義者たちは、それを重要視せずに、逆に気候のアルマゲドンが来ることを大きく強調していることは注目すべきだ。

グリーン・ユートピア主義はまだある。欧米の終末論的な環境主義者たちはグリーン・ニューディールを提唱し、それによって炭素排出量が削減されるだけでなく、高賃金の良い雇用が創出され、経済的不平等が減り、地域社会の生活が改善されると言う。

けれども、どちらかと言えば、負の力のほうが正の力に勝っている。愛、許容、優しさ、そして天国ではなく、今日の終末論的環境主義は、恐怖、怒り、そして絶滅回避に向けた狭い展望しか示さない。


絶滅の反乱がロンドンの中心街を実力で閉鎖したとき、私はたまたまロンドンにいて目撃した。地下鉄での抗議行動の一週間ほど前だ。何百人もの運動家がトラファルガー広場で二週間にわたってキャンプを張っていたが、私はその数ブロック先のホテルに泊まっていた。

絶滅の反乱の運動家たちは、ほとんどが白人で高い教育を受けた中上流階級の出身だ。私は一九九〇年代後半に、カリフォルニア州北部にある最後のまだ保護されていない古代セコイアスギの森を守る運動をしていたが、そのときに出会ったアース・ファースト！の運動家たちと絶滅の反乱運動家たちは、社会経済的地位やイデオロギー、行動の面で驚くほど似ている。

しかし絶滅の反乱は、アース・ファースト！よりもはるかに死に執着している。ロンドン・ファッション・ウィークには、棺桶を担いだ絶滅の反乱の運動家たちがいた。ＤＥＡＴＨと書かれた大きな横断幕が掲げられ、黒い喪服を着た女性や、血のような赤いガウンを着て、死んだように口を閉ざした赤い唇が目立つ、真っ白なフェイスペイントを塗った運動家がそこにいた。

絶滅の反乱が死に執着するのが気になったので、アメリカに戻ってから友人のリチャード・ローズに連絡をとった。リチャードとはその年の初めに死について話したことがあったので、彼らの抗議運動が死のシンボルであふれていることについて感想を聞きたかったのだ。

「ベッカーの『死の拒絶（*The Denial of Death*）』を読んだことはあるかい？」とローズ。「ピューリッツァー賞受賞作だぜ」

私はあると答えた。人類学者のアーネスト・ベッカーによると、宗教心の強い人だけではなく、すべての人は意識的にせよ無意識的にせよ、我々人間はある意味、不死身で、自分の一部は決して死ぬことはないと信じる必要があると。

幼い頃から死ぬことを自覚しているという点で人間は特異だと、ベッカーは考える。私たちは当然、死が怖い。強い生存本能をもって生まれてきたから。けれども、死への恐怖心が強すぎると生きるのに支障を来すので、健全な人は恐怖心を抑え、それをほとんど無意識の中にしまい込む(62)。

この底流にある恐怖から心を守るために、私たちはベッカーが「不死プロジェクト」と呼ぶものを心の中につくり上げる。つまり、自分の一部は死後も生き続けると信じ込むのだ。多くの人は、子供や孫をもつことによって不死を感じる。芸術やビジネス、本、コミュニティーなど、自分が死んだ後も続くようなものをつくることによって不死を感じる人もいる。

私たちは無意識のうちに自分が不死プロジェクトのヒーローになる。「そのヒーローの分野は、魔法でも、宗教でも、原始的なものでも、または世俗的、科学的、文明的なものでも構わない」とベッカーは言う。「いずれにしても神話的ヒーローシステムである。その中で人は、宇宙的な特別性、創造に向けた究極の有用性、そして揺るぎない意味といったものの価値を感じる(63)」

それが気候変動運動のもたらす恩恵のようだ。「絶滅の反乱は私に勇気を与えてくれました」とサラ・

ルノンは私に話してくれた。絶滅の反乱のシオン・ライツは、「気候変動について知っていながら何もしない子供より、気候変動運動に参加している子供のほうが精神的に健康である」と言う研究結果があると言う。そして、グレタ・トゥーンベリは気候変動への運動によって、うつ病から逃れることができた。「昼と夜のようです」と彼女の父親は言う。「信じられないほどの変化ですよ」(64)

若者の間で人気のある環境主義と菜食主義という理想主義には、称賛すべき点がたくさんある。菜食主義を研究したイタリアの心理学者は、「動物を含む地球のすべてに未来を与えようとする意志」を表していると結論する。(65)

しかし、菜食主義もまた、普通以上の実存的不安から来ているように見える。「死への恐怖は、一人ひとりの個人に内在しているだけではなく」そのイタリア人心理学者は述べる。「菜食主義を通して表現されるエコロジー倫理観にも内在する」(66)

ベッカーによると、死への強い恐怖は自分の人生に対する深い無意識の不満を表す。死に執着するとき、本当に恐れているのは有意義な人生を歩んでいないのではないかということだ。悪い人間関係や協力的でないコミュニティー、あるいは過酷なキャリアの中で立ち往生していると感じる。

事実、私はそうだった。二〇年前、終末論的な気候変動に惹かれた。今になって気づいたのだが、気候変動に対する不安が高まっていたのは、気候変動や自然環境の状況とはほとんど関係がなく、自分自身の生活に不安や不満があったからだと。

偶然かもしれないが、アメリカとヨーロッパの両方で、一般人、とくに思春期の若者の間で不安、抑うつ、自殺が増加している時期に、環境悪化への警戒心が急増していることは注目に値する。(67) アメリカではティーンエイジャーの七〇％が不安と抑うつを大きな問題として抱えている。(68)

自分の人生を立て直すことは辛く困難なので、私たちは攻撃すべき外敵を探すと、ベッカーは示唆する。そうすることで英雄になった気持ちになり、他の人々から認められ、尊敬され、愛されて、不死の感覚を得る。

6 迷える魂

気候変動で世界が終わるという終末論を説くことと、死を恐れることとは異なる。私たちのほとんどは自分の死について考えたくないが、マヤの終末【訳注：マヤ文明の暦が西暦二〇一二年で区切られていることから、この年に人類が滅亡するという説があった】や二〇〇〇年問題、気候変動など、世界の終わりについて話し合うと興奮する人がいる。

「世界が終わりを迎えるかもしれないという神秘的な感覚には、恐怖と期待の両方が奇妙に混ざり合っているんじゃないかな」とリチャード。「誰でも敵が木っ端みじんにやられるのを見たいじゃないか」と苦笑する。

リチャードは一九九〇年に出版した自伝『穴の開いた世界（*A Hole in the World*）』の中で、少年時代に飢えと虐待を受けた故郷が原爆で破壊されるのを見たいと空想していたことを認めている[69]。

「『原爆による終末論を描いた』テレビドラマの『ザ・デイ・アフター』が［一九八三年に］放映されたの覚えてるかい？　僕の故郷のミズーリ州のカンザスシティとその周りが舞台でね。その頃、そこに住んでいたんだよ。初回はよく覚えてるなあ」

「ミサイルが地平線の向こうからカンザスシティを目がけて飛んできたときは、何か複雑な気分だったのを覚えてるよ。『すげえ！　カンザスシティをぶっ壊すのかよ！』と思ったけど、『うわぁ、神様助けて！』ともね」笑いながら「そう、両方同時」。(70)

世界の終わりを主張する終末論的な環境主義者の中に、リチャード・ローズのように故郷の壊滅を空想したい人はまずいないだろう。けれども、人類の文明全体に対する、もしかしたら人類そのものに対する似たような憎しみが環境終末論の主張の背後にあるのかもしれない。

「環境保護運動はカルヴァン主義の系統を引いている」とリチャード。「世界は邪悪な場所なので、壊れて自然の王国に戻ったほうが良いという意味でね」

気候変動によるこの世の終末が、文明を嫌う人々の無意識のファンタジーのようなものだとすれば、環境問題について最も騒ぎ立てる人々が、肥料や洪水対策から天然ガスや原子力発電に至るまで、環境問題に対処できる技術に最も強く反対していることの説明には役立つかもしれない。

絶滅の反乱が棺桶を担いで街を練り歩き、道路を封鎖し、地下鉄を止めた二週間後、イギリス人の多くはもうたくさんだと感じた。「もうこの人たちのことを遠回しに言うのをやめよう」あるイギリスのコラムニストは書く。「彼らはアッパーミドルクラスの死のカルトだ(71)」

「みんながパニックになればいい」二〇一九年一月、グレタ・トゥーンベリはスイスのダボスで開催された世界の指導者たちの集会で発言した。(72)「気候や生態系の破壊に反対し、そして人類のために立ち上がることがルール違反なら、そのルールは壊さなければだめ」と一〇月にツイートする。(73)

その二日後、二人の絶滅の反乱の運動家が、ロンドンの地下鉄車両の上に立ち、運転を止めた。怒った通勤者は、若い運動家の一人とその様子を撮影していたもう一人の若者を殴り、蹴り飛ばした。

そのシーンに私は驚き、何度も見てしまった。見るたびに、通勤者たちが二人の男を殺してもおかしくなかったと思った。群衆の多くは、突然、抑えきれないほどの恐怖に襲われ、考えもしないような暴力的行為に出ていた。彼らはパニックに陥っていた。

地下鉄の事件について電話でルノンに苦情を言ったが、絶滅の反乱のおかげで、イギリスの選挙報道に先駆けて気候変動がニュースで多く取り上げられたというのが彼女の反応だった。

彼女はイギリスのテレビ番組でも同じような言い訳をする。朝の番組「ディス・モーニング」の司会者が、ルノンのグループが抗議行動の中止を決めたことは「やり方が間違っていたことを認めたのでしょうか」と質問する。(74)

「必ずしも間違えたとは思いません」とルノン。「なぜなら今日、私はこのスタジオにいます。この一〇日間で三回もこのスタジオから追い出されました。これくらい手荒いことをしないと、この番組には出られません——」

「番組に出たいからやったのですか？」と司会者。

「あの男が電車に自分を接着剤でくっつけたのは」もう一人の司会者が、さらに憤りを込めて聞く。「あなたがこの番組に出るようにするためだったのですか？」

「もちろん、この番組に出るためではありません」ルノンは前言を撤回する。「ですが、よほど破壊的な行動をしない限り、私たちの話は聞いてもらえません」

ＢＢＣの「ニュースナイト」では、司会のエマ・バーネットが番組を締めくくろうとしたとき、ルノンが大声を上げた。「いいえ、私たちは待っていました！　資本主義が正しく機能するのを三〇年間待っていました。でも、まだ機能しません！」

「そして、エマ」とルノンン。「あなたが家に帰ったら、子供たちを見つめてこう思いますよ。『今、私たちの知っている世界が、この子たちの世界にもなる確率は五分五分』」別のカメラに向かって、さらにこう言う。「家で見ている人たち、あなたたちも同じように思っているはずです[75]」

トゥーンベリも二〇一九年九月の国連での演説で、同じように怒りをあらわにする。「すべてが間違っています。私はここに立っているべきではありません。私は海の向こう側の学校に戻るべきです。それなのに、あなたたちはみな、希望を求めて私たち若者のところに来るのですか？」そして叫んだ。「よくもそんなことを！[76]」

イギリスの哲学者、故ロジャー・スクルトンは、怒りが政治に果たす役割について深い考察を残している。彼は、一方で怒りは貴重で必要なものだと考えた。「国家にとって怒りとは、体にとっての痛みのようなものである」と書いている。「感じるのは心地良くないが、感じることができるのは良いことだ。それを感じる能力がなければ生きていけないから[77]」

問題は、「怒りがその対象を見失い、社会全体に向けられるようになったとき」だとスクルトンは言う。そのとき怒りは、「既存の構造の中で調整されるのではなく、完全な力を得て、構造そのものを破壊する方向に向かう。……この姿勢は、私の考えでは、深刻な社会的障害の核心である」スクルトンの考えを別の言葉にすると、虚無主義（ニヒリズム）だ[78]。

気候変動について初めて学ぶ若者たちが、ルノンンやトゥーンベリの話を聞いて、気候変動は意図的で悪意ある行動の結果であると考えるのも無理はない。しかし、実際にはその逆だ。二酸化炭素の排出はエネルギー消費の副産物であり、エネルギーは人々が自分や家族、そして社会を貧困から救い出し、人間としての尊厳を得るために必要なものだ。だが、気候変動運動家たちは、ここまで述べてきたように教えられてきたから、多くの運動家が怒りを覚えても仕方がない。

そのような怒りは孤独感を増幅させる。「気候について学ぶと、友人や家族から距離をとってしまう傾向があります」とルノンはスカイ・ニュースで語る。「飛行機に乗ったり……毎週日曜日にローストディナーを食べたりする友達や家族たちから距離をとるのは、とてもつらいことです(79)」

問題なのは、経済成長、肉食、飛行機や自動車に乗ることに反対する気候変動運動家から自分が非難されているように、普通の人が思ってしまうことだ。「あなたが現代の清教徒のように思われてしまったら」ルノンに問いかける。「人はあなたの話に耳を傾けると思いますか？(80)」

この話はさておき、気候変動の指導者や運動家の中には、警鐘を鳴らすことで心理的快感を得ている人たちもいるかもしれない。しかし、実際には警鐘を鳴らしている人たちを含め、もっと多くの人々が被害を受けている形跡がある。

イギリスに住む一七歳のローレン・ジェフリーは、絶滅の反乱が起こした抗議運動の後、同世代の間で不安が高まってきたことに気づいた。「一〇月に私と同じ年くらいの人たちが、とても怖いことを言っているのを聞いたんです。『何かをやるにはもう遅い』『もう未来はない』『絶望的』『諦めるしかない』って(81)」

トゥーンベリと母親は、プラスチック廃棄物、ホッキョクグマや気候変動に関する動画を見たことが、トゥーンベリのうつ病と摂食障害の原因になったと言う。「一一歳のとき、私は病気になりました。うつ病です。話すのをやめて、食べるのもやめました。二カ月で一〇キロ痩せました。その後、アスペルガー症候群、強迫性障害、選択的緘黙《かんもく》症と診断されました(82)」

終末論的な環境保護の本や記事を読めば読むほど、自分が悲しく不安になることに、私は二〇年前に気づいた。公民権運動のリーダーたちの歴史を読んだときに感じた高揚感とは対照的だった。彼らは怒りではなく愛の精神と政治を掲げていた。

環境主義の成功を疑うようになったのは、気候や環境に関する本を読むと気分が悪くなるという自覚があったからでもある。エネルギー、テクノロジー、自然環境に関する環境保護主義の主張に疑問を持ち始めたのは、それから数年後のことだった。

今では、環境問題に対する私の悲しみの多くは自分の思い込みであり、見当違いであることがわかった。悲観的になるよりも楽観的になる理由のほうが多い。

従来型の大気汚染は先進国では五〇年前にピークを迎え、炭素排出量はほとんどの国でピークを迎えたか、間もなくピークを迎える。

食肉生産に使う土地は縮小している。豊かな国の森林は拡大し、野生動物も戻ってきている。貧しい国々が発展して気候変動に適応できないわけがない。異常気象による死者数は減少し続けるはずだ。

食肉生産での動物虐待は減り、これからも減っていくはずだ。テクノロジーの活用で、ゴリラやペンギンをはじめとする絶滅危惧種の生息地は拡大し続けるはずだ。

だからといって、やるべきことがないと言っているわけではない。やるべきことはたくさんある。けれどそのほとんどは、今の前向きな趨勢《すうせい》を加速させることであり、低エネルギーの農耕社会に向かって逆行することではない。

このように私は、気候変動や森林破壊、生物種の絶滅に対する怒りや不安を煽ることの裏にある悲しみや寂しさに共感する一方で、その多くが、対象が不明確な不安や、自信を奪うイデオロギー、証拠の誤認に基づいた間違ったものであると考えている。

7 環境ヒューマニズム

私もそうだが、多くの理性的な環境主義者は、終末論を唱える環境主義の宗教的狂信に憂慮している。それに対する我々の答えは、科学者が個人的な価値観と研究対象との間に線を引くのと同じように、科学と宗教の間に線を引くことだ。

またスクルトンのように、「正義の概念を共有することで紛争が解決される」世界や、「制度の構築とガバナンス、そして協力や伝統、説明責任の領域を通じて人々が生活を豊かにするさまざまな方法」を目指すように促す人もいる(83)。

しかし、このような合理主義的な考えが、退行的な左派による終末論的な論調を打ち負かすことができるかどうかは、スクルトン自身も疑っている。彼は述べる。「私たちが『人類の存在』の根幹にある宗教的な欲求に対処しようとしていることは明らかだ」そして「どんなに合理的な考えをもってしても、どれだけ人間が絶対的に孤独であるかを証明しても、また我々の苦しみが救済されないことを証明しても、何かに帰属したいという決して取り除くことのできない欲求がある(84)」。

生きることの意味や目的を強く求める心に終末論的な環境主義者たちが語りかけている間は、合理的な環境主義者たちがそうしない限り、科学と宗教との境界を意識させようとしても、うまくはいかないだろう。

人類の文明と人類そのものを非難するマルサス主義や終末論的な環境主義者に対抗するために、私たちは合理主義を超えて、人類が際立っていることを肯定するヒューマニズムを再認識する必要がある。私たちは、科学者であれジャーナリストであれ運動家であれ、環境ヒューマニストとして人類の普遍的な繁栄と環境の進歩という究極の道徳的目的を目指し、合理的な行動をしていかなければならない。

フランシス・ベーコン卿が、真理の探究には道徳とバランスをとらなければならないと求めたとき、使徒パウロの言葉を引用して「知識は暴発するが、慈善は建設する」と述べた。ベーコンが求めたのは、知識を厳しく制限することではなく、崇高な道徳の背後にある感情に科学者を常に向かわせることだ。科学の「修正スパイス」は「慈善（または愛）」だと言う(85)。

だから、運動家やジャーナリスト、IPCCの科学者などが、エネルギー消費の大幅な削減のような早急で抜本的な改革を行わなければ気候変動により世界が終末を迎えると主張しているのを耳にしたら、彼らの動機が人類愛によるものなのか、それともその反対に近いものなのかを考えてみてはどうだろうか。

私がこの文を書いている間にも、バーナデットは母国で難民のままでいる。彼女ら夫婦は、誘拐、いやそれ以上の危険にさらされている。そして、他人の土地を耕して生きていかなければならない。彼女がそれを尊厳の深刻な喪失と感じていることは、容易に想像できる。

この本を通してバーナデットを前面に出したのは、先進国に住む私たちが当たり前に享受している文明のありがたみを思い出し、気候変動終末論を相対化し、繁栄の果実をまだ享受していない人々への共感と連帯感をもってもらうためだ。

物語はとても重要だ。終末論を唱える環境主義者が広めているイメージは不正確で、人間性を失わせる。人間は無自覚に自然を破壊してはいない。気候変動、森林破壊、プラスチックごみ、生物種の絶滅などは、基本的には欲や傲慢さの結果ではなく、人々の生活を向上させたいという人道的な願望に基づいた経済発展の副作用なのだ。

環境ヒューマニズムの中心にある倫理観は、豊かな国は貧しい国の発展を否定するのではなく、支援するべきであるというものだ。具体的には、貧困国や開発途上国のエネルギー生産のために行われる開発援助に課せられたさまざまな制限を、先進国は撤廃すべきだ。貧困国に対して欧米諸国の経験よりコストも時間もかかる繁栄への道のりを歩ませるのは、偽善であり非倫理的だ。後発の国として彼らが工業化することは、すでに難しくなっている。

良いニュースもある。アフリカをはじめとする多くの国では、安価な水力発電や天然ガスを利用できる可能性が高い。しかし、貧しい国や開発途上国にとって石炭が最良の選択肢であるならば、欧米の富裕国はその選択肢を支持すべきなのだ。

人類進化の発祥地であるアルベルティーヌ地溝帯は、世界の人々にとって非常に重要な地域だ。絶滅の危機に瀕しているマウンテンゴリラは、我々人類のいとこにあたるが、それがいることで、この地域の重要性はさらに高まっている。ゴリラの保護には成功しているが、軍事的な安全保障や経済発展が欠如しているため、この地域では環境保護運動の多くが失敗している。

グランド・インガ・ダムからの安価な電気は、アフリカ南部地域の工場などに向けて電力を供給している。大量の非熟練労働力である農民が都市住民になるための唯一の方法は、こうした工場だ。コンゴ国外でダムに反対しているのは、終末論的な環境主義者だ。環境ヒューマニストは彼らに立ち向かうべきだ。

欧米はコンゴに大きな借りがある。コンゴが世界に提供したパーム油によってクジラを救うことができた。しかし国民は苦しみ続けている。ベルギーはコンゴを植民地化して国をつくったが、一九六〇年代初頭に国を放棄し、混乱に陥らせた。冷戦時代、アメリカもソ連もこの地を栄光に導くことはなかった。

冷戦終結後も、国連や欧米諸国はコンゴ東部での暴力を終わらせることができなかった。コンゴで混乱が続けば、そこで鉱物が採掘され続けているということまでは関心をもたれない。ルワンダはそれを望んでいると多くの専門家が見ている。私が話を聞いた専門家は、欧米の政府がルワンダ介入に躊躇《ちゅうちょ》しているのは、一九九四年にこの国で起こった大量虐殺を止められなかったことへの罪悪感と、この地域が再び内戦状態になるかもしれないという恐怖心もあるからだと考えている。

そのときまで、自然保護論者や環境ヒューマニストたちは、何世代にもわたって人々にトラウマを与えてきた終わりの見えない不安を解消することに関心をもち続けてきた。

二〇二〇年初頭、インドネシアのスパーティと、グーグル翻訳を使いながらフェイスブックでチャットした。

「はい、今も同じ家に住んでいます」シャープ・セミコンダクター社に勤める男性と、二〇一六年にフェイスブックで知り合って結婚し、すぐ妊娠したようだ。「娘は一月一八日に生まれる予定でしたが、合併症がありました。結局、一月三〇日に帝王切開しました」

出産は大変そうだった。「四つも病院を回りました。［イスラム暦の］年末だったので病院にお医者さんがいませんでした。ようやくお医者さんのいる病院を見つけて、すぐに手術を受けました」

一〇〇年前だったら、間違いなく、もっとひどい目に遭っていただろう。

「神様のおかげで、健康で無事に生まれてきてくれました。私は四〇日後に仕事に復帰しました」

スパーティは今もチョコレート工場で働いていて、給料も上がり、責任も大きくなった。二〇一五年当時はチョコレートを注入する仕事だったが、そこから包装やラベル貼りの仕事を経て、今では工場のコンピュータシステムに関わっている。

「子供は四人ほしいです。二人の男の子と二人の女の子。神様のおかげで、私の両親は健康で、きょうだいもみんな元気で、私も幸せです。優しい夫にも感謝しています」

スパーティはフェイスブックを通じて二枚の写真を送ってくれた。一枚は夫とのツーショット、もう一枚は鮮やかなピンクのヒジャブを身につけた娘の写真だ。小さな顔に満面の笑みが浮かんでいる。

メディアや編集者、ジャーナリストは、環境問題をセンセーショナルに取り上げ続けることが、公正さと正確さを追求するという職業上の使命や、世界にポジティブな影響を与えたいという個人的正義感に合致しているかどうかを考え直すべきだ。ジャーナリストとして活動している隠れ環境運動家たちが、自分たちの報道内容を変えるとは思えない。けれども、伝統的なニュースメディアの外側からもソーシャルメディアによる競争が可能になり、これが環境ジャーナリズムに新たな競争力を与え、水準を高めることを期待したい。

環境ジャーナリズムを向上させるには、いくつかの基本的な考え方を理解する必要がある。環境への影響は出力密度で決まる。だから、石炭が木材の代わりになるのは望ましく、天然ガスや原子力の代わりになるのは望ましくない。天然ガスが石炭に取って代わるのは望ましいが、ウランに取って代わるのは望ましくない。環境負荷を軽減しながら、人類の高エネルギー文明を支えられるのは原子力だけだ。出力密度の高い農業や漁業は、人類最大の環境負荷を削減する可能性を秘めている。

私たちは原子力に対する誤解を正す必要がある。原子力は悪意からではなく、偶然でもなく、善意から生まれた。核兵器は戦争を予防し、終わらせるためにつくられたものであり、これまでも、そしてこれからも、その目的のためだけに使われるだろう。アメリカなどの先進国は、一九五〇年代に約束された「平和のための原子力」を、気候変動などの要素を加えてグリーン・ニュークリア・ディールという形で発展させるべきだ。

そのためには、核エネルギーと同様に核兵器も、今後も存続するということを認識する必要がある。核兵器を廃絶したくてもできないことは、一九四五年以来、専門家たちは理解している。核兵器をなくそうとすると何十年にもわたって緊張と対立が続き、二〇〇三年に米英が行った不必要で破滅的なイラク侵攻につながってしまう。

核兵器が存在し続けるということは、世界の終焉とまではいかなくても、少なくとも都市や文明が破壊される可能性が秘められていることを意味する。このような兵器は、私たちが感情をもつ人間であるなら、ある種の不安をもたらす。それを実存的な不安と呼ぼう。私たちは、その不安をコントロールし、解決するためのより良い方法を見つけなければならない。死の対象として、さらには終末の象徴として、直接に向き合うことが助けになるだろう。

リチャード・ローズと私は、絶滅の反乱がロンドンで行った抗議運動について語り合ったが、死について語ったのは初めてではなかった。その数カ月前、昼食をとりながら、核兵器があり続けることは生きていることへのありがたみを思い出させてくれるはずだと、彼に話したことがある。

「メメント・モリだね」とリチャード。

メメント・モリとはラテン語で「死を忘れるなかれ」という意味で、人間は不滅ではないということを意識し、それによって生への感謝の気持ちをもつことだと教えてくれた。「その通り！」と答えた。

メメント・モリの代表的なものは、中世ヨーロッパの画家が描いた静物画に見られる頭蓋骨だ。黒死病の後に人気が出たようだ(86)。

もしも大量破壊兵器をメメント・モリとして扱うとしたら?

アーネスト・ベッカーの研究にヒントを得た実験によると、そうすることで私たちの不安を解消できる可能性がある。心理学者が人に、自分の死について考えるように促すと、人は自分の生き方に不安を覚える。しかし、自分が死ぬことを想像して、人生を振り返ってみることを勧めると、人は感謝し、感謝され、周囲の人々に対してより大きな愛をもつようになる傾向があるという(87)。

研究者として、あるいは観光客として、私が貧困国や開発途上国を訪れるということにも、同じことが言える。環境科学者やジャーナリスト、運動家が、インドネシアやコンゴなどの人々から、日々の苦労話を聞く機会を増やせば、新たな環境問題が発生しても、この世の終わりを見たりパニックに陥ったりすることはなくなるだろう。

8 愛は科学よりも

二〇一七年の初め、私は前年に立ち上げたエンバイロメンタル・プログレス研究所のために、カリフォルニア州バークレーで小売スペースを借りた。以前のテナントは、もはや時代遅れになったファスト・ファッションを売っていた。

バークレーには、原子力の発明者や反対派、そして後にはウィル・シリのように原子力を擁護する人たちが住んでいた。このような場所に店を構えられてうれしかった。私たちはウィル・シリの遺志を引き継ぐ。そして、もっと地に足をつけて、研究や執筆だけでなく、実際に何かを提唱したいと思った。

店の大部分は、高い天井と窓がある一つの大部屋だ。二階には幅五フィート（一・五メートル）ほどのバルコニーがあって、部屋の上を覆っていた。木と変色した銅の棒がバルコニーを囲み、そこから無味乾燥な木の梁《はり》が突き出ていた。床はコンクリートだ。

バークレー中心部に原子力擁護の環境団体が居を構えるとなると、人々を刺激しかねないので、落ち着きのある魅力的な空間にすることを目指した。

開放的にするために、梁を切り落とし、部屋全体を白く塗り、窓と銅の棒は磨いた。ヘレンは床を塗ってニスで保護した。落ち着いた海のようなスカイブルーで、豊かなマーブル模様の床に仕上がった。これが功を奏した。通りかかって店に寄ってくれた人のほとんどは、私たちが原子力擁護派であることを知っても、落ち着いて心を開いてくれる。

事務所は商業地域に指定されているので、商品を販売することが義務づけられている。そこで、ウランガラスのジュエリーや「平和のための原子力」の切手など、一九五〇年代から一九六〇年代にかけての原子力関連の記念品を売買することにした。

二階のバルコニーはギャラリーにした。私が世界各地で撮影した、人々の生活を通して環境保護の進展を伝える写真を展示した。ヒヒにサツマイモを食べられてしまった場所で、怒りつつも誇らしげに立っているバーナデット。マウンテンゴリラの孤児がモナリザのような笑顔で花を口にくわえている。ヴィルンガ・ダムに向かって歩くスペイン人エンジニアのダニエルの手を握って微笑むケイレブ。使っていないミシンの横に立つスパーティ。私が撮ったものでない唯一の写真がディアブロ・キャニオン原子力発電所だ。

バルコニーとメインルームを見渡せる二階の私のオフィスには、一九三三年から一九三四年にかけてシカゴで開催された万国博覧会のポスターをヘレンが飾った。世界大恐慌の最も暗い時期に制作されたものだが、現代の多くの環境主義者が示しているものより、はるかに楽観的な未来が描かれている。

博覧会のテーマは技術革新で、シカゴ市の一〇〇周年を記念して「進歩の世紀」と名づけられていた。キャッチフレーズは「科学が発見し、工業が応用し、人間が適応する」。これこそ気候変動を緩和し、適応するための完璧なモットーだ。博覧会が目指すのは「技術と進歩で民主主義と製造業を基盤にしたユートピア、つまり完璧な世界」。すべての人が繁栄を手に入れるための完璧なモットーだ(88)。

私たちの研究を方向づけるのは自然と世界の人々の繁栄であって、その逆ではない。科学の力でマウンテンゴリラを保護したいと人に思わせることができないように、私たちのミッションを支持すべきだということも科学では証明できない。私たちにできることは、バーナデットやスパーティの写真を見せたり話をしたりすることで、彼らが私たちに考えさせてくれたように、ここの人たちにも考えてもらうことだ。

スタッフと打ち合わせるときにいつも頭の中にあるのは、エネルギーが豊富で野生生物が繁栄している世界だ。これが、人間と自然、合理性と道徳性、そして肉体と精神を兼ね備えた目標に向かうコミットメントを表している。研究とは何らかの究極の価値のために行うべきだと、私たちは信じている。私たちの場合は人類と自然への愛だ。

オフィスの改装が終わる頃には、スピリチュアルと呼ぶにふさわしい目的のための聖堂のようなものができていた。自然と世界の人々の繁栄は、私たちの至高の道徳的目的だ。エンバイロメンタル・プログレスという研究所は、私たちの不朽のプロジェクトなのだ。

二〇一五年、ヒヒがサツマイモを食べた場所をバーナデットが見せてくれた数日後、ヘレンと私は絶滅の危機にあるマウンテンゴリラを間近で見た。

私たちはヴィルンガ公園にあるメローデのリゾートに滞在した。紛争地域の真ん中で、コロブスザルやチンパンジーに囲まれながら、おいしい料理を食べ、熱帯雨林の中で眠った。黙示録の中のエデンだった。ゴリラを見るために、マシンガンをもったヴィルンガ公園のレンジャーの案内に従い、最初はジープで、その後は、かつてこの霊長類が生きていた牧草地を歩いた。私たちが集落を通ると、農民が家から出てきて、笑顔で手を振ってくれる。公園の境界線に沿って広がる牧場を通り抜けたが、そこでは人口増加の圧力と土地のひっ迫が感じられる。

私たちはゴリラを見る前に、その匂いを嗅いだ。非常に強い体臭とジャコウの香水、そしてスカンクの臭いが混ざったような独特の匂いだ。ゴリラを見つめると、ゴリラも見つめ返してくる。初めて見たシルバーバックに息を呑む。シルバーバックはカメラのシャッター音が気に入らないようで、うなり声を上げる。彼は独りになりたがっていた。ガイドは私たちに距離を置くようにと言う。ゴリラと過ごす一時間は、あっという間だった。

ヘレンと私は、もう一度ゴリラを見にいくことをその場で決め、一週間後にウガンダでも見た。コンゴのときと同じように、ゴリラを見るためには、貧しい農民たちの村から村へと通り抜けなければいけなかった。村は国立公園の境界線に張りついていて、動物たちが作物を荒らすのを防ぐのに苦労していた。最初に見たゴリラは、目に見えない国立公園の境界線を越えて、農民の土地にある木から食べていた。二頭目のゴリラは立派なシルバーバックで、うるさいカメラのシャッター音や私たちの「おー」や「わー」という歓声にも平気だった。

最後に、ゴリラの赤ちゃんも見ることができた。母親は数メートル先に寝ころんでいた。赤ちゃんがそばで遊んでいると、母親は私たちに微笑んでくれた。私たちが霊長類という一つの共同体にいる仲間のように感じた。科学者は動物を擬人化してはいけないと警告するが、とくにゴリラが微笑んでいるときには、人間として見ないわけにはいかない。

野生のゴリラを見た人は、畏敬の念、不思議さ、うれしさ、驚き、そして少しの恐れを感じる。「この素晴らしくも恐ろしい自然の産物は、人間のように直立して歩く」と、一七七四年にアフリカの海岸でゴリラに遭遇した船長が書いている。彼がその後何年にもわたって、感動と興奮をもって語り継いだ物語だ。(89)

マウンテンゴリラのような絶滅危惧種を人間が大切にしなければならない理由は、自分たちのためになるからだと、科学者たちは長い間言ってきた。けれども、マウンテンゴリラが絶滅したとしても、人類は精神的には貧しくなるかもしれないが、物質的には変わらないだろう。

幸いなことに、マウンテンゴリラやキンメペンギン、ウミガメを救うのは、人類の文明がそれらに依存していると考えるからではない。私たちが彼らを守ろうとするのは、もっと単純で、彼らを愛しているからだ。(90)

エピローグ

原子力発電所を救うことほど、人を不死身だと思わせることはない。原子力そのものが不滅だと言えるからかもしれない。一〇〇〇年後の未来人も、今と同じ場所で原子力発電をしているかもしれない。メンテナンスや部品交換がしっかり行われていれば、今の原子力発電所は八〇年でも一〇〇年でも余裕で稼働する。チェーザレ・マルケッティが集めていたタイプライターのように、私たちが核融合に到達して全体のプロセスをつくり直すまでには、それぞれのプラントもずっと良くなっているだろう。

私は二〇一六年から二〇二〇年まで、世界の環境ヒューマニストと協力して原子力発電所の救済活動を展開してきた。なかなか反響があった。ほんの数年前までは原子力発電所は選択肢の一つにすぎないと見られていたが、今では気候変動に対処するために欠かせないものと見られるようになった。

二〇一九年、私は仲間とともに世界三〇以上の都市で原子力推進デモを行った。グレタ・トゥーンベリの「気候のための学生ストライキ」に触発され、彼女を真似していろいろな場所で一人や二人から始めた。そこでは、とても簡単なことを訴えた。「原子力のために立ち上がろう」だ。ドイツの町の広場、韓国の駅前、アメリカの大学キャンパスで、原子力推進を主張する運動家たちがテーブルの横に立ち、資料を配り、ビデオを見せて、原子力を否定する神話を暴く。子供たちに風船をあげたり、フェイスペインティングをしたりする仲間も大勢いた。

二〇一九年一二月には、ドイツ、ポーランド、スイス、オーストリア、オランダ、チェコから集まった一二〇人が、フランス国境から四五分のところにあり、ドイツ政府が早期閉鎖を強行したフィリプスブルク原子力発電所近くに集結した。「原子力に対する世論は変化している」と、ドイツの原子力推進派のリーダーであるビョルン・ペータースは語る。二〇一九年末のことだ。

原子力発電所を救う試みは、三歩進んで二歩下がるようなものだ。カリフォルニア州とニューヨーク州では、信頼性が高く低コストのカーボンフリー電力を約六〇〇万人に供給しているディアブロ・キャニオンとインディアン・ポイント原子力発電所の早期閉鎖計画が、自然資源防衛会議、環境防衛基金、シエラクラブ、350.org などの働きかけもあって進められている。一方で、そうしたことの愚かさを認識し、技術に対する考えを改める人も増えているようだ。

本書を執筆するために調査している間や、書き進めている間に、少なくともいくつかの問題については、意見を異にする人たちも含めて意外なところから原子力を支持する声が上がってきていることがわかって、うれしくなった。ストローとプラスチックについて世界中で議論が始まるきっかけをつくったドイツのウミガメ研究者クリスティン・フィグナーは、原子力を支持していると私に語る。「世の中は白黒つけられることばかりではないと思います」また、絶滅の反乱に所属するジオン・ライツは、友人の科学者に安全だと言われて考えを改めたという。「『私が聞かされてきたことと違う』と言うと、彼は『人の話をその通りに聞いてはいけない』と答えました。調べてみると、彼の言う通りでした。データによると安全だそうです。そしてソーラーパネルやバッテリーでは需要を満たせないことも実感しました」[1]

気候変動に対する考え方を改める人もいるようだ。二〇一九年に終末論的な著書『地球に住めなくなる日（*The Uninhabitable Earth*）』を出版し、気候変動は「あなたが思っているよりずっとずっと悪い」と主張したデイヴィッド・ウォレス・ウェルズだが、二〇二〇年一月には「今回だけは、気候のニュースはあなたが思っているよりも良いかもしれない。私が思っていたよりは確かに良い」と書いている。[2] 彼は、IPCCの高石炭使用シナリオ（技術名RCP8・5）は全くあり得ないもので、気温上昇のピークは産業革命以前のレベルと比較して三度以内に収まる可能性が高いというピエルケらの研究結果を紹介した。[3]

二〇二〇年一月にIPCCから、次の評価報告書の専門査読者になってほしいというメールが届いた。IPCCが私に接触してきたのは初めてではない。二〇一八年にIPCCが原子力と自然エネルギーを偏って扱っていることを批判したら、IPCC報告書の代表執筆者から査読者になるように勧めがあった。その誘いには乗らなかったが、今回は応じることにした。

さらに、アメリカ連邦議会から気候科学の現状について証言するように求められ、二〇二〇年一月に証言した。そして、この国では気候変動に関する議論が二〇年以上にわたって否定派と誇張派の間で二極化していると指摘した。幸いなことに、科学者、ジャーナリスト、運動家の中から、両極端の意見に反発する人がようやく現れるようになった。下院の科学・宇宙・技術委員会のメンバーに気候変動を否定する人はいない。ほとんどは、気候変動に対処するために何かをすべきだと考えていると語る。

環境ヒューマニズムは最終的には終末論的環境主義に勝利すると、私は信じている。なぜなら、世界の大多数の人々は繁栄と自然の両方を求めており、繁栄のない自然は求めていないからだ。人々は両方を実現するにはどうしたらいいのか迷っているだけだ。環境主義者の中には、自分たちの政策が緑の繁栄をもたらすと主張する人もいる。しかし、この本で述べてきた証拠が示しているのは、有機、低エネルギー、再生可能エネルギーの世界は、大多数の人にとっても自然環境にとっても、今より良いどころかむしろ悪いということだ。

環境アラーミズムは公の場にはつきものなのかもしれないが、それほど深刻にとらえる必要はない。世界のシステムは変化している。それは新たなリスクをもたらすと同時に、新たなチャンスでもある。新しい問題に立ち向かうには、パニックとは正反対の態度が必要だ。慎重に、粘り強く、そしてあえて言うなら愛があれば、私たちは両極端から解き放たれ、その過程で理解と尊敬を深めることができると私は信じている。そうすることで、ほとんどの人が、そして一部の終末論的環境主義者さえもが共有している超越的な道徳目的である「すべての人に自然と繁栄を」に近づくことができると信じている。

謝辞

家族の愛と支援に感謝する。私に大きな喜びを与えてくれる子供たち、ホアキンとケストレルにこの本を捧げる。両親のロバート・シェレンバーガーとジュディス・グリーン、またナンシーとドン・オブライアンからは、人類を愛すること、地球を大切にすること、そして自分で考えることを教えてもらった。自然に感謝し、正義感と責任感を身につけさせてくれた。ヘレン・ジヒョン・リーは私の親友であり、愛すべき妻であり、私が必要とする忠実な懐疑主義者でもあった。きょうだいと義理のきょうだいのキム・シェレンバーガーとリッチ・バラバン、ジュリー・オブライアンとジェフ・オクセンフォード、マークとジーナ・オブライアンからは、愛情と励ましをもらった。

応援してくれる同僚にも恵まれた。ハーパーコリンズ社のエリック・ネルソンは、私が書きたいと思っていた本の出版の手助けをしてくれた。ロブ・サトリとニーナ・マドニア・オシュマンは辛抱強く、力になる支援者だ。エンバイロメンタル・プログレスのマディソン・ツァウィンスキー、マーク・ネルソン、パリス・ワインズ、アレクサンドラ・ゲイツ、エメット・ペニー、ジェミン・デサイ、シド・バッガ、ガブリエル・ハイ、そしてマーク・シュラバックからは、知的で批判的で勤勉な研究者、校閲者、編集者としてお世話になった。彼らのおかげで本書を書き上げることができた。

二〇一六年の設立以来、エンバイロメンタル・プログレスの忠実なサポーターであり理事である、フランク・バッテン、ビル・バディンガー、ジョン・クラリー、ポール・デイヴィス、ケイト・ヒートン、スティーヴ・カーシュ、ロス・コニングスタイン、マイケル・ペリザーリ、ジム・スワーツ、バレット・ウォーカー、マット・ウィンクラー、クリスティン・ザイツには、私たちがどこまでも事実を追いかけるのを許してくれたことに感謝している。

最後に、本書のために時間を割いてくれた非常に多くの人々に感謝を申し上げたい。シャリファァ・ヌル・アイダ、ケヴィン・アンダーソン、ジェシー・アウスベル、パスカル・ブラックナー、チャック・キャスト、ヒン・ディン、ケリー・エマニュエル、クリスティン・フィグナー、クリス・ヘルマン、アナ・ポーラ・ヘンケル、ローラ・ジェフリー、ケイレブ・カバンダ、マイケル・カバノー、ジョン・ケリー、ジュリー・ケリー、アネッテ・ランジョウ、クレア・リーマン、ティモシー・レントン、マイケル・リンド、ジオン・ライツ、リサ・リノウェス、サラ・ルノン、アラステア・マクニレージ、アンドリュー・マカフィー、スディプ・ムコパディ、マイケル・オッペンハイマー、アンドリュー・プラムプトレ、ロジャー・ピエルケ、ヘルガ・ライナー、リチャード・ローズ、ジョヤシュリー・ロイ、マーク・サゴフ、サラ・ソイヤー、ローラ・シー、マミー・ベルナデット・セムタガ、モアド・スリフィ、スパルティ、ノブオ・タナカ、ジェラルディン・トーマス、そしてトム・ウィグリー。

訳者解説

環境運動家として三〇年、開発途上国をフィールドに活動してきた著者が、先進国の環境NGOによる運動が主流の科学から離れてしまったことに自身の活動や研究を通じて気づき、それを正そうとする意志から執筆したのが本書である。メッセージの中心にあるのは、多くの人々が抱いている直感的な思いに対する批判だ。「自然」は良くて、「人工」は悪い。それは科学的に誤っている。ここでの自然とは象牙や天然魚、太陽光や風力で、人工とはプラスチックや養殖魚、化石燃料、原子力発電だ。著者は語る。象を救ったのはプラスチックで、クジラを救ったのは石油だったと。

本書は、今も世の中に出回る地球温暖化懐疑本ではない。著者は、温室効果ガスの排出によって引き起こされる気候変動は現実であり、人類はそれに対処しなければならないという信念をもっている。私たち人類は気温をこのままに保ち、変えたくはない。今日の自然だけでなく、農業や都市もこの気温に適応しているのだから。だが、社会は変化している。私たちが享受している安全や繁栄、自由は、再生可能エネルギーに依存していた農耕社会から、化石燃料や原子力燃料を利用する工業社会へ移行することによって手に入れることができた。もはや低エネルギー社会に戻ることはできない。目指すべきは、確固とした科学的根拠に基づいて意思決定が行われる科学的で民主的な社会の確立だ。科学技術は常に進化している。

著者は、環境NGOだけでなく、マスメディアまでが主流の科学から離れてしまっていることを危惧する。主流の気候科学の権威あるテキストは、数年おきに発表されるＩＰＣＣ評価報告書だ。しかし、報告書は回を追うごとに厚くなり、原著が執筆された時点で最新だった第5次評価報告書全4巻は五〇〇〇ページを超える大部になった。二〇二二年二月に公表された第6次評価第二作業部会報告書は校正中で、最終版はある程度短くなると思われるが、現時点では三六〇〇ページを超えている。だからマスメディアは、政策決定者向けの要約[1]だけをもとに報道する。残念ながら要約の作成プロセスにはさまざまな意図が入るので、本文よりも悲観的な色彩が強くなるというのが著者の意見だ。そして、それをマスコミや環境アラーミスト、政治家がさらに誇張し、あたかも世界の終わりが目前に迫っているように人々に告げる。その結果、若い世代が地球の将来に対して過度に悲観的になる。けれども、地球の終わりは迫っていない。終末論的環境主義は誤りというのが著者の主張だ。

著者は開発途上国を何度も訪れ、そこに住む人々が生活を豊かにし、かつ自然環境をできるだけ保全するにはどうすれば良いかを考えてきた。人類の歴史を振り返れば、エネルギー源は薪などのバイオマスに始まる。それが石炭、石油、天然ガスという化石燃料に代わり、さらに原子力へと発展した。現在では風力や太陽光などのいわゆる自然エネルギーが進展しつつある。すべての先進国がこの経路を通って経済発展してきた。けれども先進国の環境ＮＧＯは、コンゴのような開発途上国は先進国が通ってきた道を進むべきではないと主張する。化石燃料は二酸化炭素を発生するから、そのステップは蛙飛び（リープフロッグ）で飛び越して、バイオマスからいきなり自然エネルギーの段階に進むべきだと。

それは正しくないというのが著者の考えだ。風力発電と火力発電では出力密度が違いすぎる。出力密度とは、発電所の単位面積から取り出せる電力のことだ。たとえば関西電力堺港天然ガス火力発電所は、敷地面積一〇万平方メートルで二〇〇万キロワットの設備容量がある。一方、堺太陽光発電所の敷地面積は、その二倍以上の二一万平方メートルあるが、設備容量は一万キロワットしかない(2)。太陽光発電所の発電容量を火力発電所と同規模にするためには、面積を二〇〇倍にしなければならない。山手線の内側の三分の二に相当する四二平方キロメートルが必要になる。さらに太陽光発電は日中しか稼働しないから、設備利用率は一二%程度になる。火力発電の設備利用率は八〇%程度あるので、発電電力量の差は一四〇〇倍になり、堺太陽光発電所を火力発電所並みにしようとすると、大阪市全域より広い敷地が必要になる。

コンゴの人々は燃料にするために森の木を切る。これを石炭か石油に代えれば森は守られるが、風力や太陽光で発電しようとすれば、さらに広大な森林を伐採しなければならない。だから、森林を守りつつ人々が豊かになるためには、この時点で化石燃料を捨てるべきではない。化石燃料で安価なのは石炭だ(二〇一九年の日本での単位発熱量当たりのCIF価格を比較すると、天然ガスは石炭の二・三倍になる)。しかも石油や天然ガスとは異なり、比較的広い地域に分布しているので、ロシアや中近東諸国に依存しなくても済む。日本でも北海道や九州で石炭を採掘してきた。だからこそ、石炭火力は先進国、開発途上国を問わず多くの国で主力電源の一つになっている。二〇一八年に世界で消費された石炭の六六・九%が発電用である(3)。

本書には、原子力発電所を閉鎖させて、ガス火力を推進しようとする政治家や環境NGOも登場するが、ガス火力も石炭の四割から五割の二酸化炭素を発生する。気候変動対策としては石炭よりやや「まし」でしかない。著者も指摘するように根本的な解決策にはならない(4)。

代替案としてダムを建設して水力発電を行うことはできる。日本政府や世界銀行などの国際開発機関は開発途上国のダム開発も支援してきた。しかし、水没地から立ち退きさせられた人たちの生活再建は必ずしも容易ではなく、やはり環境NGOが反対する。日本や国際機関がさらなる支援を躊躇する中、中国は世界各地でダム開発に資金を投入している。

開発途上国といえども安定な電力が必要だ。自然エネルギーによる電力供給でも、ベースロード電源の議論は避けられない。無風の夜はどうするのか。ドイツはバックアップ電源として現在は石炭火力を使っているが、将来は全国ネットワークとAI技術を駆使してベースロード電源は不要になると言う。しかし、コンゴはいつになればそうなるのか。著者は、環境NGOが開発途上国の非電化地域で太陽光と風力発電を進めていることを紹介している。もちろんメリットはある。電池に蓄えられた電気で灯りがともるから、子供たちは日が暮れても勉強できるようになる。スマートフォンの充電もできる。しかし、森林を大規模に伐採して巨大ソーラーファームでもつくらない限り、冷蔵庫は使えない。使えないからクリニックに保管できる薬剤は限られる。ましてエアコンは無理だ。先進国が享受している快適さはとうてい望めない。こうした国で安定的なエネルギー供給をどうしていくかという議論は、まだ十分ではない。電気を渇望する開発途上国には、石炭火力発電も当面の発展の選択肢ではないだろうか。

EU諸国や先進国の環境NGOは石炭に反対する。投資家も石炭火力から投資を次々と引き上げている。開発途上国であっても石炭はもはや許されないという状況になってきた。二〇二一年一一月に第二六回気候変動枠組条約締約国会議（COP26）で採択された合意文書（グラスゴー・パクト）には「対策が講じられていない石炭火力発電所の削減（フェーズダウン）」が盛り込まれた。議長案では「廃止（フェーズアウト）」と記載されていたが、インドや中国などの強い反対で「削減」となった。この妥協案に対してEU代表は「石炭には未来がない」と不満を述べ、議長は目に涙を浮かべて最終案を採択した。しかし今、開発途上国からただちに石炭を取り上げたら、失われるのは彼らの未来ではないだろうか。

日本はこれまで中国や東南アジア、南西アジア諸国に石炭火力発電所建設の支援を行い、これら諸国の経済発展と国民の生活水準向上に貢献してきた。現在でもインドネシアやバングラデシュに世界最高水準のエネルギー効率の石炭火力発電所建設を支援している。しかし、二〇二一年六月に開催されたG7ではヨーロッパ諸国の圧力を受けて、日本政府は温室効果ガス排出削減対策がとられていない石炭火力発電の新規の輸出支援を年内で終了することに合意した。


先進国はどうだろう。著者は原子力を進めるべきと考えている。

二〇二一年五月、政府は温暖化対策基本法を改正して「二〇五〇年までの脱炭素社会の実現」に法的根拠を与えた。カーボンニュートラルだ。

では、どうすればカーボンニュートラルを達成できるか。政府機関やNGOなどが、それぞれに見通しや政策提言を発表している。化石燃料を使わないということだから、すべてのエネルギーは電力から得ることになる。水素は天然資源として採掘される一次エネルギーではなく、水や炭化水素の分解によって製造する二次エネルギーなので、水素を得るためにもエネルギー、すなわち電力が必要になる。

電力についていては送電網や安定性（太陽光は夜には使えない、風力は風が吹かなければ使えないなど）など、さまざまな要素も考えなければいけないが、ここでは単純に日本が化石燃料を使わずに必要な全エネルギーを発電で調達できるかどうかを見てみる。

二〇一八年度の日本の最終エネルギー消費は三六四六テラワット時だ。電力消費量は九七四テラワット時なので、全体の二八％になる。残り七二％のほぼ全部が化石燃料だ。電力も八五・五％が化石燃料で発電されている。[3] つまり、日本で消費されるエネルギーの九六%が化石燃料に依存している。カーボンニュートラルを達成するためには、現在の九割以上のエネルギーを二酸化炭素フリーのエネルギー源から供給しなければならない。

二〇五〇年の日本のエネルギー消費はどれだけになるのか。それに答えるためには、シナリオをつくって将来を予測しなければならない。国立環境研究所は四つのシナリオを作成し、二〇一八年比で最大二二〜四一%削減できて二〇四二〜二八四三テラワット時になるとした。[5] 地球環境戦略研究機関（ＩＧＥＳ）は二つのシナリオを作成し、現状とほとんど変わらないシナリオと、二三三三テラワット時まで削減するトランジションシナリオを作成した。[6] 自然エネルギー財団は大胆な政策変更を前提として二一三八テラワット時としている。いずれのシナリオでも大胆な政策変更が前提ではあるが、削減が進めば二三〇〇テラワット時前後になるという見通しだ。

供給はどうか。自然エネルギー財団は、原子力発電所を二〇三〇年に全廃しても二〇五〇年にカーボンゼロを達成できると結論する。ただし、エネルギー総需要二一三八テラワット時のうち、一四七〇テラワット時は電力で供給されるが、それ以外のエネルギーには国外で生産された水素の輸入を想定しているようだ。どこから水素を輸入するかについては言及していない。[7]

国立環境研究所は、風力と太陽光に、水力、地熱、バイオマスまで合計した二〇五〇年の発電量を一〇〇二〜一八四六テラワット時とした。[5] 不足分は、二酸化炭素を分離して地下に埋める地下貯留（ＣＣＳ）付ガス火力、原子力発電、アンモニア火力発電などで補うことが想定されている。ＩＧＥＳの報告書では二〇五〇年の電力供給の内訳が示されていないが、トランジションシナリオにおいても二〇一五年比で七%の化石燃料の使用を想定している。

つまり、これらの三機関はいずれも、日本が脱炭素に向けて大胆な政策変更をしたとしても、自然エネルギーだけでは国内需要を一〇〇%供給することはできないと予測しているのだ。さらに電力中央研究所は、自然エネルギーのポテンシャルは環境省が推定するよりもかなり少なくなるだろうと考えている。今後、拡大が期待されている洋上風力について、環境省は日本の発電ポテンシャルを一一二〇ギガワットと見ているが、電力中央研究所は年間風速の弱い海域や中型船航行の多い海域などを除外すると三二二ギガワットにしかならないと見ている(8)。上記三機関の風力発電の予測値は環境省の予測値を参考としているようなので、電力中央研究所の予測が正しければ、二〇五〇年の自然エネルギーの発電量はさらに小さくなる。

風力発電や太陽光パネルには負の環境影響もある。土砂の流出や景観上の問題などがあると、太陽光発電の設置について条例で規制をかける地方公共団体が増えていて、二〇二一年一二月現在で一七七の条例が制定されている(9)。

著者が指摘するように、風力タービンに鳥類が衝突するバードストライクの事例も少なくない。日本でも三四一羽が観測されている(10)。また、欧米に比較すると人口密度の高い日本では、風力タービンが発生する騒音や低周波音に対する苦情も出されている。環境省が二〇一〇年に行った調査では、三八九カ所の風力発電設備のうち六四カ所から苦情が発生していた(11)。二〇一九年現在の日本の風力発電容量は三・九ギガワットだが(12)、自然エネルギー財団は二〇五〇年の風力発電容量を陸上と洋上併せて一五一ギガワットと、現在の三八倍の発電容量を期待している。技術進歩でバードストライクや騒音がかなり改善されるだろうが、被害の総量は今より軽減されるだろうか。日本政府は脱炭素を目指すために、環境アセスメントが必要になる風力発電所の規模要件を緩和した。

太陽光発電については廃棄後の問題を著者は指摘する。太陽光パネルは徐々に発電効率が低下する。製品寿命は二〇〜三〇年と言われている。日本では自然エネルギーの固定価格買い取り制度が始まった二〇一二年から急拡大しているので、二〇四〇年頃には大量のパネルが廃棄されることが予想されている。しかし発電事業者の過半数は、その処理費用を準備していない。太陽光パネルのリサイクル制度づくりが急務だ。倒産して所有者が不明になるパネルの処理についても考えなければいけない[13]。

二〇二一年六月のハーバード・ビジネス・レビュー誌は、太陽光発電の経済性に関する研究論文を掲載した。これによれば、太陽光パネルの廃棄処理費が加わると、価格はエネルギーアナリストの予測値より四倍高くなる[14]。論文の著者は、ソーラー業界だけでなく中立的な立場であるはずの国際再生可能エネルギー機関（IRENA）でさえ、ソーラーパネルが生み出す廃棄物の量を大幅に過小評価していたと指摘する。そして、業界が想定している三〇年より早く顧客がパネルを交換する場合を仮定して計算し、「我々の統計モデルの予測通りに早期交換が行われれば、ソーラーパネルはわずか四年間でIRENAが予測するより五〇倍多くの廃棄物を生み出し」、「二〇三五年には、廃棄パネルの数が新規に販売されるパネルの二・五六倍になる。そうなると平準化エネルギーコストは現在の四倍になり」、「二〇二一年の時点では明るく見えた太陽光発電の経済性も、自らのごみの重さによって」その見通しは「暗くなってしまう」と述べる。

日本は自然エネルギーの開発をさぼっているわけではない。マスメディアはドイツなどのヨーロッパ諸国と比較して日本の自然エネルギーが「遅れている」と批判する。しかし二〇一八年の実績を見ると、太陽光発電容量は中国、アメリカに次ぎ世界第三位だ。国土の平地面積当たりの太陽光と陸上風力の発電量を比較すれば世界第一位で、差はわずかだがドイツをも上回っている[15]。ただし、上述のＩＲＥＮＡの報告書によれば、その結果として、二〇五〇年の日本の太陽光パネルの廃棄量は六五〇万トンから七五〇万トンになり、中国、アメリカに次いで第三位になることが予測されている[16]。

完全無欠のエネルギー源はない。日本は地熱発電のポテンシャルが高いと言われているが、適地は限定されている。近傍の温泉に影響が及ぶかもしれない。大型ダムの開発適地はすでにほとんど開発されていて、これ以上の立地も望めない。農業用水や砂防ダムを利用する小型水力発電にも限界がある。自然エネルギーだけでは日本は自立できない。だから、さまざまなエネルギー源と技術開発の可能性に挑戦することは大切だ。二〇二二年二月、火力発電所が地震で損傷し、東京電力管内ではブラックアウトと言われる大規模停電が発生する直前まで至った。この段階で原子力発電を選択肢から外して放棄することは得策ではない。

原子力発電を完全放棄したらどうなるか。おそらく大学の原子力工学科の多くは廃止されるか縮小されるだろう。技術者や研究者も少なくなり、国際競争力も低下する。しかし、脱原発したとしても原子力技術者はこれからも必要だ。廃炉はどうするのか。廃止が決まった高速増殖炉のもんじゅの廃炉技術は、これから開発しなければいけない。すでに発生した放射性廃棄物処理はどうするのか。中国は自前の原子力技術を開発し、世界に向けて売り込みをかけている。彼らの原子力政策は「世界に進め（Go Global）」だ[17]。日本が原子力発電所の輸出をやめても、代わりに中国やロシアが進出するだけだ。

原子力はまだまだ有望だ。安全性の高い小型原子炉の技術開発も行われている[18]。水素の製造にも原子力は力を発揮する[19]。そして究極のエネルギーと言われる核融合炉は、世界の研究者と技術者が協力して開発を進めている。フランスで行われている国際熱核融合実験炉（ＩＴＥＲ）では、日本人研究者も重要な役割を担っている。日本の脱炭素の一つの選択肢として、そして世界のエネルギー問題の解決のためにも、原子力のもつ意義はこれからも変わらない。

ＥＵは二〇五〇年のカーボンニュートラル実現を目指して、二〇二一年にオランダとチェコを例にとり、太陽光、風力と原子力のコストを比較した。その結果、原子力がいずれの場合でも太陽光や風力よりも安価になるという結論が出た[20]。報告書はこう結論する。

> ＥＵの二〇五〇年気候ニュートラル戦略には非効率になるリスクがある。しかし、予想されるエネルギー移行の際に、気候関連の非効率性に対して「後悔しない」解決策を提示することで、このリスクを回避することができる。原子力発電はそうした解決策である。
>
> さらに、空間的要件（必要な土地の面積）と電力コストの両方に関して、原子力発電は再生可能エネルギー（風力と太陽光）に比べるとかなりの優位性がある。原子力発電のコスト面での優位性は、システムコストを加えるとさらに大きくなり、風力や太陽光の普及率が高くなればさらに拡大する。

二〇二一年一一月、フランスのマクロン大統領は、脱炭素を進めるために原子力発電所の建設を再開すると発表した。イギリス政府も、二〇三〇年までに原子炉を最大八基建設する計画を二〇二二年四月に公表した。

二〇二二年二月に始まったロシアのウクライナ侵攻に対して、欧米諸国や日本はロシアに対する経済制裁を行っているが、ＥＵは天然ガスの約四〇％をロシアからの輸入に依存していて（日本は約八％）、ただちに輸入停止することはできない。国際エネルギー機関はＥＵのロシア依存から脱却するために、自然エネルギーや原子力の拡大などを提言している。しかし、石炭関連の株価も上昇していて、今後の社会情勢が脱炭素を加速させることになるのかどうか予断を許さない。

科学技術は日進月歩だ。著者が引用する多数の文献のいくつかは将来、否定されるかもしれない。しかし、現在の知見に基づけば、これが最適解に近いのではないか。

著者は先進国と開発途上国との立ち位置の違いも強調する。開発途上国には経済発展が必要で、化石燃料を使ってでも工業化しなければならないと主張する。集約的な畜産業、水産業を行えば、生産性が上がるだけでなく、自然環境への負荷も大幅に減少し、野生生物の個体数減少に歯止めがかかる。そうして経済的に豊かになれば、最終的には今の先進国のように人々は幸福になり、温室効果ガスも減少してゆくだろう。しかし、先進国や環境ＮＧＯは、開発途上国の経済開発を妨げるように活動しているのではないか。豊かな先進国としての未来像を、開発途上国にそのまま押しつけることが正しいことなのか。それが本当に環境にとって良いことなのか。そして倫理的なことなのか。本書の三人の訳者はそれぞれに長らく開発途上国の環境と開発に関わってきた。だから、この著者の主張には同意できる。

環境・エネルギー政策の在り方、先進国と開発途上国の問題など、改めて考えさせられる著作だ。

訳者を代表して　藤倉　良

（1）第5次報告書の政策決定者向け要約の日本語版は環境省のホームページから無料でダウンロードできる（http://www.env.go.jp/earth/ipcc/5th/）。第6次報告書は二〇二一年から逐次発表されている（http://www.env.go.jp/earth/ipcc/6th/index.html）。
（2）関西電力（二〇二一）、再生可能エネルギーへの取組み（https://www.kepco.co.jp/energy_supply/energy/newenergy/about/task.html）
（3）資源エネルギー庁（二〇二一）、エネルギー白書２０２１（https://www.enecho.meti.go.jp/about/whitepaper/2021/html/index.html）
（4）日本原子力文化財団（二〇二一）、各種電源別のライフサイクルCO_2排出量（https://www.ene100.jp/zumen/2-1-9）
（5）国立環境研究所（二〇一九）、２０５０年脱炭素社会実現の姿に関する一試算（https://www-iam.nies.go.jp/aim/projects_activities/prov/index_j.html）
（6）地球環境戦略研究機関（二〇二〇）、ネット・ゼロという世界　２０５０年　日本（試案）（https://www.iges.or.jp/jp/news/20200604）
（7）自然エネルギー財団（二〇二一）、脱炭素の日本への自然エネルギー１００％戦略（https://www.renewable-ei.org/activities/reports/20210309_1.php）
（8）電力中央研究所（二〇二〇）、ネットゼロ実現に向けた風力発電・太陽光発電を対象とした大量導入シナリオの検討（https://www.enecho.meti.go.jp/committee/council/basic_policy_subcommittee/034/034_007.pdf）
（9）地方自治研究機構（二〇二二）、太陽光発電設備の規制に関する条例（http://www.rilg.or.jp/htdocs/img/reiki/005_solar.htm）
（10）浦達也（二〇一五）、風力発電が鳥類に与える影響の国内事例、*Strix*, Vol. 31, pp. 3-30（https://www.wbsj.org/nature/hogo/others/fuuryoku/Strix313-30-2015.pdf）
（11）環境省（二〇一〇）、風力発電施設に係る騒音・低周波音の実態把握調査（http://www.env.go.jp/

press/files/jp/16341.pdf）
（12）日本風力開発株式会社（二〇二一）、数字で見る風力発電市場（https://www.jwd.co.jp/number/）
（13）資源エネルギー庁（二〇一八）、２０４０年、太陽光パネルのゴミが大量に出てくる？再エネの廃棄物問題（https://www.enecho.meti.go.jp/about/special/johoteikyo/taiyoukouhaiki.html）
（14）Atalay Atasu, Serasu Duran, Luk N. Van Wassenhov（2021）, The Dark Side of Solar Power, *Harbard Business Review*, June 18, 2021（https://hbr.org/2021/06/the-dark-side-of-solar-power）
（15）二〇一八年の太陽光導入実績は、中国（一七五ギガワット）、アメリカ（六二ギガワット）、日本（五六ギガワット）、ドイツ（四五ギガワット）の順。平地面積当たりの太陽光と風力発電量（億ｋＷｈ）では、日本（五九）、ドイツ（五六）、イギリス（二一）、フランス（一一）。資源エネルギー庁（二〇二一）、今後の再生可能エネルギー政策について（https://www.meti.go.jp/shingikai/enecho/denryoku_gas/saisei_kano/pdf/025_01_00.pdf）
（16）IRENA（2016）, End-of-life management, Solar Photovoltaic Panels.
（17）World Nuclear Association（2021）, Nuclear Power in China（https://world-nuclear.org/information-library/country-profiles/countries-a-f/china-nuclear-power.aspx）
（18）資源エネルギー庁（二〇二〇）、原子力にいま起こっているイノベーション（前編）　次世代の原子炉はどんな姿？（https://www.enecho.meti.go.jp/about/special/johoteikyo/smr_01.html）
（19）日本原子力研究開発機構（二〇一九）、高温ガス炉による水素製造が実用化へ大きく前進（https://www.jaea.go.jp/02/press2018/p19012502/）
（20）Renew Europe（2021）, Road to EU Climate Neutrality by 2050（https://www.roadtoclimateneutrality.eu/）

索 引

索　引

【か行】

索　引

【さ行】

索 引

【た行】

【な行】

【は行】

索　引

【ま行】

【や行】

【ら行】

【わ行】

【訳者紹介】

藤倉　良（ふじくら　りょう）

法政大学人間環境学部教授。1982年、インスブルック大学大学院修了、理学博士。環境庁（現環境省）職員、九州大学工学部助教授、立命館大学経済学部教授を経て、2003年から現職。公益社団法人環境科学会副会長。著書に『文系のための環境科学入門』（新版、有斐閣、2016年、共著）、訳書にマン『地球温暖化論争』（化学同人、2014年、共訳）などがある。

安達　一郎（あだち　いちろう）

国際協力機構 JICA 専門家。大阪大学卒業後、大阪府入庁衛生工学技師、2001年神戸大学国際協力研究科修了、国際協力機構職員、JICA プロジェクト専門家、本部勤務等を経て現職。専門は環境法政策。

桂井　太郎（かつらい　たろう）

国際協力機構バングラデシュ事務所次長。法政大学大学院環境マネジメント研究科修了。国際協力銀行ハノイ駐在員事務所専門家、国際協力機構ベトナム事務所企画調査員（都市水環境・気候変動担当）などを経て2018年から現職。訳書にブラッドレー『地球温暖化バッシング』（化学同人、2012年、共訳）やマン『地球温暖化論争』（化学同人、2014年、共訳）がある。

地球温暖化で人類は絶滅しない　環境危機を警告する人たちが見過ごしていること

2022年7月10日　第1刷　発行

訳　者　藤倉　良
安達　一郎
桂井　太郎
発行者　曽根　良介
発行所　(株)化学同人
〒600-8074　京都市下京区仏光寺通柳馬場西入ル
編集部　Tel 075-352-3711　Fax 075-352-0371
営業部　Tel 075-352-3373　Fax 075-351-8301
振替　01010-7-5702
e-mail　webmaster@kagakudojin.co.jp
URL　https://www.kagakudojin.co.jp
印刷・製本　創栄図書印刷(株)

検印廃止

ISBN 978-4-7598-2171-0

本書のご感想をお寄せください